物理化学入門

—基本の考え方を学ぶ—

阿 波 賀 邦 夫　著

東京化学同人

表紙デザイン・イラスト：山田好浩

まえがき

筆者は，2大学において，大学初年時の物理化学系の講義を通算で20年程度担当したが，化学教育において高校から大学への接続は，今も昔も決してスムーズとはいえないように思う．高校の化学には，大学で学ぶ物理化学関連の内容はほとんど含まれていないのに，日本の大学の多くでは，物理化学的な内容が化学の授業の初めに登場して学生を惑わすことになる．たとえば，高校の教科書には，電子軌道としてK殻やL殻などが登場し，あたかも太陽の位置にある原子核を回る惑星のように電子が描かれているが，大学初年時の化学では，量子力学の入り口に関する物理系の講義に先んじて，また高校で習った太陽系電子構造についての評価を棚上げにして，いきなり量子論にもとづく電子論が教授され，電子の存在は電子雲で表示されると教え込まれることになる．また，その後に学ぶ有機化学などにおいては，物理化学でs軌道やp軌道などを習ったことを前提として，混成軌道によって有機分子の構造が見事に説明されると叩き込まれ，混成軌道の存在がきちんとした理解の前に神格化されてしまう．また，物理化学のもう一つの柱である熱力学も難物で，何を教えてくれるのかという視点がなければ，学生は，ひたすらマニアックなピストン問題と式の変形に振り回される印象をもつだろう．

大学初年時の化学，特に物理化学は，悪くいえばまさに砂上の楼閣の印象で，数学や物理の基礎がないのにひょろひょろと知識が接ぎ木され，これでは「何がわからないのか わからない」と漏らす学生が出てくるのも致し方あるまい．しかし，これでどうして学生の反乱が起こらないのか，私自身の学生時代の経験をお話しすれば，そのうち大学後期の量子化学や化学熱力学，さらにこの二つをつなぐ化学統計力学の講義や演習がはじまり，すべてのことがつながりはじめて，砂上の楼閣の基礎が次第に固まってゆく．つまり，大学における化学教育は，積み上げというよりは，即席で形をつくり，それを後から固めていく感じで，すべての理系大学1年生に化学の講義をして，その後4年間で化学教育を完成させるという意味では，それなりに機能していると思う．しかしながら，これによって大学初年時に化学嫌いの学生を生み出していることもきっと確かで，下手をすると大学で学ぶ意欲さえ削いでしまう可能性もあろう．

本書は，物理化学において，量子論と熱力学の壁に戸惑う学生の皆さんを意識して執筆した．その戸惑いを完全に治癒させるというよりは，ワクチンとなる，あるいは対症療法の特効薬となることを目指している．具体的には，個々の項目においてその「考え方」を強調し，また「応用」を紹介することによって，砂上の楼閣の骨組みというか，その土台強化を目指した．本書の書き方もいささか型破りである．講義では，教員と学生の間の意思疎通や何気ない会話，重要事項の反復，たとえ話や冗談を交えながら学生を飽きさせない工夫が重要で，一部ではあるが，そのような講義の雰囲気をそのまま取込んでみた．また，本書の執筆期間は，ちょうど新型コロナウイルスの世界的な拡散と重なり，筆者もオンデマンドやオンライン型の講義への対応を迫られたが，怪我の功名で，ここでつくった教材のいくつかを本書に取込むことができた．化学は，物質を通じて，すべての理系学問のセントラルサイエンスといっても過言ではあるまい．そして，化学と周辺学問をつなぐのが物理化学であり，本書を通じて，物理化学の重要性と面白さが，一人でも多くの人に伝われば幸いである．

最後に，本書の原稿を査読していただいた，名古屋大学の菱川明栄博士，田代寛之博士，山内早希さんに心より感謝する．また，遅々として進まぬ執筆に対して，足掛け3年以上にわたりご支援ご鞭撻いただいた，東京化学同人の橋本純子氏，山田豊氏に厚く御礼申し上げる．

2022年12月

阿 波 賀 邦 夫

目　次

これから，物理化学の講義を始めることにしよう．「物理化学って何だろう？」と思ったなら，迷わず門をくぐってみよう．化学はもとより，数学や物理の知識が足りないのではと心配かもしれないが，この段階では高校の知識で十分である．初めはいろいろと戸惑いもあるだろう．しかし，この本のページをめくってもう少し旅を続けていけば，きっと「物理化学って楽しいね！」と笑顔でこたえてくれることだろう．

1 はじめに

物理化学を初めて学ぶ皆さんにとって，「物理化学って，なんか難しそうだね」と思われるかもしれない．確かに，「大学では，化学が物理になり物理が数学になる」とよく耳にする．物理化学では，量子論にもとづいて原子や分子の構造が理解され，また熱力学によってエネルギーが論じられており，数学的な取扱いも頻繁に登場する．しかし，物理化学に対して抱くこのような印象は実のところ内容そのものについてではなく，「科学法則とは何か」，「数学とそれ以外の自然科学との根本的な違いは何か」について，学問の入り口でのちょっとした誤解などによると思われる．この章では，科学に対する皆さんの認識のずれを明らかにし，以降の章に対する理解をスムーズにするための準備をしよう．自然科学において疑ってもよいことと，疑ってもしょうがないことの区別がつけば，物理化学は決して難しいものではなく，その本質や素晴らしさを楽しむことができる．

1・1 科学法則とは何か

皆さんは世界のベストセラー「サピエンス全史」を読んだだろうか．この書では，われわれホモ・サピエンスが，その誕生以来20万年におよぶ厳しい生存競争のなかで，ネアンデルタール人などの他の人類種や多くの生物種を絶滅に追い込み，地上で一人勝ちする存在になった理由を，ホモ・サピエンスだけがもつ「虚構を信じ，しかもそれを皆で共有することができる能力」と断じている．この「虚構」は，「即座に，その真偽や価値を定めることができないもの」と訳すほうが無難かもしれないが，ともかくこれは，神話，伝説，宗教，経済，国家，芸術，科学など，人類が共有する価値観や意識のほとんどすべてとしている．この論理に立つと，自然科学は，自然界には理があり，何か統一的な法則に従って動いているという「虚構」から成立していると考えるべきだろうか．確かに，皆さんはこれまでに，化学や物理などの教科書から多くのことを学んだはずだが，その真偽を一つ一つ実験して試したことはないだろう．大げさにいえば，先人が残してくれた世界中で共有されている文化的な遺産として，多くの法則（虚構）を丸呑みしたことになる．そして，少なくともこれまでは，これらの法則を人類すべてが信じることによって，科学技術が大きく発展し，それに支えられた現代社会が構築された．

著者はイスラエル生まれの歴史学者ユヴァル・ノア・ハラリ．

しかし，科学法則 = 虚構で，単純にすまされるだろうか．古代ギリシャ・ローマの時代から近代あたりになるまでヨーロッパなどで信じられていたのが4元素説で，この世界の物質は四つの元素から構成されるとする概念である．現代科学の視点からすれば，確かにこれは神話というか，虚構に近いとしかいいようがない．その一方，17世紀以降の近代科学における科学法則のよりどころは，実験・実証主義である．単にイメージや直感に頼ることなく，実際に実験や観測

四つの元素は火・空気（もしくは風）・水・土．

たとえば，
- ボイルの法則（1662）
- ラボアジェの質量保存の法則（1774）
- プルーストの定比例の法則（1799）
- ドルトンの原子説と倍数比例の法則（1803）
- ゲーリュサックの気体反応の法則（1808）
- アボガドロの分子説（1811）

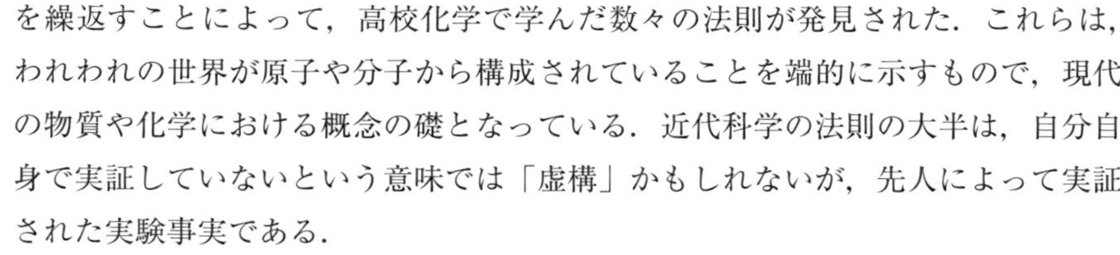

を繰返すことによって，高校化学で学んだ数々の法則が発見された．これらは，われわれの世界が原子や分子から構成されていることを端的に示すもので，現代の物質や化学における概念の礎となっている．近代科学の法則の大半は，自分自身で実証していないという意味では「虚構」かもしれないが，先人によって実証された実験事実である．

このような近代の科学法則の成立過程には，“帰納法”と“演繹法”の２種類がある．**帰納法**は，実験と観察を繰返し，そのなかから一定の法則を抽出する手法である．**演繹法**では，ある仮説のもとに実験を繰返し，それが実証されればその仮説は法則となる．いずれにせよ，科学法則は実験や観察によって裏付けられることに注意してほしい．次節で説明するように，数学的に証明されるわけではない．

1・2　なぜ，物理化学を難しいと思うのか ── 物理と数学の違い

化学は物質の構造，性質，反応などを明らかにする学問であり，物理化学，無機化学，有機化学，分析化学などの分野に大別される．そのなかでも，**物理化学**は物理学の手法を用いて化学を理解しようとするものである．

大学で初めて学ぶ際に，物理化学を難しいと思う理由の一つは物理と数学の混同にあるかもしれない．ここでは，すでに高校で習った二つの式をもとに，物理と数学の違いを明らかにしながら，なぜ，物理化学を難しいと思うのか考えてみよう．

$$\text{(i)}\quad \sin(\alpha+\beta)=\sin\alpha\cos\beta+\cos\alpha\sin\beta$$
$$\text{(ii)}\quad F=ma$$

（i）は数学で習った三角関数の公式で，（ii）は物理で習った運動方程式である．数学は，公理から出発する純粋な論理体系であるから，（i）は 10 進法で $1+1=2$ になるように，これを厳密に証明することができる．一方，（ii）はあくまで物理法則であり，前節で述べたように，多くの実験結果から帰納された法則である．当然ながら，数学で証明できるものではない．したがって，（i）は黙って真実として受入れられるが，（ii）は人類の経験の塊として受入れるべきものである．

後に登場するシュレーディンガー方程式 $\hat{H}\psi=E\psi$ も，もちろん（ii）に属する．

それでは，（i）と（ii）のようにまったく意味合いが違うにもかかわらず，なぜ物理学では法則を数式で表すのだろうか．それは，物理学にとって数学は言葉であり，その法則の内容を世界中のだれもが簡単に認知できるようにするためである．また，いったん物理法則を数式で記しておけば，

法則 1 → 数学的処理 → 法則 2 → 数学的処理 → 法則 3 →

のように，基になる法則 1 から次々と新しい法則をひき出すことができる．ここで重要なことは，数学的処理も純粋な論理によって成立しており，常に正しいこ

とである．すなわち，法則 1 が経験の塊として十分正しいなら，法則 2 や 3 もその範囲で十分に信頼できるものとなる．確かに皆さんが高校生のとき，

$$F = ma \rightarrow \text{時間積分} \rightarrow v = at \rightarrow \text{時間積分} \rightarrow x = at^2/2$$

と，$F = ma$ から始めて速度 v や位置 x を芋づる式に求めたことがあるだろう．物理学にとって数学は，きわめて便利で信頼がおけるツールである．3 章以降で説明するが，シュレーディンガー方程式から，

$$\hat{H}\psi = E\psi \rightarrow \text{数学的処理} \rightarrow \text{原子や分子の} E \text{と} \psi \rightarrow$$
$$\text{数学的処理} \rightarrow \text{原子や分子の性質}$$

のように原子や分子の性質を理解することができる．上記の過程で，数学的処理が難しいという悩みは理解できる．これは単に数学の学力の問題である．しかし，$\hat{H}\psi = E\psi$ が難しいという悩みには意味がない．これは $F = ma$ と同様に，物理法則である以上，先人の経験の塊として受入れればよい．まずは，疑ってもよいことと，疑ってもしょうがないことを区別しよう！

この章で確実におさえておきたい事項
- 帰納法と演繹法
- 数学公式と物理法則の違い

◆◆◆ 章末問題 ◆◆◆

問題 A

1. 論理展開における二つの方法論は，帰納法と何か？
   ① 演繹法，② 透視法，③ 加点法，④ 活用法，⑤ 比喩法
2. 仲間はずれを一つ選べ．
   ① $F = ma$，② $\hat{H}\psi = E\psi$，③ $E = mc^2$，④ $(a+b)^2 = a^2 + 2ab + b^2$，
   ⑤ $F = \dfrac{1}{4\pi\varepsilon}\dfrac{q_1 q_2}{r^2}$
3. 科学法則の正しさの根拠となるものは？
   ① 信念，② 実験や観測事実，③ 神様，④ 数学，⑤ 文部科学省

2 原子核—元素の起源

本書では，原子核，原子，分子，分子集合体，そして最後に分子集合体の性質としての熱力学というように，物質の階層構造を駆け上がる．この章では，原子核や元素について説明する．さて，化学好き？のあなたに質問しよう．あなたという物質はおもに有機物から構成されている．そして，その有機物の主成分は炭素原子である．では，あなたの手のひら，親指の付け根あたりにある炭素原子は，1年前からそこにあっただろうか？ 10年前は？ 生まれたときは？ そもそも，その炭素原子はいつどこでどうやってつくられたのだろうか．この章では，原子核の性質を理解するとともに，今さら聞けないそんな単純な疑問に答えよう．

2・1 物質の階層構造

世のなかにさまざまな階層構造があるように，物質にも階層構造がある．そして物質の階層構造は，仮想的に温度を上げながら，その時々で何がその物質を形づくる力となるのかを考えることにより，その階層性を遡ることができる（図2・1）．われわれが室温，大気圧下で“水”とよぶ物質を考えよう．この条件では，H_2O 分子が水素結合によって互いに結ばれ，液体の形状をしている．ということは，室温で水という物質の形を決める力は分子間力であり，H_2O 分子の集団が水の姿といえよう．そして水を 100 °C（373.15 K）以上にして気化させれば，水はそれぞれ独立にふるまう H_2O 分子となる．そうすると，この温度における水の姿は H_2O 分子であり，この構造を決めるのは H−O 間の化学結合である．それでは，もっと温度を上げて 10^3 K 程度にしてみよう．この温度では化学結合が破壊され，もともと室温で水であった物質は，H_2O^{n+}，OH^-，H^+，H，e^- のように，イオンや原子，電子の集団となるだろう．原子についてその構造

水素結合などの分子間力については6章参照．

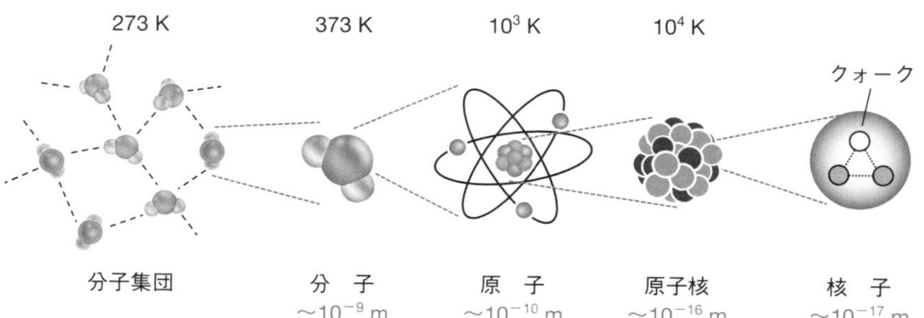

図2・1 **物質の階層構造**　室温から温度を上げながら，さまざまな温度における物質の姿と，何がその姿をつくる力になるかを想像することによって，物質の階層性を遡ることができる．

原子や分子の大きさを表す単位として，ナノメートル（nm）が用いられる．1 nm = 10^{-9} m だから，原子の大きさはおよそ 0.1 nm になる．

を決める力といえば，原子核と電子間の静電的相互作用である．さらに温度を上げて 10^4 K ほどにすれば，化学結合は完全に破壊されると同時に，電子は原子核からはぎ取られ，もともと水だった物質の構成物は H^+，O^{8+}，e^- となるだろう．したがって，この温度における物質の姿といえば，電子と原子核である．この原子核をつくる力は**核力**とよばれる．さらに温度を上げると核力でさえ原子核を保つことができなくなり，これが分解されて物質の構成物は，電子，陽子，中性子となる．さらに超高温にすれば… ここからは素粒子の世界で深入りしないが，陽子や中性子さえも分解されて“クォーク”となる．

このように，温度を上げる仮想実験をするだけで，物質の階層構造が次々と現れ，また各温度で物質の姿を決める力の主役が，次々と交代することを直感できる．そしてこの低温から高温への逆のプロセスが，宇宙の誕生から現在までに起こったことに他ならず，宇宙誕生直後の超高温から，温度の低下とともに，物質の形を決める力が次々と有効に作用するようになり，物質の階層構造がつくり上げられた．

“クォーク”はアップクォーク(u)，チャームクォーク(c)，トップクォーク(t)，ダウンクォーク(d)，ストレンジクォーク(s)，ボトムクォーク(b) の6種類が知られており，陽子は uud，中性子は udd の組合わせによって構成されている．1970年ごろまでは，クォークは u と s と d の3種類だけと思われていたが，1973年，小林誠先生と益川敏英先生が「いまのような宇宙になるには全部で6種類のクォークがないといけないのでは？」と理論的に予測し，その予言通り残り3種類のクォークが実験的に発見された．小林先生と益川先生は2008年にノーベル物理学賞を受賞している．

2・2 原子核の性質

元素の起源を知る，あるいは理解するためには，原子核の性質を理解することが重要である．陽子と中性子から構成される原子核を区別するための指標は，陽子数 Z（＝**原子番号**）と**中性子数** N であり，また**質量数** A は $A = Z+N$ で定義される．Z が等しく N が異なる原子核は“同位体”とよばれるが，安定に存在できる**安定同位体**と，放射線を出して自発的に核壊変を起こす**放射性同位体**に大別される．図2・2に安定同位体の Z と N の値を示した．これを見ると，原子核を安定に保つ Z と N の組合わせが自由に決まるわけではなく，かなり限定的で，Z が20ぐらいまでの軽い原子核については $Z = N$ の原子核が安定である．これ

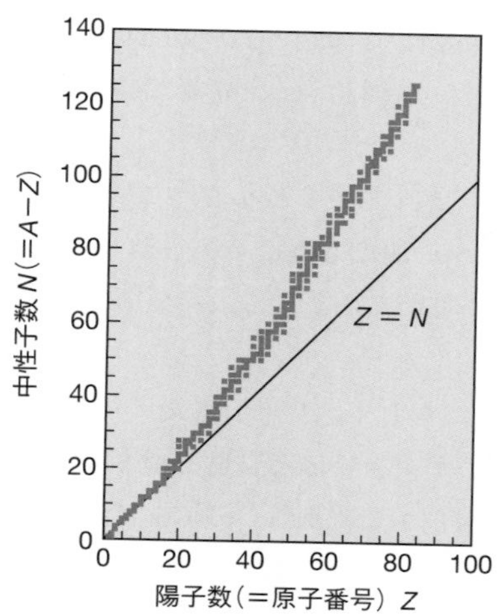

図2・2 **安定同位体の原子番号 Z と中性子数 N** 安定同位体における Z と N の組合わせはかなり限定的で，$Z < 20$ くらいまでは $Z = N$ の原子核が安定だが，それ以上になると $Z < N$ の原子の原子核が安定となる．

湯川秀樹（1907～1981）
東京生まれの理論物理学者．日本人として初めてのノーベル賞受賞者（物理学賞，1949年）．1935年，原子核内部において，陽子や中性子を互いに結合させる強い相互作用の媒介となる“中間子”の存在を理論的に予言し，後にπ中間子が発見された．

は，原子核は陽子と電子が“中間子”を介して結合するという湯川秀樹の中間子理論によると，この核力（強い力）は $Z = N$ の場合に有効に作用するためである．そして，$Z > 20$ の重い原子核については $Z < N$ となる傾向が強まるが，これは電気的に中性の中性子が正電荷をもつ陽子間の静電反発を緩和するためであると考えられている．

陽子と中性子から原子核をつくる反応に関して，二つの式をたてることができる．まず，Z 個の陽子と N 個の中性子から形成される原子核の質量 M に関して，

$$M = Zm_{\mathrm{p}} + Nm_{\mathrm{n}} - \Delta M \qquad (2 \cdot 1)$$

となる．ここで，m_{p} と m_{n} はそれぞれ陽子と中性子1個の質量で，ΔM は**質量欠損**とよばれる量である．この式は，原子核の質量はその構成成分であるもともとの陽子と中性子の質量の総和より小さいことを意味している．もう一つの式は，

$$Z\,\text{陽子} + N\,\text{中性子} \longrightarrow \text{原子核} + B \qquad (2 \cdot 2)$$

である．ここで B は結合エネルギーで，原子核形成に伴い放出されるエネルギーである．一般に，1核子当たりの B が大きいほどより安定な原子核となる．ここで（2・1)式と（2・2)式をつなぐ重要な関係式として，

$$B = \Delta Mc^2 \qquad (2 \cdot 3)$$

アインシュタイン
（A. Einstein，1879～1955）
ドイツ生まれの理論物理学者．20世紀最高の物理学者とも評される．特殊相対性理論および一般相対性理論，相対性宇宙論，揺動散逸定理，光量子仮説，ボーズ＝アインシュタイン凝縮など，数々の金字塔を打ち立てた．

がある．ここで c は光速度である．(2・3)式は，アインシュタインによって1907年に発表された「質量 m とエネルギー E の等価性」とその定量関係を表す式 $E = mc^2$ が，原子核形成反応において顕在化したものである．この関係式はエネルギーと質量（物質）が変換できることを暗示しているが，これは，まったく常識に合わないと思う方もいるだろう．確かに，エネルギーと物質の変換が日常生活に現れることはまずない．しかしながら，宇宙誕生直後の超高温・超高圧の世界では，この変換はごく当たり前に行われていたはずである．さてここで，(2・3)式を使って，7個ずつの陽子と中性子から窒素の原子核が形成されるときに放出されるエネルギーを計算してみよう．陽子pと中性子nの質量は，**統一原子質量単位**でそれぞれ $m_{\mathrm{p}} = 1.00783$ Da および $m_{\mathrm{n}} = 1.00807$ Da となる．^{14}N 原子核の質量は 14.0031 Da なので，$\Delta M = 0.10820$ Da と計算できる．いま，1 mol の N 原子核が形成されるとすると，N_{A} をアボガドロ定数として，このとき放出されるエネルギーは $E = N_{\mathrm{A}}\Delta Mc^2 = 9.72 \times 10^{12}$ J となる．これは，2.3万トン（25 m プールの容量は約500トン）の水の温度を 0 °C から 100 °C にまで上げることができる莫大な熱量である．これからわかるように，核反応では莫大なエネルギーが出入りする．

“統一原子質量単位”は ^{12}C の原子核1個の質量を12とするもので，実際には，
1 Da ＝ 1.660539 kg.

$N_{\mathrm{A}} = 6.02214076 \times 10^{-23}\ \mathrm{mol^{-1}}$ であり，正確に定義された値である．

図2・3は，安定な原子核の質量数 A に対して，1核子当たりの結合エネルギーを示したものである．このエネルギーが大きいほど質量欠損も大きく，原子核はより安定であるといえる．ここには明らかな質量数への依存性があり，原子核の安定性は一様でない．この曲線の特徴としては，質量数 $A < 30$ の軽い原子核の場合，4の倍数の核が安定で，$Z = N$ とすれば He の原子核とその整数倍の

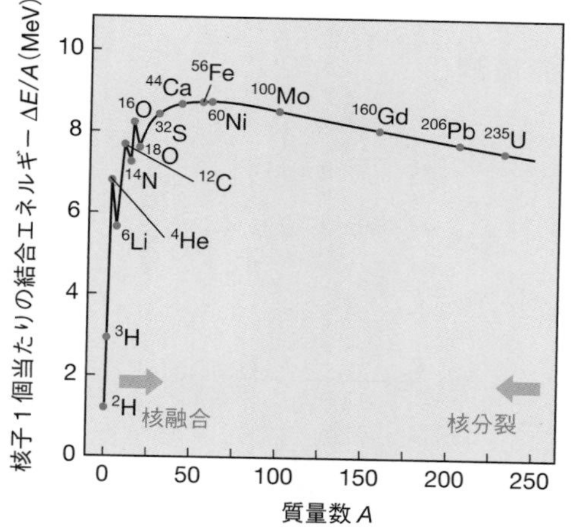

図2・3 核子1個当たりの結合エネルギーの質量数 A による変化 このエネルギーが大きいほど，安定な原子核といえる．図中の矢印は，エネルギーが放出される核壊変の方向を示している．

原子核が安定であるといえる．またこの曲線は，$A \fallingdotseq 60$（Fe付近）で最大となり，その後，質量数の増加とともに緩やかに減少する．つまり，原子核の中で最も安定なものはFeに近い原子核である．さてここで，原子核間の壊変を自由にできたらどうなるだろう？ まず，Uなどの重い原子核が**核分裂**し，質量数がFeに近づく場合，この壊変では，より安定な原子核へと変換されるため，核分裂によって莫大なエネルギーが放出される．この核分裂を利用したのが“原子力発電”である．一方，軽い原子核が**核融合**してFe原子核に近づく場合はどうだろう．この場合もまったく同じ理由で，巨大なエネルギーが放出される．このような，核融合は太陽（恒星）の中で日常的に起こっており，陽子-陽子連鎖反応（p-p反応）として知られている（図2・4）．この反応で放出されるエネルギーは25 MeVであり，これによって太陽は燃えている．以上のように，核分裂や核融合では，Feあたりの原子核に近づく核壊変からは，膨大なエネルギーが放出されることがわかる．

原子力発電ついてはコラム2・1を参照．

このような核融合を利用した発電（核融合発電）は，原子力発電のように放射性廃棄物が生じることもないので，21世紀後半の理想的な発電方式として期待されているものの，現時点で技術的な壁が高く実用化された例はない．

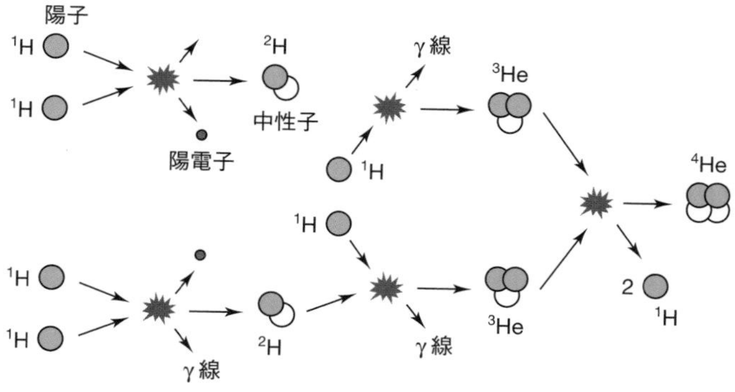

図2・4 恒星の内部で生じる水素の核融合反応（p-p反応） 4個の陽子からHe原子核が形成される．

陽電子やγ線については2・4節の側注を参照．

コラム 2・1　原子力発電の原理

核分裂を利用してエネルギーを取出し，発電するのが“原子力発電”です．この原理を紹介しましょう．Uの同位体はおもに2種類あり（$^{235}_{92}$Uと$^{238}_{92}$U），天然における存在度はそれぞれ0.7%および99.3%です．$^{238}_{92}$Uに中性子が衝突すると，いくつかのステップを経て$_{94}$Puにまで壊変されて反応は停止しますが，$^{235}_{92}$Uに中性子が衝突すると，図1(a)に示した3種類の核分裂が生じます．この分裂における質量欠損は$\Delta M = 0.22$ Daで，205 MeVもの巨大なエネルギーを取出すことができます．ここで重要なことは，反応で消費された中性子数（1個）以上の中性子（2〜4個）が放出されることです．高濃度の$^{235}_{92}$Uにおいてこの反応が生じれば，放出された中性子は新たな未反応$^{235}_{92}$Uのターゲットとして核分裂を次々とひき起こし，反応はネズミ算式に連鎖して莫大なエネルギーが瞬時に放出されます．これが原子爆弾の原理です．核反応において連鎖反応に達することを“臨界”とよびます．もちろん，実際の原子力発電では，このような反応の暴走を防ぎ，安定で定常的な連鎖反応を維持するための仕組みが備わっています．まず原子力発電では，$^{235}_{92}$Uの濃縮度はたかだか3〜5%程度に抑えられています．そして，核分裂によって生じた高速の中性子は$^{238}_{92}$Uと反応して$_{94}$Puの生成に帰結する性質があるため，中性子と核燃料を効率よく反応させるために，減速材を通して中性子の速度を下げる工夫がなされています．“軽水炉”とよばれる原子炉では，減速材として軽水（普通の水．重水と区別するためにこのようによばれる）が用いられており，このとき，水は沸騰して発電のためのタービンを回す役割も兼ねます（図1b）．さらに原子炉では，発生した過剰な中性子を取除くため，中性子をよく吸収するホウ素やカドミウムなどの物質を棒状のケースに詰めた制御棒が用いられています．制御棒の炉心への出し入れによって，中性子数を制御し，連鎖反応が定常的に継続される臨界状態がつくられます．

(a)

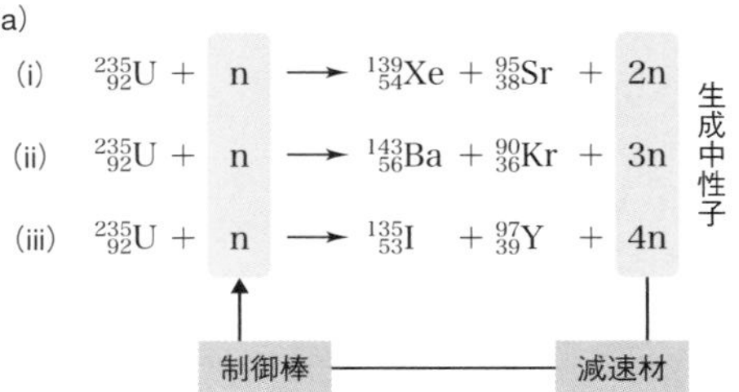

(b)

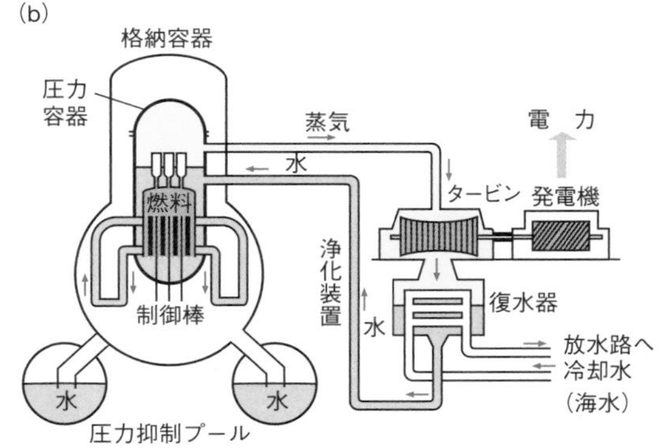

図1　^{235}Uの核分裂反応と，安定した連鎖反応（臨界）を維持するためのメカニズム（a）および軽水炉型原子炉の模式図（b）

2・3　元素の存在度

われわれの日常はどんな元素に囲まれているか，ちょっと見てみよう．自分の体は衣服も含めて，H，C，N，Oなどから構成されている．スチール棚やロッカーにはFeが含まれており，Alの缶もよく目にするし，岩石の主成分はSiである．料理に欠かせない食塩はNaとClから形成され，電池の名称にはリチウム(Li)や鉛(Pb)などが付いている．目には見えないが，そもそもNやOは空気の主成分であり，十分な量がある．

★ 第1回相談室 ★

（ 私 ） それでは目を大きく転じて，太陽系（≒宇宙全体）における元素の存在を見てみましょう．図2・5をよく見てください．これは，太陽光の分光分析と，太陽系の始源物質と考えられる炭素質コンドライトの組成から割り出した，宇宙における（正確には太陽系内の）元素の存在度を示したものです．この図では，横軸が原子番号 Z，縦軸が相対的存在度です．縦軸が log スケールであることに注意してください．つまり，目盛りが一つ違うと 10 倍違います．

（学生） 了解しました．

（ 私 ） では早速問題です．宇宙で1番多く存在する元素は何でしょう？

（学生） はい，カンタンです．答えはHです．

（ 私 ） 正解ですね．では第2問．宇宙で2番目に多く存在する元素は何ですか？そしてその存在度は，Hの何分の1程度でしょう？

（学生） これもカンタンです．グラフを見ると答えは He で，その存在度は，Hと比べると1目盛り違うので，He の存在量はHの 1/10 程度です．

（ 私 ） はい．これも正解です．He は地上では影が薄い？ 存在ですが，宇宙全体では2番目に多いのです．それでは第3問．He の次に多い元素は何？ そしてその存在度は H, He と比べるとどうですか？

（学生） え〜と，CとOがいい勝負．Fe も意外に頑張っている．で，それらの存在は…．2位の He に比べて2目盛り下だから，1/100 ぐらいです．

（ 私 ） すばらしい．ちゃんとグラフを読めています．宇宙スケールで元素の存在度を見ると，H：He＝9：1で，残りの元素すべてはこれらより 1/100 以下のゴミです．われわれの地表は，宇宙のゴミからできています．

（学生） 先生，いくら何でもゴミはひどすぎませんか．

（ 私 ） すみません．では，不純物とでもよびましょうか．でもこれが真実です．われわれの日常は，宇宙規模の元素分布から考えると，宇宙の不純物から形成されているといっても過言ではありません．

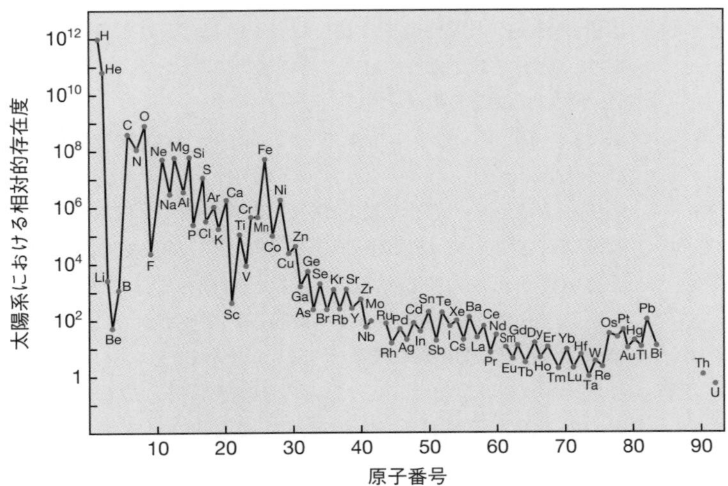

図2・5 **宇宙（太陽系内）における元素の存在度** H と He で元素全体の 99% を占め，原子番号とともにジグザグしながら指数関数的に減少する．Li，Be，B は例外的に少ない．

さて，図2・5を原子番号に沿ってもう少し詳しく見てみよう．HとHeが多いわりに，Li，Be，Bの存在度は極端に小さい．その後，存在度はCで復活し，常にジグザグしながら，原子番号とともに減少していく．この傾向は，原子番号が近ければ，原子番号が偶数の核のほうが奇数のものより相対的に多いことを意味し，また質量数でいえば，Heの原子核の整数倍の原子核が相対的に多いことを示している．また，Feの存在度が小さな極大を示しており，これは前述したようにFeの原子核が最も安定であることを反映している．しかしながら，宇宙における元素の存在度は，原子核の安定性からだけではまったく説明できない．これを理解するには，次節で説明する，宇宙における元素の生成と進化を見なければならない．

2・4　宇宙の進化と元素の起源

現在では，元素は宇宙の進化の諸段階におけるさまざまな核反応によって生じたと考えられている．宇宙は138億年前，**ビッグバン**[*1]により超高温・超高密度のエネルギーの塊として突然出現して膨張を始め，次第に低温，低密度になっていった．すなわち，時間ゼロから現在に至る宇宙の進化とは，おおまかにいえば，体積膨張と温度低下，そしてエネルギーから物質への変換の歴史であった．ビッグバンが起こったという状況証拠としては，宇宙は現在も膨張していることや，3K**宇宙背景放射**（コラム2・2参照）などがあげられる．

宇宙のごく初期の事象を，時系列を追って示す．

$t = 0$	ビッグバン（熱い火の玉モデル）
$t = 10^{-35}$ 秒	体積は豆粒程度で，温度は$\sim 10^{28}$ K．この時期に宇宙の指数関数的膨張（インフレーション）が終了．
$t = 10^{-2}$ 秒	体積は現在の太陽程度で，温度は$\sim 10^{11}$ K．このときの宇宙の内容物は，光子（3・2節），電子，陽電子[*2]，ニュートリノ（コラム2・3），そして微量の陽子と中性子．
$t = 1$ 秒	温度は$\sim 10^{10}$ K．光子エネルギーは，簡単には物質を生成できないほどに低下．
$t = 7$ 秒	電子＋陽電子 ➞ 光子の反応から，電子がわずかに残された．
$t = 100$ 秒	温度は$\sim 10^{9}$ K．これはHe原子核が安定に存在できる温度で，陽子と中性子が核力によりHe原子核を形成した．このとき，He原子核に取込まれなかった中性子は陽子に変換されたため，陽子（Hの原子核）数：He原子核数＝10：1となった．
$t = 38$ 万年	温度は~ 3000 K．これは，イオン間の静電引力が有効に作用できる温度で，電子がHとHeの原子核に取込まれる電子捕獲が生じた．これ以前の宇宙は，いわばプラズマ[*3]のような状態で，光は空間を漂う電子に散乱されて直進できなかったが，電子捕獲により電子は原子核に固定され，光が直進できる宇宙となった（図2・6）．それゆえ，この事象は**宇宙の晴れ上がり**とよばれている．

＊1　20世紀初めごろまでは，宇宙は始まりも終わりもない永遠不変のものだと考えられていたが，ビッグバンの存在は，観測と理論研究を経て徐々に認められるようになった．一般相対性理論から膨張宇宙モデルは1920年代に提案されていたが，この証拠となったのが，1929年，アメリカの天文学者ハッブルによる，「遠くにある銀河ほど高速で遠ざかっている」という事実の発見である（時間を巻き戻せば宇宙の初めにあらゆる銀河が一点に集まっていたと解釈できる）．また，宇宙初期の原子核合成の理論を考えたのがガモフであり，「宇宙は非常に小さな高温・高密度の火の玉状態から始まり，膨張とともに希薄になり温度が下がって現在の状態になった」というモデルを主張した．イギリスの宇宙物理学者ホイルは宇宙の膨張説を「ビッグバン理論」とよび，この名が広く使われるようになった．

＊2　“陽電子”は電子の反粒子で，絶対量が電子と等しいプラスの電荷をもち，質量など，その他の性質は電子とまったく同じ．電子と衝突すると，電子＋陽電子 ➞ 光子となって消滅するが，宇宙の初期には電子数が陽電子数を上回ったため，電子だけが残されたと考えられている．

電子捕獲
陽子＋電子 ➞ H原子
He原子核＋2電子 ➞ He原子

＊3　一般に，気体に熱や電気エネルギーを加えると，気体の分子が原子に解離したり，さらに電離して，プラスイオンやマイナスイオン（あるいは電子）が生成する．この正電荷と負電荷の共存状態を“プラズマ状態”とよぶ．

コラム2・2　3K宇宙背景放射

すべての物体から，温度に応じて固有の電磁波が放出されることを黒体放射スペクトルといいます．たとえば，太陽の表面温度は約6000 Kですが，この温度では可視光を中心とした光が幅広く放出されるため，太陽は白く見えます．そして，**3K宇宙背景放射**とは，宇宙の全方位から3 Kの物体が放出する電磁波に相当するスペクトルが観測される現象です．これは，宇宙がかつて一つの火の玉として，熱平衡にあったことを意味しており，ビッグバンの証拠の一つとなっています．もちろん当時の温度は超高温ですが，その後宇宙の温度は低下し，現在の3K宇宙背景放射となっています．

黒体放射スペクトルの詳細については3・2節を参照．

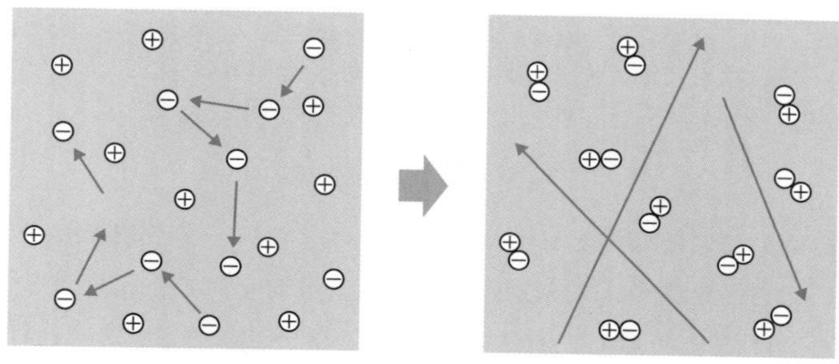

図2・6　宇宙の晴れ上がりの前（左）と後（右）のイメージ　図中の矢印は光を表す．晴れ上がり前は空間的に大きく広がった電子によって散乱されて光は直進できなかったが（左），電子が原子核に捕獲されて広がりを失い，光が直進できるようになった．

このように，宇宙に存在する物質の99%（HとHe）は，宇宙のごく初期段階に生成された．驚くべきことに，HとHeの存在比率（10：1）は，現在でもほぼその当時のままである．しかしながら，宇宙初期の一大イベントの後，宇宙は冷え切って元素の生成はいったん止まる．

HとHe以外の元素は，恒星の一生と死の瞬間に生成されたと考えられている．HとHeをおもな構成成分とする宇宙は十分に冷え，しばらくの間，エネルギー的に安定な二つの基本的元素が宇宙空間を漂っていた．やがて「ダークマター」とよばれる物質の“ゆらぎ”に引き寄せられて徐々に集まりガス状の雲となり最初の星（第一世代の恒星）をつくった．そして星の一生は，この段階でどれだけの物質量をもって形成されたかで決まる（図2・7）．ここで重要なことは，宇宙全体の温度が下がっているにもかかわらず，星の成長とともに内部温度は上昇することである．重力による収縮は重力ポテンシャルエネルギーの減少を意味しており，全エネルギー（＝運動エネルギー＋ポテンシャルエネルギー）が一定であるため，運動エネルギーの増加により温度は上昇する．これによって星内部の温度が10^7 Kほどに達すると，水素の核融合反応である“p–p反応”が生じ，Heがつくられるとともに莫大なエネルギーが放出される．これが，第一世代の恒星

「ダークマター」は天文学的現象を説明するために想定された物質．われわれが観測できる物質（原子からなる物質）は全体の約5%にすぎず，その5～6倍の量のダークマターが宇宙にあまねく存在すると考えられている．ダークマターは，見えないし触ることもできないが，質量はあり，ゆらぎから，高密度のところは重力によってさらにダークマターを引き寄せ，さらにチリやガスも引き寄せて，やがて星や銀河が形成されたと考えられている．

p–p反応については図2・4も参照のこと．

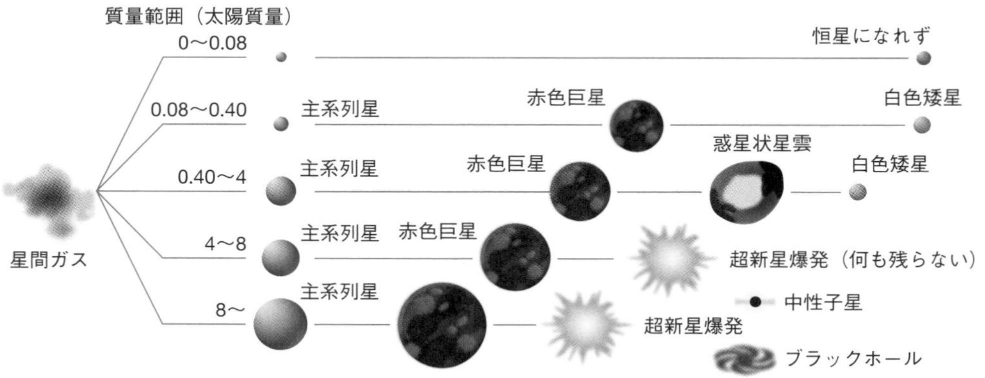

図2・7　**恒星の誕生と死**　星は星間物質のガス（星間ガス）から生まれ，主系列星になった星は，一生の大半を主系列星で過ごす．末期には，表面がふくらんで赤色巨星となるが，その最期は，恒星の大きさによって大きく異なる．軽い赤色巨星は，ガスをまき散らして，惑星状星雲と白色矮星を残すのみだが，一方，重い赤色巨星は，超新星爆発を起こし，超新星残がいの中に中性子星やブラックホールを残して死を迎える．惑星状星雲や超新星残がいは，宇宙に広がって漂いやがて新しい星を生む星間ガスに変わる．質量の大きい星ほど寿命が短い．

の誕生で，重力による収縮と p–p 反応によるエネルギーの放出などがつりあい，星は一定の大きさを保つ．この安定期は，天文分野では“主系列星”とよばれ，星の一生の 90% を占めるが，質量の大きいものほど核反応が速く進行して短命となる．恒星の末期には，内部の H はほとんど燃え尽き，より重い He の芯ができて重力によって収縮を始めるが，バランスをとるように外側の H は膨張し，表面温度は低下する．このような状態にある星は赤く大きく見えるため“赤色巨星”とよばれる．小さな恒星では，外側の H が燃え尽きた後には光を発しない He の芯からなる“白色矮星”が残される．一方，太陽クラス以上の質量をもつ恒星では，He の芯は重力により収縮して内部温度が上昇し，これが 10^8 K に達すると以下の He の核融合反応が始まる．

$$2\,{}^{4}_{2}\mathrm{He} \rightleftharpoons {}^{8}_{4}\mathrm{Be}$$
$${}^{4}_{2}\mathrm{He} + {}^{8}_{4}\mathrm{Be} \longrightarrow {}^{12}_{6}\mathrm{C} + \gamma$$
$${}^{4}_{2}\mathrm{He} + {}^{12}_{6}\mathrm{C} \longrightarrow {}^{16}_{8}\mathrm{O} + \gamma$$

“γ 線”は電磁波であり，波長が X 線より短いものをさす（およそ 10 pm 以下）．放射性物質が出すおもな放射線として，α 線（ヘリウム原子核）や β 線（電子）と区分される．

これによって生まれたのが C と O である．${}^{12}_{6}\mathrm{C}$ や ${}^{16}_{8}\mathrm{O}$ が蓄積されると，これらが陽子や He 原子核と反応して，**CNO サイクル**とよばれる核反応サイクルが生まれる（図2・8）．ここでは C，N，O 原子核はいわば触媒的に作用しており，結局は 4 個の H 原子核が 1 個の He 原子核に変換される反応で，太陽より質量の大きな，第二世代以降の主系列星のおもなエネルギー生成過程となる．太陽程度の大きさの恒星については，C と O を芯とする“赤色巨星”となり，H が燃え尽きた後にはこれを芯とする“白色矮星”となると考えられている．そして太陽より 1 桁大きな質量をもつ最重量級の恒星では，重力による収縮がさらに続き，中心温度が 10^9 K にも達し，ここでは C から始まる核反応が起こる．この反応は基

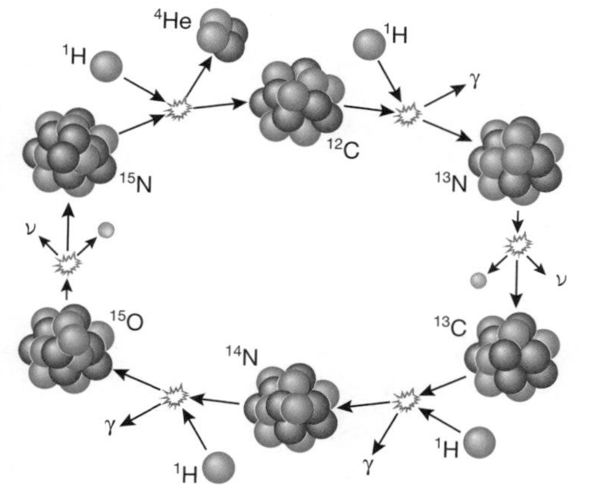

図2・8 **CNO サイクル** 太陽より大きな恒星の内部で生じる核融合反応.

ニュートリノについてはコラム2・3を参照.

本的には,

$$^{12}_{6}C \rightarrow {}^{16}_{8}O \rightarrow {}^{20}_{10}Ne \rightarrow {}^{24}_{12}Mg \rightarrow {}^{28}_{14}Si \rightarrow {}^{32}_{16}S \rightarrow {}^{36}_{18}Ar \rightarrow {}^{40}_{20}Ca \rightarrow {}^{44}_{22}Ti \rightarrow\rightarrow\rightarrow$$

のように，各原子核に He 原子核が融合する反応であり，偶数の原子番号の元素が奇数のものより相対的に多いのは，この変化が原因であると考えられている．このような超高温では，いわばすべての核間の壊変反応の平衡が生じるわけで，ここで星に自然に蓄積されていくのが，最も安定な原子核である Fe およびその周辺元素である．図2・9は最重量級の恒星の末期における元素分布を示している．Fe 系元素が芯をつくり，外側にいくほど軽い元素が占めている．

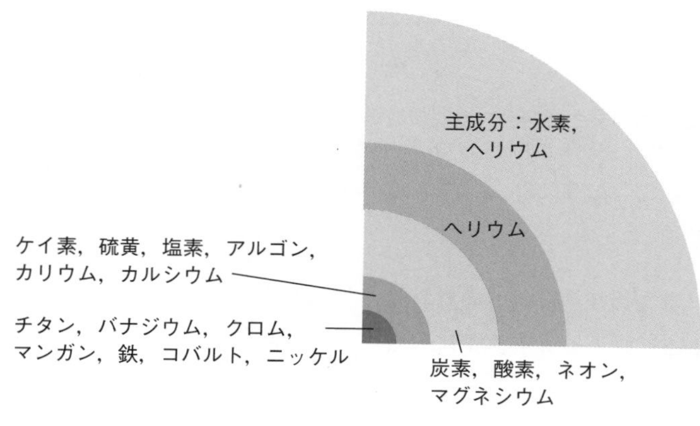

図2・9 **最重量級の恒星の，末期において予想される内部での元素分布** 中心部の Fe 系元素から，一番外側の H や He まで，玉ねぎのような階層構造がつくられる．

Fe より重い元素の起源としては，現在では2種類のプロセスが考えられている．一つ目は s 過程（slow process）とよばれ，Fe を生成するような巨大な恒星において，Fe を起点として中性子捕獲とβ壊変を繰返し，原子番号を1ずつ増加させながら重元素が恒星内でゆっくり生成したという説である．もう一つは r 過程（rapid process）とよばれ，最重量級の恒星が見せる**超新星爆発**という劇的な最期に由来している．図2・9からわかるように，最重量級の恒星の末期では中心部には，“燃えない（核壊変によってエネルギーを取出せない）” Fe が蓄積

β壊変については2・5節参照.

＊　これ以上分解できないと考えられている素粒子は，今まで17種類見つかっているが，“ニュートリノ”もその一つである．宇宙の誕生時や，恒星の内部，超新星爆発の際などに生じ，宇宙はニュートリノで満ちあふれていると考えられている（1 cc あたり平均300個くらい）．ニュートリノは，同じ素粒子である電子の100万分の1よりも軽く，「中性の（ニュートラル）小さな（イノ）粒子」という名前の通り，とても小さい素粒子である．また，素粒子のなかでは，ニュートリノと電子は電荷の有無が違う親戚のような関係にあり，電子型，ミュー型，タウ型の3種類に分類される．

小柴昌俊先生の教え子である梶田隆章氏は，1998年，カミオカンデを発展させたスーパーカミオカンデにおいて，ニュートリノ振動の存在を発見しました．これは，かつて質量がないと考えられていたニュートリノに質量があることを示すもので，2015年にノーベル物理学賞が与えられました．

このときは太陽の10億倍の明るさに輝いて数年で消えていく．

“超新星爆発”は「後漢書」（185年），「宗書」（393年），藤原定家の「明月記」（1054年）など，古今東西の歴史書にも登場している．

コラム2・3　1987年の超新星爆発とカミオカンデ

小柴昌俊先生は，岐阜県の神岡鉱山跡に陽子崩壊の観測を目指してカミオカンデを建設しました（1983年）．この内部には3000トンもの超純水が貯められており，陽子崩壊の際に発生するニュートリノ*が，水の中の電子に衝突して起こる発光を検出する仕組みでした．陽子崩壊の発見には至りませんでしたが，1987年2月23日，17万光年離れた大マゼラン星雲の超新星爆発の際に放出されたニュートリノの検出に偶発的に成功しました（図1）．この観測から，ニュートリノによって宇宙を見るという新しい学問「ニュートリノ天文学」が創始され2002年にノーベル物理学賞を受賞されています．しかしこの超新星爆発，ニュートリノも光の速さで進行しますから，この超新星爆発が実際に起こったのは17万年前のことです．これは，地上ではホモ・サピエンスが初めて出現したような時代です．それが，時空を超えてカミオカンデへ．運命の巡りあわせって，あるのですね．

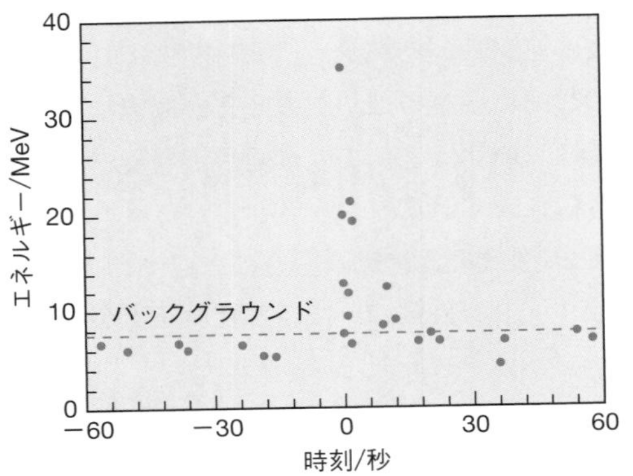

図1　カミオカンデで計測された超新星爆発を示すニュートリノ信号
時刻ゼロは，1987年2月23日16時35分35秒．

される．しかし，重力はFe芯を圧縮し続け，温度が数10^9 Kにまで達すると，Feがγ線を吸収しHe原子核と中性子に分解され，さらにHe原子核も中性子に分解される．この分解過程で大量のエネルギーが吸収されるため圧力が急激に減少し，星の中心部は空洞と同じ状態になる．星の構成物は中心部へ雪崩をうって落ち込み（重力崩壊），そこで跳ね返って宇宙空間に放出される．r過程とは，この星の内容物を放出する際に生じる大量かつ高速の中性子が，おもにFeをターゲットとして核反応し，Feより重い核種が形成されたという説である．中心部の圧縮されたコアは，“ブラックホール”または“中性子星”となり，一方，宇宙空間にまき散らされた重元素を含む恒星の構成物は，やがて再び集まって次世代の星を形成すると考えられている．このような超新星爆発は，一つの銀河で50年から100年に1回程度の割合で発生し，大きなものは地上でも肉眼で観測

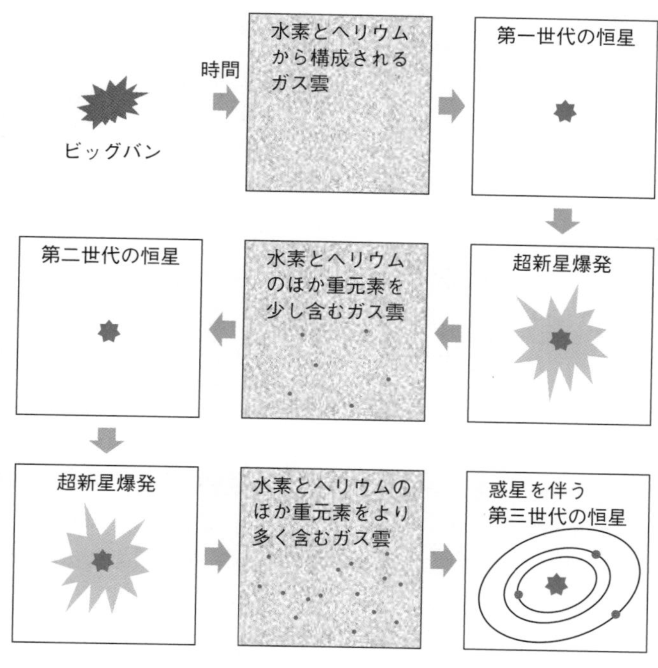

図2・10 第一世代から第三世代までの恒星の誕生と死

されている．最近では1987年に大マゼラン星雲で観測された．

図2・10は，ビッグバンから始まり，星の誕生と死の経緯を示したものである．前述したように，C，N，Oやさまざまな重元素から形成されるわれわれの太陽系にある太陽は，第三世代の恒星であると考えられている．この章の冒頭で，「あなたの手のひらの親指の付け根あたりにある炭素原子がいつどこでつくられたのか」と質問した．答えは，現在の太陽系がつくられる前に存在し，もっと大きかった第一あるいは第二世代の原始太陽中の核融合反応で形成されたと考えられる．その星の超新星爆発でいったんは星間に放り出されたものの，たまたま地球が形成されるときにその構成成分となり，その後はCO_2として大気を漂っていたか，あるいは炭酸塩として長く固定されていたかもしれない．生命が進化してからは，原生生物の細胞膜に取込まれていたか，あるいは恐竜のタンパク質の一部だったかもしれない．ともかく，地球誕生以来，さまざまな物質の構成原子として変遷を繰返し，いま，たまたまあなたの手のひらに取込まれている．

人体の構成物質のほとんどは，代謝によって2年ほどで総入れ替えになるという．あなたを構成する炭素原子は，2年後にそこにある可能性は低く，新たな物質の構成原子としてどこかに行ってしまうだろう．

2・5 原子核壊変と年代測定

最後に，原子核壊変とその科学的な利用について紹介する．放射性同位体は不安定な原子核種で，過剰なエネルギーを放出してより安定な核に自発的に壊変する．このとき放出される電磁波や粒子が**放射線**である．図2・11に，代表的な核壊変である“α壊変”と“β壊変”について，壊変時の原子番号と質量数の変化を示した．**α壊変**は，放射線としてα線（Heの原子核）とγ線を放出する壊変過程で，質量数と原子番号はそれぞれ4と2だけ減少する．一方，**β壊変**では，

“β壊変”には，いくつか種類があり，陽子が軌道上の電子を捕獲して中性子に変換され，電子ニュートリノと特性X線を放つ電子捕獲という核壊変も含まれる．

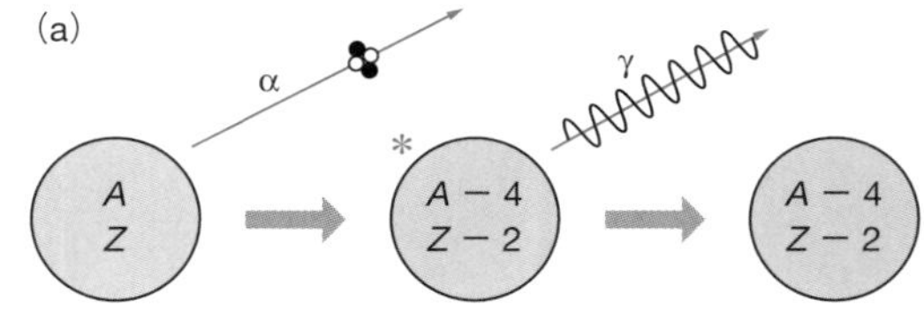

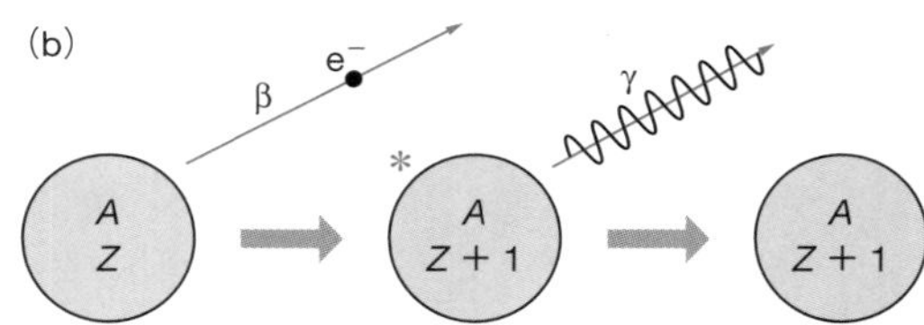

図2・11　**代表的な原子核壊変であるα壊変（a）とβ壊変（b）**　原子番号 Z と質量数 A の変化に注意してほしい．

中性子が陽子に変化してβ線（電子）とγ線を放出するため，質量数は変わらず原子番号が一つ増えた原子核に変化する．

不安定核種の数を N として，単位時間の壊変数が N と速度定数 λ に比例するとすれば，

$$\frac{\mathrm{d}N}{\mathrm{d}t} = -\lambda N \tag{2・4}$$

が得られる．これを積分して，

$$N = N_0 \mathrm{e}^{-\lambda t} \tag{2・5}$$

となる．ここで N_0 は N の初期値である．N_0 が壊変によってちょうど半分になるまでの時間を**半減期**とよび，$t_{1/2}$ で表すと $\lambda = \ln 2/t_{1/2}$ の関係がある（図2・12）．$t_{1/2}$ は原子核壊変を特徴づける重要なパラメータである．代表的な天然放

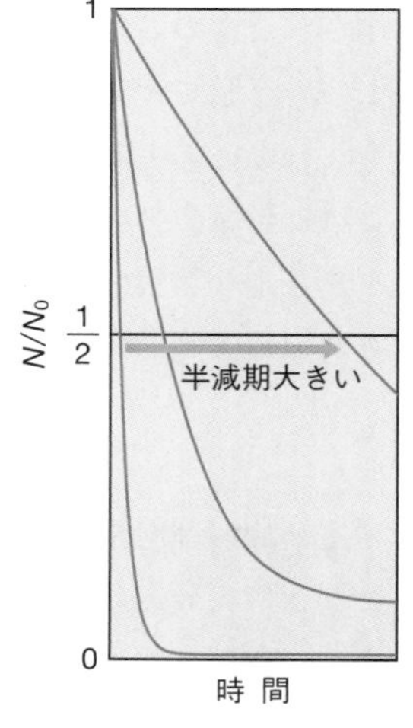

図2・12　**放射性物質の壊変**　壊変開始から $N/N_0 = 1/2$ になる時間を半減期という．

表2・1　**天然放射性同位体の半減期と存在度**†

元素	質量数	壊変	半減期（年）	同位体存在度（原子百分率）
C	14		5.70×10^{3}	$\sim 10^{-10}$
K	40	β	1.248×10^{9}	0.0117
Rb	87	β	4.81×10^{10}	27.83
In	115	β	4.41×10^{14}	95.719
La	138	β	1.03×10^{11}	0.08881
Nd	144	α	2.29×10^{15}	23.798
Sm	147	α	1.073×10^{11}	15.00
Lu	176	β	3.76×10^{10}	2.599
Re	187	β	4.33×10^{10}	62.60
Pt	190	α	6.5×10^{11}	0.012

† “理科年表 2023”，丸善より．

射性同位体の半減期と存在度を表 2・1 に示す．

放射性同位体の利用の一つに年代測定があげられるが，ここでは 2 種類の手法を紹介しよう．**K–Ar 年代測定法**は，岩石の年代測定などに利用されている．表 2・1 に示したように，^{40}K の半減期は約 12.5 億年である．この壊変には，以下の β 壊変と電子捕獲の核壊変が同時に進行しており，その比率は約 9：1 である．

$$\beta\text{壊変}\quad {}^{40}_{19}\mathrm{K} \longrightarrow {}^{40}_{20}\mathrm{Ca} + \mathrm{e}^- \quad (89.3\%)$$
$$\text{電子捕獲}\quad {}^{40}_{19}\mathrm{K} + \mathrm{e}^- \longrightarrow {}^{40}_{18}\mathrm{Ar} \quad (10.7\%)$$

岩石中の ^{40}K は，緩やかに壊変して岩石中に ^{40}Ca と ^{40}Ar に変化してそのまま取込まれる．β 壊変によって生じた ^{40}Ca は，もともと岩石中に含まれていたものと区別することはできないが，電子捕獲によって生じる ^{40}Ar は，岩石が固化した時点で内包されることはなく，^{40}K の存在と壊変を示す証拠となる．ある岩石が固化したとき，^{40}K のみが N_0 個存在したとすると，t 年後の ^{40}K の数は $N = N_0 \exp(-\lambda t)$（ただし，$\lambda = \ln 2/(1.25\times10^9)$ であるから，この時点で $N_0 - N$ 個の ^{40}K が壊変し，この 10.7% が ^{40}Ar に変換したはずである．したがって，^{40}Ar と ^{40}K 比率は，

$$\frac{^{40}\mathrm{Ar}\text{数}}{^{40}\mathrm{K}\text{数}} = \frac{0.107\{N_0 - N_0\exp(-\lambda t)\}}{N_0\exp(-\lambda t)} = 0.107(\mathrm{e}^{\lambda t} - 1) \qquad (2\cdot6)$$

と計算できる．すなわち，ある岩石において ^{40}Ar と ^{40}K の含有比率を定量することによって，この岩石の年代を推定することができる．実際，地球形成と同時期に隕石が固化したと仮定し，隕石を用いた K–Ar 年代測定法により地球の年齢は 46 億年とされている．

地球の年齢は？

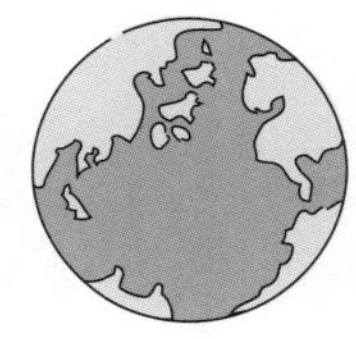

放射性炭素法は，生物由来の炭素系物質の年代測定に利用されている．自然界では，地球に降り注ぐ宇宙線によって，^{14}N＋中性子 → ^{14}C＋^{1}H の核反応が起こり，きわめて微量ながら半減期が約 5700 年の ^{14}C が常に生まれている．したがって，自然界における ^{14}C/^{12}C の比率はほぼ一定に保たれている．生物は自然界と常に C を交換しているので，その体内の ^{14}C/^{12}C も自然界の値と等しくなる．ところが，生物が死を迎えると，自然界と C の交換ができなくなり，その ^{14}C/^{12}C も減少する（図 2・13）．放射性炭素法では，生物由来の炭素系物質の ^{14}C/^{12}C を

炭素 14（C14）年代法ともいう．

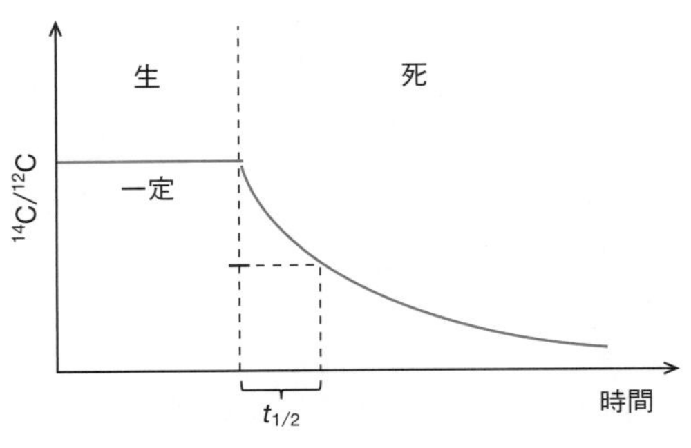

図 2・13 **生物体内での ^{14}C/^{12}C の時間変化** 生きている間は炭素を食物として環境から取込むので ^{14}C/^{12}C の値は一定だが，死んでからは取込まれないため，^{14}C/^{12}C の値は減衰する．

コラム 2・4　屋久杉と ^{14}C

これまでに自然界の $^{14}C/^{12}C$ 比率はほぼ一定であると紹介しました．しかし，$^{14}C/^{12}C$ 比率をきわめて正確に測定すると，太陽活動の変動に呼応して地球に降り注ぐ宇宙線の強度も変化し，これによって $^{14}C/^{12}C$ 比率も変化することが知られています．そして，過去に降り注いだ宇宙線のタイムカプセルともいえるのが，樹齢数千年といわれる屋久杉などの古い樹木です（図 1）．その年輪 1 本 1 本について $^{14}C/^{12}C$ 比率を測定すれば，過去数千年に起こった太陽活動や宇宙環境の変動を知ることができます．屋久杉の分析から，平均 11 年といわれる太陽活動の周期変動の時代変化や，紀元 774〜775 年と 993〜994 年に，大量の宇宙線が地球に到達したことがわかりました．これらの宇宙線増加の原因は大規模な太陽面爆発（太陽フレア）と考えられており，もし同程度の爆発がいま起これば，多くの人工衛星がダメージを受けて深刻な通信障害などを生じることが心配されています．

図 1　**^{14}C 計測に使われた屋久杉**　写真は名古屋大学 三宅芙沙博士より提供

計測し，その生物が生きていた年代を推定する．この手法の測定限界は，検出可能な量がもとの約 1/1000（$1/2^{10}$）とすれば，^{14}C の半減期から約 6 万年程度となる．

この章で確実におさえておきたい事項

- 物質の階層構造
- 原子核の三つの指標
- 質量欠損とエネルギー放出
- 核分裂と核融合
- 元素の存在度
- 元素の起源
- 原子核壊変
- 年代測定

◆◆◆ 章末問題 ◆◆◆

問題 A

1. 原子番号の小さい元素の安定同位体で見られる陽子数（原子番号 Z）と中性子数 N の関係は？
   ① $Z < N$，② $Z = N/2$，③ $Z = N$，④ $Z = 2N$，⑤ $Z > N$
2. 最も安定（1 核子当たりの結合エネルギーが最大）な原子核は，どのあたりの元素か．
   ① He，② Ar，③ Fe，④ Pt，⑤ U
3. 原子力発電のために濃縮されて利用される U の同位体の質量数は？
   ① 234，② 235，③ 236，④ 237，⑤ 238
4. 原子炉における制御棒の役割は何か？
   ① 熱吸収，② 電子吸収，③ 中性子吸収，④ 光吸収，⑤ 振動吸収

5. 宇宙で2番目に多い元素は何か？

① H, ② He, ③ C, ④ Fe, ⑤ Au

6. 宇宙の晴れ上がりが起こったときの温度は？

① 3 K, ② 30 K, ③ 300 K, ④ 3000 K, ⑤ 30,000 K

7. あなたの手のひらにある炭素元素が生成された場所は？

① 第一あるいは第二世代の太陽, ② 現在の太陽（第三世代）, ③ 地球, ④ 母体, ⑤ あなたの体

8. 放射性元素の壊変の反応速度 λ と半減期 $t_{1/2}$ の関係は？

① $\lambda = \dfrac{1}{2t_{1/2}}$, ② $\lambda = \dfrac{1}{t_{1/2}\ln 2}$, ③ $\lambda = \dfrac{1}{t_{1/2}}$, ④ $\lambda = \dfrac{\ln 2}{t_{1/2}}$, ⑤ $\lambda = \dfrac{2}{t_{1/2}}$

9. ^{14}C の半減期は？

① 約57年, ② 約570年, ③ 約5700年, ④ 約57,000年, ⑤ 約570,000年

10. 過去の大量の宇宙線の到来が記録されていたのは？

① ピラミッド, ② カミオカンデ, ③ 明月記, ④ 伊勢神宮, ⑤ 屋久杉

問題B

1. 質量欠損とは何か．原子核の結合エネルギーとはどのような関係にあるか．

2. 以下のア～キに適当な用語や数字を記せ．アには質量数，キには物質名（漢字）が入る．

核燃料としてはウラン［ア］が使われる．この同位体は天然では0.7%程度しか含まれていないため濃縮作業が必要となる．核燃料に［イ］が照射されると，核分裂が生じて莫大なエネルギーが放出されるとともに，［イ］が新たに発生する．この［イ］が次の核分裂をひき起こすと［ウ］反応が生じるが，これを［エ］状態という．実際の原子力発電では，［オ］棒によって［イ］数を制御することによって定常的な［ウ］反応を継続させる．また，［イ］の衝突による核分裂の起こりやすさはその速度にも依存するが，遅い［イ］ほど核分裂を起こしやすいので，原子力発電では［カ］材によって速度を下げる．軽［キ］炉型とよばれる原子力発電では，［キ］がこの［カ］材の役目も果たすと同時に，沸騰してタービンを回す役割を果たす．

3. ある古い木片を分析すると $^{14}C/^{12}C = 1.5\times10^{-3}$ であった．天然では $^{14}C/^{12}C = 1.2\times10^{-12}$ とすると，この木片の年代はいくらか．

3 はじめての量子化学

前章の主役は原子核であった．そしてこれ以降の3～5章の主役は電子である．実際，ほとんどの化学現象は，原子や分子，固体中に束縛された電子の性質で決まるといってもよい．しかし，初めて物理化学を学ぶ皆さんは，この章である壁にぶつかるかもしれない．実は原子核もそうなのだが，電子はミクロの物質であり，その物質の運動や性質は，これまでに勉強した古典力学ではなく量子力学に従う．つまり，電子のことを知るためには，どうしても量子論が必要になる．皆さん，最初は戸惑うかもしれない．しかしながら，学年が進むにつれこの戸惑いも解消していくだろう．これは，皆さんが量子力学をきちんと理解できるようになるというよりは，量子論的な考え方に対する抵抗感がなくなるためである．この章では「習うより慣れよ」を大切にし，量子化学の世界を案内する．

3・1 光の種類と波動性

量子論の話をする前に，光について説明しよう．というのも，光の性質に対する近代的な理解が量子力学誕生の引き金となったからだ．まず，光は波の性質をもつことについて述べる．波の波長を λ/m，振動数を ν/Hz，光速度を $c(=3.0\times 10^8\ \mathrm{m/s})$ とすれば，

$$c = \lambda\nu \qquad (3\cdot1)$$

という関係がある．光には，その波長領域ごとにさまざまな名称が付いている（図3・1）．波長が約420～700 nmの光は**可視光**とよばれ，人間が認知できる光である．700 nmの波長の光は赤，420 nmの光は紫に見える．その途中には，いわゆる虹の七色が現れる．ただし，波長700 nmの光そのものが赤色というよりも，この波長の光がわれわれの目に飛び込んできたとき，これを脳が赤であると識別するということであり，仮に700 nmの光を猫が見たとしても，それを何色に識別するかは猫次第である．いずれにせよ，われわれは実にさまざまな色を見ることができることから，この世界にはさまざまな波長の可視光が飛び交っていると考えられる．人間の目には見えないが，赤色の光よりも波長が少し長い光は**赤外線**（700 nm～100 μm）とよばれる．浴びると暖かいと感じる光であり，また体表から常に放出されている光でもある．近年では，実にさまざまな場所に人間が発する赤外線を感知するセンサーが配されている．赤外線よりさらに波長が長い光が**マイクロ波**（100 μm～0.1 m）である．これはレーダーに使われている光であり，マイクロ波に関する技術は第2次世界大戦中に大きく進歩した．戦後，これを平和利用したものが電子レンジである．マイクロ波よりさらに波長が長いのが**電波**（＞0.1 m）で，さまざまな通信や放送に利用されている．可視光より波長が短い光に目を転じると，紫色の光の隣に**紫外線**（10～400 nm）があ

波に関する概念は重要なので，ここで簡単に整理しよう．これらの用語は後の章でもたびたび登場する．

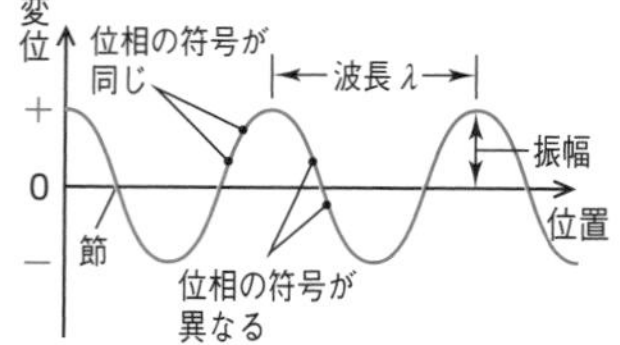

周期：一つの山（谷）から次の山（谷）への変化
振動数：周期的変化が単位時間当たりに繰返される回数
波長：1周期の間に進む距離
振幅：中心からの波の高さ
節：振幅がゼロになる点
位相：1周期中のどこに位置するかを表す量

この人感センサーによって，近づくとドアや便器の蓋などが自動的に開く．また，リモコンにも赤外線が利用されている．

電子レンジでは，マイクロ波が食品に照射されると食品中の水分子がこれを吸収して回転を始め，摩擦によって発熱する．

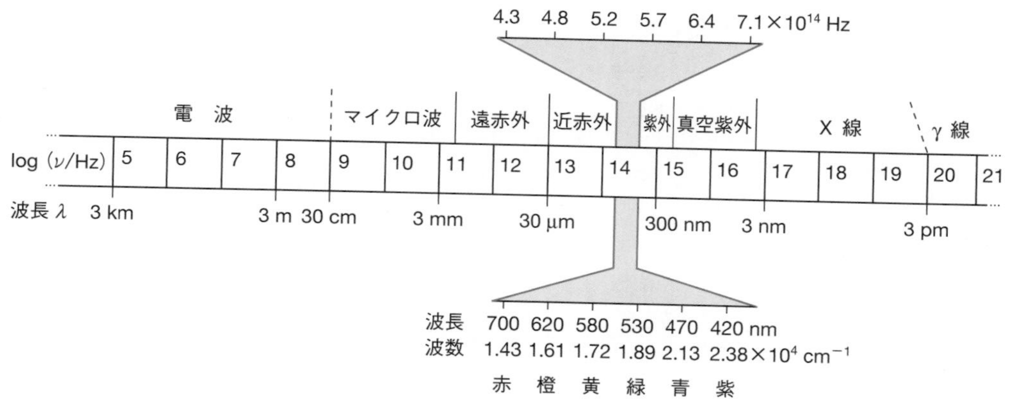

図3・1 **さまざまな光とその波長（λ）および振動数（ν）** 振動数は周期的変化が単位時間当たりに繰返される回数であるから，時間の単位を秒とすると，その単位は s^{-1} であり，これを Hz で表す．また，波数は波長の逆数に相当する．

る．人間が浴びると日焼けする光で，殺菌灯などにも利用されている．紫外線よりさらに波長が短いのが **X 線**（1 pm〜10 nm）で，レントゲンに利用されるほか，結晶構造解析においても欠かすことができない光である．

次に，光の波としての性質を三つあげよう．一つ目が光の**干渉**である．光が山と谷の繰返しであれば，同じ波長の光が衝突するとき，山と山が重なれば強めあい，山と谷が重なれば打ち消しあう．図3・2はダブルスリットを使った光の干渉実験を示したもので，スリットを出た瞬間，同心円状に広がる二つの波の強めあいと打ち消しあいによって，スクリーンには干渉縞が現れる．そして，残りの二つが“回折”と“散乱”である．**回折**とは，障害物の背後など，波が一見すると幾何学的には到達できない領域にまで回り込んで伝わっていく現象のことをいう．これは，光の波が障害物の表面の各点に達した途端，ここから同心円状に散乱され，各点からこの散乱された光が干渉することで生じる．図3・3(a) は，波長が物体のサイズより長いときに起こる現象を示しているが，結局，回折の効果によって波はそのまますり抜けてしまう．一方，図3・3(b) は**散乱**の様子を

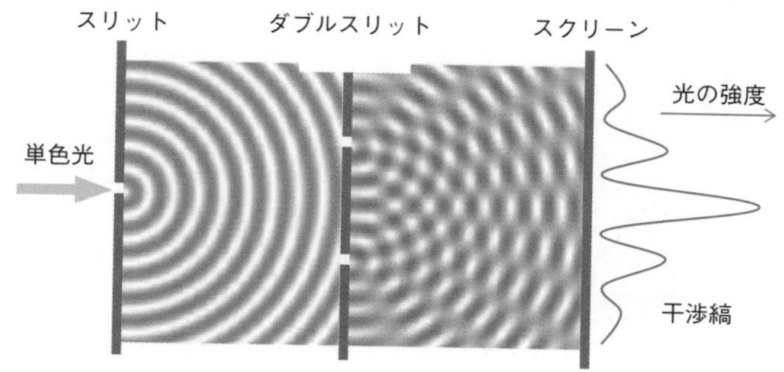

図3・2 **光の干渉効果を示すダブルスリットの実験** 二つのスリットを通った光の波が干渉し，スクリーン上に干渉縞をつくる．

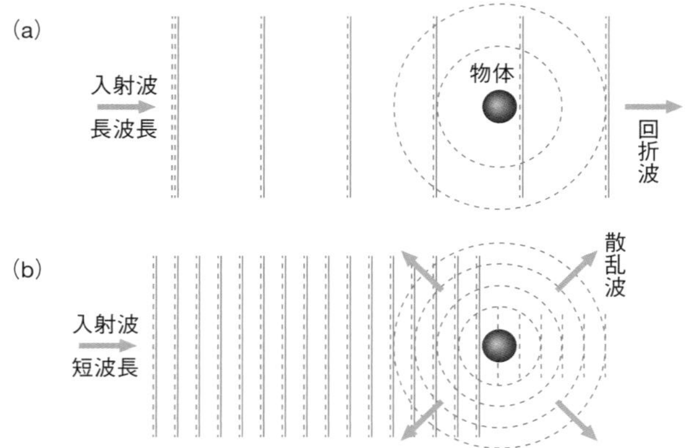

図 3・3　波長と物体のサイズ比から生じる回折(a) と散乱(b)

コラム 3・1　日常における光の回折と散乱

日常におけるテレビ波，マイクロ波，可視光の回折と散乱を図 1 に示します．波長の長いテレビ波（波長数 m）は，直径 2〜4 mm の雨粒や雲を構成する 2〜80 μm の水滴や氷晶からは散乱されません．確かに，雨や曇りの日でも放送を楽しむことができます．しかし，そのテレビ波も，大きな建物には散乱され，建物の陰では電波障害が起こります．これを避けるためにも東京スカイツリー（テレビ塔）が必要となりました．気象レーダーで利用されているマイクロ波（波長数 cm）は，雲によっても散乱されますから，それにより雲の位置を特定することができます．波長の短い可視光（波長数百 nm）は，建物や雲によってもちろん散乱され，雨や曇りの日には太陽を見ることができません．一方，われわれの目の前に大量に漂っているはずの 1 nm に満たない大気中の N_2 や O_2 分子からは散乱されにくいので，その存在を目で見ることはできません．

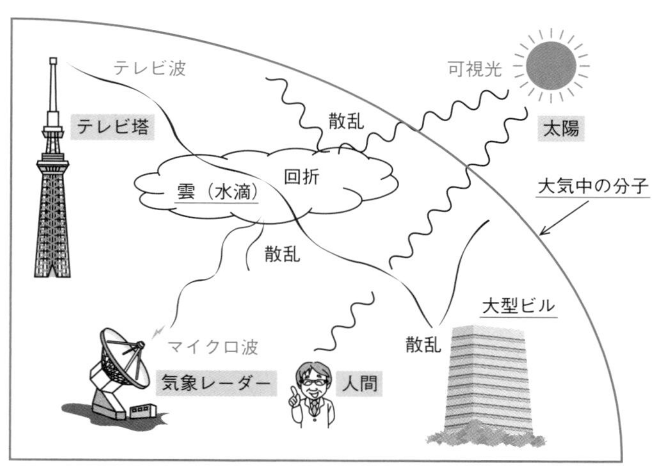

図 1　テレビ波，マイクロ波，可視光の回折と散乱

表しており，波がその波長に比べてあまり大きくない障害物にぶつかったときに，それを中心として周囲に広がっていく現象のことをいう．回折と散乱でどちらが優勢となるかは，光の波長と物体のサイズの相対的な大きさで決まるが，これらはともに光の波動性にもとづいた現象である．日常生活における光の回折と散乱を，コラム3・1に記した．

3・2 量子論誕生のプロローグ── 光の粒子性

量子力学が誕生したのは20世紀初頭である．その発展はアッという間であったが，その誕生にはそれなりの必然性があった．まず，19世紀の科学界で起こったことは，ニュートン力学，電磁気学，熱力学といった古典物理学の圧倒的な成功である．その例としてよく引きあいに出されるのが海王星の発見である（1846年）．海王星は，数学的な計算によってその位置が予測され，発見された惑星である．そして19世紀末，実験技術が進み，ミクロの世界を直接観測できるようになり，その構造や性質が次第に明らかになっていった．ミクロの世界にさっそく古典物理学が適用されたが，残念ながらこの試みは破綻してしまう．

海王星の内側にある天王星は偶然発見されたが，天王星の軌道にニュートン(I. Newton)の万有引力では説明できない不規則性が見いだされ，この星より外周に未知の惑星があり，その引力が影響を及ぼしていると考えられた．

黒体放射の問題は，この破綻の典型例である．図3・4は黒体放射スペクトルで，物体の温度と，それから自発的に放出される光の関係を示している．縦軸が分光エネルギー密度で，光の強度に比例すると考えてよい．横軸が光の振動数であり，参考のため可視光の振動数領域も示してある．まず，300 Kの物体から放出される光を見てみよう．赤外線領域に小さな極大があり，弱いながら赤外線を中心とする光が放出されている．可視光は含まれないので，300 Kの物体からの発光はわれわれの目で捉えることはできない．確かに，体表からは常に赤外線が放出されており，これが多くの場面で感知されている．温度が1000 Kとなると，

もし，人間の皮膚の色は薄オレンジ色と思うなら，それは太陽光や室内光があなたの皮膚に当たって反射された可視光の色であり，あなた自身からの発光ではない．

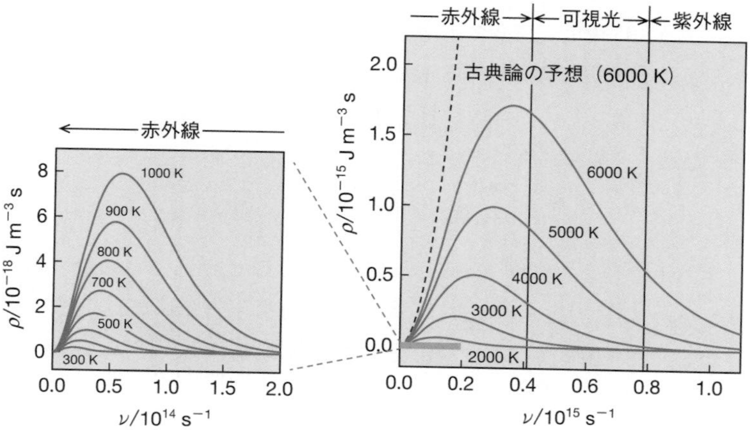

図3・4 黒体放射スペクトル 縦軸は分光エネルギー密度 $\rho(\nu)$，横軸（下）が光の振動数 ν である．横軸（上）には，対応する光の領域が示してある．破線は，古典論の予想（6000 K）で，振動数が低い領域では一致するものの，高い領域の挙動を説明することができない．

極大振動数はより可視光側に移動し，強度も少し高まる．相変わらずほとんどが赤外光だが，発光の右端が可視光にかかるため，われわれには赤黒く見える．これが，炉端焼きの炭が赤く見える理由である．さらに温度2000 Kぐらいになると，極大振動数はさらに可視光側に近づき，赤が優勢ながら，すべての可視光が含まれるようになる．これによって，溶鉱炉から流れ出す溶鉄はオレンジ色に光っている．さらに温度を上げて，太陽の表面温度に近い6000 Kになると，可視光全域にわたって強い発光があり，それに加えて紫外線までも放出される．人間には眩しすぎるくらい明るく白く見えるだろう．夜空に輝く星には，赤い星，黄色い星，青白い星があり，それは表面温度で決まっている．

星の色については2・4節も参照のこと．

このような黒体放射スペクトルが知られ，かつ利用される契機となったのがヨーロッパの産業革命である．ドイツでは鉄の生産に重点がおかれたが，当時は数千度にもなる溶鉱炉の温度を測る温度計がなく，溶鉱炉内で溶けた鉄の発光色を見た職人の経験と勘に頼らざるをえなかった．この発光色を科学的に分析して温度との相関を実験的に示したのが黒体放射スペクトルである．この関係が得られると，早速これを古典物理学により理解しようという試みがなされた．図3・4における破線は，古典統計熱力学のエネルギー等分配の法則を仮定して得られた結果で，「低振動数側で実験と一致するものの，高振動数の光の強度が減少することをまったく説明できなかった.」

プランク
(M. Planck，1858～1947)
ドイツの理論物理学者.
黒体放射を説明するプランクの法則を発見し，そこから量子仮説を導いた.「量子論の父」ともよばれ，1918年にノーベル物理学賞を受賞している．ドイツ最大の科学研究機関であるマックス・プランク研究所は，彼の名前を付したものである．

そこで登場したのがプランクである．1900年に，黒体放射のエネルギー分布を全領域で再現でき，経験的に得られた**プランクの式**

$$\rho(\nu) = \frac{8\pi h\nu^3}{c^3}\frac{1}{\exp\left(\dfrac{h\nu}{k_B T}\right)-1} \qquad (3\cdot2)$$

を提案した．ここでk_Bはボルツマン定数，hは彼自身が提案した**プランク定数**である．この式自体は実験式で，もしプランクの研究がここで終わっていれば，実測をきわめて忠実に再現できる便利な式の提案者で終わっていたかもしれない．しかし，彼はこの式の背後に隠された真理を考え，ついに**量子仮説**にたどり着く．すなわち，光のエネルギーとして，

$$E = nh\nu \quad (n\text{は0以上の整数}) \qquad (3\cdot3)$$

を仮定すると，(3・1)式がスムーズに導かれることを見いだした．おそらく，(3・3)式から（3・2)式への変換は熱力学や統計力学の知識があればできるだろう．しかし，(3・2)式から（3・3)式への変換は天才のみがなせる業である．(3・3)式は二つの点で非常に重要な意味をもつ．

振動数については3・1節の側注および図3・1も参照のこと．

(i) 光のエネルギーは振動数に比例する．確かにこれは，われわれの常識とも合致する．紫外線を浴びて日焼けをするが，赤外線で日焼けするという話は聞いたことがない．振動数の大きな（波長の短い）紫外線のほうが赤外線よりエネルギーが高い．

(ii) エネルギーの量子化．光のエネルギーは離散的で，1個，2個と数えることができる（それゆえ，光子とよばれる）．これは，光の粒子性をはっきりと示しており，量子力学発展の基礎となった．

黒体放射のほか，光の粒子性を示す現象の例を二つ示そう．一つが**光電効果**である（図3・5）．これは，金属に光を照射すると電子が飛び出す現象で，ある閾値以上の振動数の光を当てたときのみ光電子が飛び出すことが知られている．ここでは，照射光の強度を高くすると，光電子数は増えるがそのエネルギーに変化

コラム3・2　地球の黒体放射と環境問題

地球は青かった．でも海が青く，雲が白く，そして陸が茶色に見えるのは，太陽からの白色光が地球から跳ね返されて見える色だからです．実際，太陽光が当たっていない部分は真っ黒に見えますよね．それでは，太陽光が当たっていない地球の裏側からは，まったく光は発せられないのでしょうか？いえ，違います．地表の温度は300 Kほどですから，この温度の黒体放射があるはずです．図1は表面温度が320 Kの砂漠の上空にある人工衛星によって観測された，地球の放射スペクトルです（青色の実線）．波数領域は400〜1500 cm^{-1}ですからこれは赤外線領域で，地球からは確かに赤外線が放出されていることがわかります．図中の波線は，さまざまな温度における黒体放射スペクトルの理論曲線です．窓領域とよばれる領域では実測値は320 Kの理論曲線が一致しているものの，それ以外の領域では実測値は理論値に達していません．これは，地表から放出された赤外線が，衛星に届く前に大気によって吸収されたせいです．それではどのような物質が赤外線を吸収するのか見てみましょう．450 cm^{-1}における吸収は，H_2O分子の回転運動による吸収です．そして650 cm^{-1}の大きな凹みは，CO_2の振動による吸収です．地表から放出された熱線ともいえる赤外線が，宇宙空間に届く前に大気中のCO_2に吸収されて地球に閉じ込められます．これを**温室効果**といい，現代の地球の温暖化の一因は，産業革命以降に増加を続ける大気中のCO_2による温室効果ではないかと危惧されています．1050 cm^{-1}にはO_3の振動による吸収が見られます．地表ではO_3は希薄ですが，上空ではO_2と紫外線が反応してO_3が生成して蓄積された層があります（オゾン層）．オゾン層は図のように地球からの赤外線をちょっと吸収する一方，太陽光に含まれる有害な紫外線を吸収し，地上の生物を守る働きをしています．一時，冷媒や半導体の洗浄などに用いるフロンが大気中に放出され，O_3との反応によるオゾン層の破壊が心配されましたが，代替フロンへの転換が進んでこの問題は緩和されつつあります．1300 cm^{-1}と1400 cm^{-1}の吸収は，それぞれCH_4とH_2Oの振動運動によります．ウシのゲップに含まれるCH_4によって地球が温暖化するのではといった意見もあります．

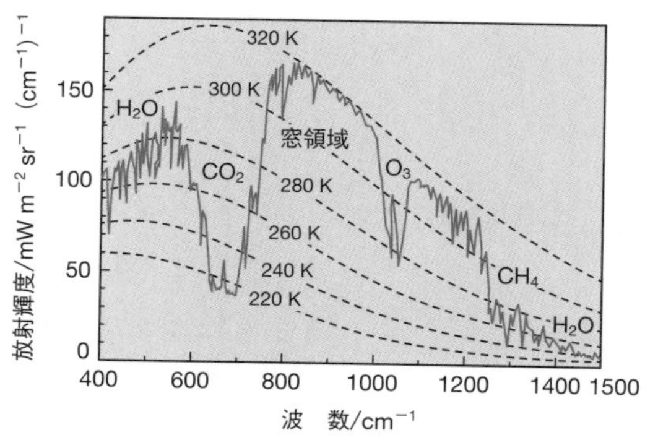

図1　人工衛星から測定した地球の黒体放射スペクトル（実線）　破線は，図中に記載した温度の理論曲線である．地表温度は320 Kであり，窓領域とよばれる領域では理論値と一致するものの，その他の領域では大気の構成分子による吸収のため，理論値より減少する．波数については図3・1を参照．

がない一方，照射光の振動数を大きくすると，光電子数に変化はないがそのエネルギーが増大することが知られている．**アインシュタインの光量子説**では，光を $h\nu$ に相当するエネルギーをもつ粒子（光子）と考えることにより，金属から電子を引き離すためのエネルギー（**仕事関数**）を W，光電子の運動エネルギー E とすると，エネルギー保存則から，

$$E = h\nu - W = h(\nu - \nu_0) \tag{3・4}$$

が得られる．これにより上記の実験事実をすべてうまく説明できる．

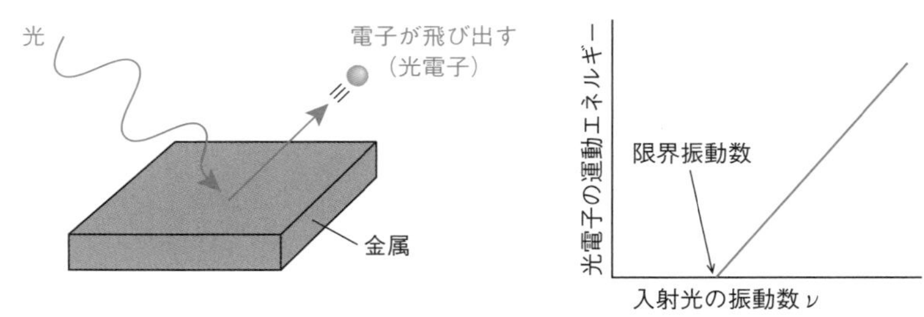

図3・5　**光電効果**　光を金属などに照射すると電子が飛び出す（光電子）．右図は光電子の運動エネルギーと入射光の振動数の関係を示している．

コンプトン
(A. Compton, 1892～1962)
アメリカの物理学者．
1923年に電磁放射線の粒子性を実証するコンプトン効果を発見し，これにより1927年にノーベル物理学賞を受賞した．

光の粒子説の根拠となるもう一つの現象が**コンプトン散乱**で，光子（X線）が電子に衝突して，光子の波長が変化する（図3・6）．光子のエネルギーを $h\nu$，運動量を $h\nu/c$ として，入射光と散乱光と電子の間で，エネルギーと運動量が保存されると仮定すると，

$$\lambda_s - \lambda_i = \frac{h}{mc}(1 - \cos\theta) \tag{3・5}$$

が得られる．ここで，λ_i と λ_s はそれぞれ入射および散乱光の波長，m は電子の質量，θ は電子が散乱される角度である．

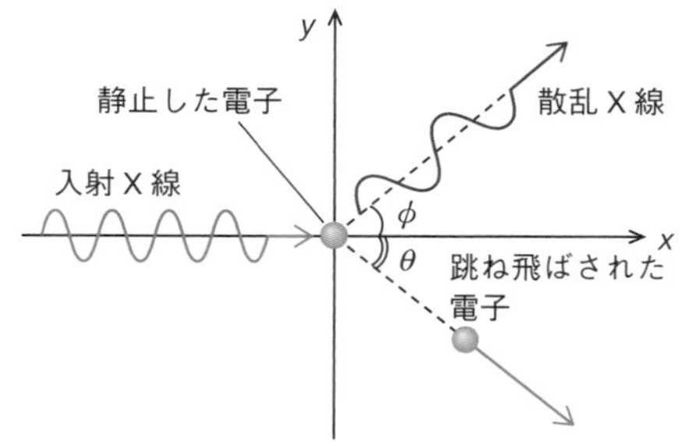

図3・6　**コンプトン散乱**　X線（光子）と電子について，運動量が保存される．

前節では，光の波動性をもつ根拠として，干渉，回折，散乱をあげた．そして上記のように，光が粒子性もつ根拠として，黒体放射，光電効果，コンプトン散乱を説明した．ここで，光は波？ あるいは粒子？ という疑問をもたれるかもしれない．そうであれば，光が"波と粒子の二面性"をもつことは，実験事実とし

て受入れてほしい．波か粒子かという区別は，われわれの日常生活における習慣にすぎず，光や次節で説明するミクロの粒子が波動性と粒子性を併せもつことは実験事実である．

固定概念を捨てて事実を受入れることから常に科学は発展してきた．量子力学はその最たる例である．

3・3　ド・ブロイの物質波

ド・ブロイは，それまでは波とされていた光が粒子性をもつなら，その逆に，粒子とされていた電子などのミクロの物質も波動性をもつと考えた．光電効果やコンプトン散乱では，光子と電子がエネルギーや運動量をやりとりしており，光子と電子は同様の性質をもつことが明らかとなった．ド・ブロイは，アインシュタインの光量子説に記されたエネルギー $E = h\nu$ と運動量 $p = h/\lambda$ が，物質粒子にも適用できると考え，**物質波**の波長として，

$$\lambda = \frac{h}{p} \qquad (3\cdot6)$$

を提案した（1924 年）．これは**ド・ブロイ波長**ともよばれる．

ド・ブロイ
（L.V. de Broglie, 1892〜1987）
フランスの理論物理学者．
博士論文において，後に物質波とよばれることになる仮説を提起した．その評価をアインシュタインに求めたところ，「博士号よりノーベル賞を受けるに値する」との返答を得たという．1929 年にノーベル物理学賞を受賞した．

この式を用いて，電子がもつ物質波としての波長を計算してみよう．もちろん，これは電子の運動量に依存する．電子を初速度 $v = 0$ から電圧 V で加速したとすると，$eV = (1/2)mv^2$（e は電気素量）より速度 v が求められ，それを(3・6)式に代入すれば，

$$\lambda = \frac{h}{mv} = \frac{h}{\sqrt{2meV}} \qquad (3\cdot7)$$

が得られる．この式は，加速電圧 V を高くすると物質波の波長 λ が短くなることを示している．ただし，物質の速度が光速度に近づくとその質量が増えるため（相対論の効果），どこまでも波長を短くできるというわけではない．相対論の効果を無視して 10,000 V の電圧で電子を加速したとすると，電子のド・ブロイ波長は約 0.1 nm と計算されるが，これは X 線の波長に近い．ド・ブロイの予言から数年後には，X 線を結晶に照射して生じるような干渉や回折現象が，電子線照射によっても確認され，電子の波動性が実証された．

1905 年にアインシュタインが提唱した理論．時間と空間が互いに関連しあうことにより，動体の長さや時計の進度は静止時に比べて，それぞれ縮んだり遅れたりすること，動体の質量は静止時より増大すること，質量とエネルギーの等価性などが導かれた．

3・4　シュレーディンガー方程式と波動関数

これまで，電子のようなミクロの物質は，粒子性と波動性を併せもち，それゆえ古典物理学では記述できないことがわかったが，どのような法則に従うのだろうか．シュレーディンガーは，いわば直感的ともいえる方法で，ミクロの物質が従うべき法則を記述する**シュレーディンガー方程式**を考案した．系に時間変化がない場合，この方程式は以下のような形をしている．

$$\hat{H}\psi = E\psi \qquad (3\cdot8)$$

ここで $\hat{H}$ は**ハミルトン演算子**（**ハミルトニアン**）であり，ψ は**波動関数**とよばれる関数，E はエネルギーを表す定数である．本書では演算子には必ず hat を付けて表示する．

シュレーディンガー
（E. Schrödinger, 1887〜1961）
オーストリアの理論物理学者．
1933 年，ノーベル物理学賞を受賞．

ハミルトン
（W. R. Hamilton, 1805〜1865）
イギリスの数学者，物理学者．

★ 第 2 回相談室 ★

（学生） はは～．これが化学嫌いの学生を増やすという，噂のシュレーディンガー方程式ですか．見た目はいたってシンプルですね．ところで，ψ は何とよべばいいのですか？

（ 私 ） プサイです．量子論には，なぜかギリシャ文字が頻繁に登場します．これも量子論のとっつきにくさの一因かもしれませんね．あなたのために，表 3・1 にこの本に登場するギリシャ文字の読み方を書いておきましょう．

表 3・1　**ギリシャ文字とその読み方**

大文字	小文字	読み方	大文字	小文字	読み方
Α	α	アルファ	Ν	ν	ニュー
Β	β	ベータ	Ξ	ξ	グザイ
Γ	γ	ガンマ	Ο	o	オミクロン
Δ	δ	デルタ	Π	π	パイ
Ε	ε	イプシロン	Ρ	ρ	ロー
Ζ	ζ	ゼータ	Σ	σ	シグマ
Η	η	イータ	Τ	τ	タウ
Θ	θ	シータ	Υ	υ	ウプシロン
Ι	ι	イオタ	Φ	ϕ, φ	ファイ
Κ	κ	カッパ	Χ	χ	カイ
Λ	λ	ラムダ	Ψ	ψ	プサイ
Μ	μ	ミュー	Ω	ω	オメガ

（学生） ありがとうございます．でも，ψ（プサイ）とか，ϕ（ファイ）とか，結構微妙ですね．

（ 私 ） 確かに．では，両者を区別する都市伝説を教えてあげましょう．昔，量子化学の期末試験で，「ψ」と大きくプサイ一文字を書いた答案があったそうです．そして，その文字の傍らに小さく“お手上げ”と書いてあったとか．

（学生） ハハハ．完全に戦意喪失といった感じですね．

（ 私 ） はい．ともかくあなた，これで両手が上がっているのがプサイと覚えましたね．

（学生） そうかも…．ありがとうございます．でもこの ψ ですが，シュレーディンガー方程式の両辺に現れています．約分できませんか？

（ 私 ） シュレーディンガー方程式を初めて見たとき，私も本当にそう思いました．一般に，演算子はその右にある関数に何か数学的な処理をすることを表します．たとえば，微分するとか積分するとか．$\hat{H}$ についても以下で説明しますが，座標に関する 2 回微分を含む演算子であるため，ψ を約分することはできません．

（学生） (3・8)式を丸暗記するのは簡単ですが，いったい何の役に立つのでしょう？

（ 私 ） ψ の物理的な意味づけについて，この直後に説明します．そしてシュレーディンガー方程式ですが，ミクロの物質がおかれた状況（運動エネルギーとポテンシャルエネルギー）がわかると，それに合わせて $\hat{H}\psi = E\psi$ を具体的に書き表すことができます．これを，数学の手順に従って解くと，その系の E と ψ が求まるという優れものです．$\hat{H}\psi = E\psi$ への取組み方は，1 章にも書いてありますので，復習しておいてください.
（学生） は〜い. 試験で ψ にならないよう，頑張ります. でも先生の試験で「ψ」と書いたら，何点かいただけますか？
（ 私 ） ….

それでは，波動関数 ψ の物理的な意味は何だろうか？ 簡潔にいえば，ψ はその2乗である $|\psi|^2$ がミクロの粒子の**存在確率密度**を表す. 量子論の世界では，ミクロの物質の波動性のため，その存在を確率でしか表すことができない. このため，波動関数として許される関数には，(i) 一価，(ii) 連続，(iii) 有限，という三つの条件が付けられている. 図3・7に，波動関数として許されない事例を示した.

次に，ハミルトン演算子についてもう少し具体的に見ていこう. 量子力学では，ハミルトン演算子は，古典論のエネルギー $E = K$（運動エネルギー）$+V$（ポテンシャルエネルギー）を，表3・2の**対応の規則**に従って演算化したものである. まず，1次元の運動エネルギー $K = (1/2)mv^2 = p^2/2m$ を，この規則に

コラム3・3 電子顕微鏡

可視光を用いた光学顕微鏡の分解能には，当然ながら限界があります. すなわち，その波長（700〜420 nm）より小さな物体に光照射しても散乱されず，物体の存在を知ることはできません（図3・3(a) のイメージ）. 原子や分子から散乱されるためには，X線より短い波長をもつ光が必要です. 電子顕微鏡は，電子の波動性を利用した装置です. 電子を数万Vで加速すると，(3・7)式に従って，その物質波としての波長を原子・分子サイズよりも短くすることができます. このような電子線を試料に照射すれば，散乱電子やその陰を見ることによって，原子・分子サイズの微細構造を観測することができます（図3・3(b) のイメージ）. 図1には炭素の同素体であるカーボンナノチューブの電子顕微鏡写真を示しました.

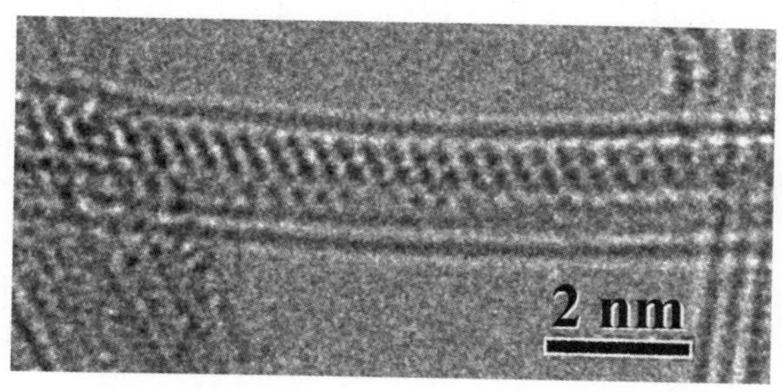

図1 **テルル原子（Te ナノワイヤー）を内包したカーボンナノチューブの電子顕微鏡写真** 名城大学 坂東俊治 教授より提供.

“カーボンナノチューブ”は炭素のみで構成された，直径がナノメートルサイズの円筒（チューブ）状の物質. 1991年に飯島澄男博士によって発見された. この筒が1層の単層ナノチューブや，直径の異なる複数の筒が層状に重なった多層ナノチューブ，原子や分子を包摂した内包ナノチューブなど，多様性に富む.

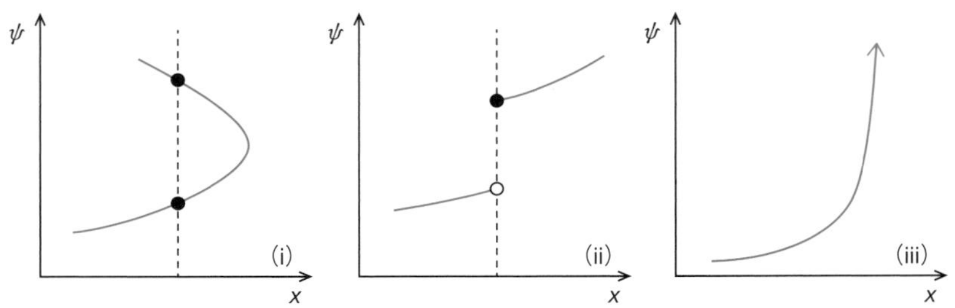

図3・7　**波動関数として相応しくない関数**　(i) 一つの x に対して，ψ の値が二つ以上ある，(ii) ψ の値が不連続に飛ぶ，(iii) 発散してしまう．

表3・2　**古典物理量と演算子の対応関係**

古典物理量	演算子
座標 x	x を掛ける演算子
運動量 p	$-i\hbar\dfrac{\mathrm{d}}{\mathrm{d}x}$　(微分演算子)
x，p，t の関数	それぞれを，x，$-i\hbar(\mathrm{d}/\mathrm{d}x)$，$t$ を掛ける演算子，に対応させる．

従って演算子化しよう．$\hat{p} \equiv -i\hbar(\mathrm{d}/\mathrm{d}x)$（ただし $\hbar = h/2\pi$）より，

本書では演算子が等しいときには ≡ で結ぶ．また，複数の演算が並んだときは，演算されるべき関数に近い順，つまり右から左に順次演算されることに注意してほしい．

$$\hat{K} \equiv \frac{1}{2m}\left(-i\hbar\frac{\mathrm{d}}{\mathrm{d}x}\right)\left(-i\hbar\frac{\mathrm{d}}{\mathrm{d}x}\right) \equiv -\frac{\hbar^2}{2m}\frac{\mathrm{d}^2}{\mathrm{d}x^2} \tag{3・9}$$

となる．ポテンシャルエネルギー V については，これに対応する演算子 $\hat{V}$ は「V という関数を左から掛ける」という演算になる．以上をまとめると，ハミルトン演算子は，

$$\hat{H} \equiv \hat{K} + \hat{V} \equiv -\frac{\hbar^2}{2m}\frac{\mathrm{d}^2}{\mathrm{d}x^2} + \hat{V} \tag{3・10}$$

と具体的に書け，また (3・8)式は，

$$\left(-\frac{\hbar^2}{2m}\frac{\mathrm{d}^2}{\mathrm{d}x^2} + \hat{V}\right)\psi = E\psi \quad \text{あるいは} \quad -\frac{\hbar^2}{2m}\frac{\mathrm{d}^2\psi}{\mathrm{d}x^2} + \hat{V}\psi = E\psi \tag{3・11}$$

となる．これは，時間に依存しない1次元のシュレーディンガー方程式とよばれる．

ここまで読んで，さっぱりわからない？ という方も多いだろう．その場合は，是非，1章を読み返し，コラム3・4も見てほしい．重要なことは，シュレーディンガー方程式は数学的に証明できるわけではなく，あくまで物理法則の一つであることだ．したがってその正当性は，先人が実行した多くの実験事実によって支えられている．この式をもとに演繹すれば，ミクロの世界を垣間見ることができる．上記の (3・9)式から (3・11)式に至る進展は，決してシュレーディンガー方程式の"証明"ではなく，量子力学の上流の仮定から，この方程式をひき出す手順を示したにすぎない*.

*　これを煩わしいと思うなら，シュレーディンガー方程式を先人が残した経験則として丸呑みし，次に進んでいただいてまったく問題ない．

コラム3・4　シュレーディンガー方程式の魂

少しとっつきにくいシュレーディンガー方程式ですが，そこには「ミクロの物質が波動性をもち，その存在は波の式で書ける」という信念が貫かれています．われわれも，波の式

$$\Psi(x, t) = A\sin\left\{2\pi\left(\frac{x}{\lambda} - \nu t\right)\right\}$$

が物質の存在を表すと漠然と信じてみましょう．これに，ミクロの世界の法則ともいえる $E = h\nu$ と $p = h/\lambda$ を代入すれば，

$$\Psi(x, t) = A\sin\left\{\frac{2\pi}{h}(px - Et)\right\}$$

が得られます．ここで $\hbar = h/2\pi$ としてこの式を x および t でそれぞれ偏微分すると，

$$-i\hbar\frac{\partial\Psi}{\partial x} = p\Psi \quad ならびに \quad i\hbar\frac{\partial\Psi}{\partial t} = E\Psi$$

が得られます．これらを見ると，運動量 p とエネルギー E がそれぞれ $-i\hbar(\partial/\partial x)$ と $i\hbar(\partial/\partial t)$ という演算に対応していることがわかります．ですから，p と E に対応する演算子を $\hat{p}$ および $\hat{H}$ と書けば，

$$① \ \hat{p} \equiv -i\hbar\frac{\partial}{\partial x} \quad および \quad ② \ \hat{H} \equiv i\hbar\frac{\partial}{\partial t}$$

となります．これらは，表3・1に示した対応の規則と一致しています．いま，エネルギー E は時間 t に依存せず，座標 x のみの関数である場合を考えましょう．このとき，$\hat{H}$ も時間に依存せず，座標 x だけを含む演算子となるはずです．この場合，$\Psi(x, t) = \psi(x)F(t)$ を仮定し，これに②の演算子を左から演算すれば，

$$\hat{H}(x)\{\psi(x)F(t)\} = i\hbar\frac{\partial}{\partial t}\{\psi(x)F(t)\}$$

となり，

$$\frac{\hat{H}(x)\psi(x)}{\psi(x)} = i\hbar\frac{\dfrac{\partial F(t)}{\partial t}}{F(t)}$$

が得られます．変数 x と t は左辺と右辺に分かれていますので，この式が常に成り立つためには，両辺は定数である必要があります．そこで，$\hat{H}$ はエネルギー E に対応する演算子であることを考慮して両辺 $= E$ とおけば，左辺から(3・8)式のシュレーディンガー方程式 $\hat{H}(x)\psi(x) = E\psi(x)$ を導くことができます．このようにシュレーディンガー方程式には，ミクロの物質の存在を波の式で書くという魂(たましい)が込められています．

3・5　量子力学で最も簡単な問題 ── 1次元の井戸型ポテンシャル

前節では，ミクロの物質の状態や運動を記述するシュレーディンガー方程式を紹介した．それではこれを使って，実際に量子力学の問題を解いてみよう．図3・8に，**1次元の井戸型ポテンシャル**とよばれる系の設定を記した．ここでは，ミクロの粒子は x 方向にのみ運動でき，$0 \leq x \leq a$ ではポテンシャルエネルギー $V = 0$ であるものの，$x < 0$ と $x > a$ の領域では $V = \infty$ である．つまり粒子は，

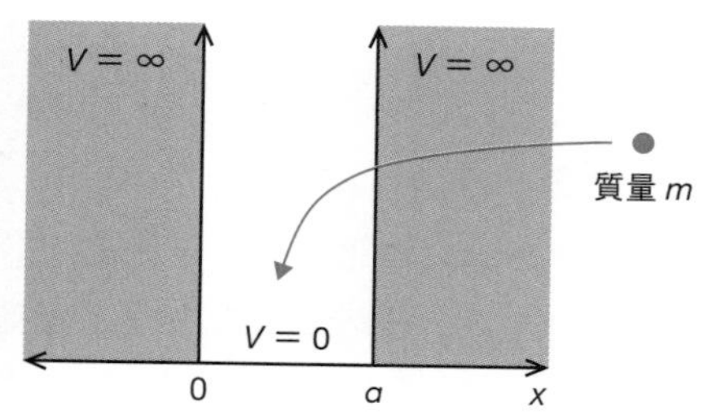

図3・8　**1次元の井戸型ポテンシャル**　ポテンシャルエネルギーがゼロである長さ a の領域に，質量 m の粒子が閉じ込められるイメージ．

$x=0$ と $x=a$ の位置にある無限に高い壁に閉じ込めながらも，$0 \leq x \leq a$ の領域を自由に運動できる．この問題を手順に沿って解いていこう．

(i) シュレーディンガー方程式をたてる．(3・11)式を具体的に書くことに相当するが，この問題については簡単で，

$$0 \leq x \leq a \text{ では } \quad -\frac{\hbar^2}{2m}\frac{\mathrm{d}^2\psi}{\mathrm{d}x^2} = E\psi$$
$$x < 0 \text{ と } x > a \text{ では } \quad \left(-\frac{\hbar^2}{2m}\frac{\mathrm{d}^2}{\mathrm{d}x^2} + \hat{V}\right)\psi = E\psi \quad (\text{ただし } V = \infty) \tag{3・12}$$

となる．$x<0$ と $x>a$ では $V=\infty$ なので，この領域に物質は存在できない（存在確率密度 $|\psi|^2=0$）．つまりこの領域では，方程式を解くまでもなく $\psi=0$ とできる．

(ii) 微分方程式を解く．(3・12)式は2次の微分方程式であるが，ここでは $E \geqq 0$ としてよい．なぜなら，もし $E<0$ とすると $\mathrm{d}^2\psi/\mathrm{d}x^2 = k'^2\psi$ $(k'^2>0)$ という微分方程式となり，この解は $\psi = A\mathrm{e}^{\pm k'x}$ のような指数関数となってしまう．この関数では，(iii) に示す境界条件を決して満たすことはできない．そこで $E \geqq 0$ としてよく，この場合 $\mathrm{d}^2\psi/\mathrm{d}x^2 = -k^2\psi$（ただし $k=\sqrt{2mE}/\hbar$）となる．この一般解は，

$$\psi(x) = A\sin kx + B\cos kx \quad (A, B \text{ は実数}) \tag{3・13}$$

である．

(iii) 境界条件を考慮する．$x<0$ ならびに $x>a$ では必ず $\psi=0$ となるので，この領域の波動関数と，$0 \leq x \leq a$ の領域の波動関数をつなげるためには，

$$\psi(0) = 0 \quad \text{かつ} \quad \psi(a) = 0 \tag{3・14}$$

が必要となる．これは**境界条件**とよばれる．量子化学のほとんどすべての問題には，境界条件が現れ，これが解の様子を決めることに注意してほしい．(3・14)式の条件を (3・13)式に代入すると，$B=0$ と $\sin ka = 0$ で，後者から $ka = n\pi$（n は整数）が得られる．(v) に示すように，この k の条件からエネルギー E が定まる．なお，もしここで $A=0$ とするとすべての領域で $\psi=0$ となり，物理的な意味をもたない．$n=0$ の場合と同様である．n が負の整数である場合も，(iv) に示すように意味のある解とはみなされない．

境界条件を定めれば，
二人の行く末がわかる

(iv) 波動関数を定める．境界条件によって k に与えられた条件がとりあえず決まったので，これを (3・13)式に代入すると，

$$\psi(x) = A\sin\frac{n\pi}{a}x \quad (0 \leq x \leq a)$$
$$\psi(x) = 0 \quad (x < 0 \text{ あるいは } a < x) \tag{3・15}$$

となる．ここで，$n=-1$ の関数は $n=1$ の関数の定数倍 $(\psi_{n=1} = -\psi_{n=-1})$ でしかないので，これらは独立な解とはみなされない．したがって，n としては自然数のみ許される．最後に残った A は，いわゆる**規格化**という手順によって

決められる．なおAは**規格化定数**とよばれる．一般に，$|\psi|^2$は存在確率密度を表す．したがって，これを全空間で積分すれば1となる．すなわち1次元系なら，

$$\int_{-\infty}^{\infty} |\psi(x)|^2 \,\mathrm{d}x = 1 \qquad (3 \cdot 16)$$

となる．1次元の井戸型ポテンシャルの問題の場合，(3・16)式を具体的に書けば，

$$\int_0^a A^2 \sin^2 \frac{n\pi}{a} x \,\mathrm{d}x = 1 \qquad (3 \cdot 17)$$

となり，これを解けば$A = \sqrt{2/a}$を得る．$A = -\sqrt{2/a}$は独立な解でないという理由で許されない．

一般に，(3・16)式が満たされるように規格化定数を定める数学的操作を，"規格化する"という．

(v) まとめ．エネルギーEとkの関係は$E = k^2\hbar^2/(2m)$だから，これに(iii)で求めたkを代入して，

$$E = \frac{h^2 n^2}{8ma^2} \quad (n = 1, 2, 3, \cdots) \qquad (3 \cdot 18)$$

$$\begin{cases} \psi = \sqrt{\dfrac{2}{a}} \sin \dfrac{n\pi}{a} x & (0 \le x \le a) \\ \psi = 0 & (x < 0 \text{ あるいは } a < x) \end{cases} \qquad (3 \cdot 19)$$

が得られる．初めて量子力学の問題を解いた皆さん，おめでとう！

(3・18)式と(3・19)式について，解を吟味しよう（図3・9）．$E \propto n^2$ ($n = 1, 2, 3, \cdots$) であり，許されるエネルギーが不連続であることがすぐにわかる．これは，マクロの物質のエネルギーが連続的であることとは決定的に異なり，ミクロの物質の一般的な特性ともいえる．このように，エネルギーが離散的であることを**量子化**されているといい，またとびとびのエネルギー準位を与える指標となるnを**量子数**という（4・1節も参照のこと）．許されるエネルギーそのものは無限個あるが，ミクロの粒子はそのうちのいずれかをとる．ここで，(3・18)式に

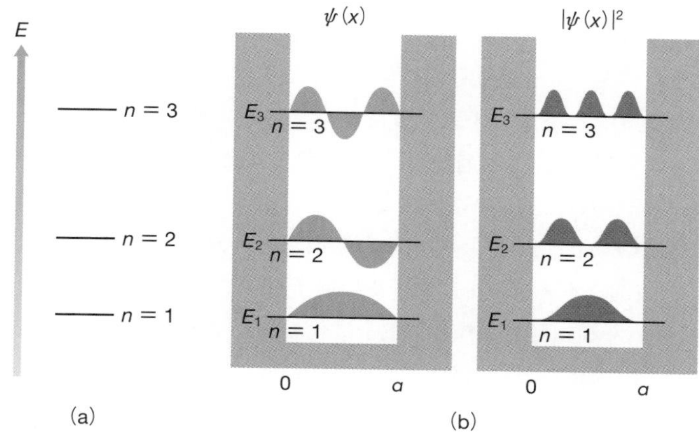

図3・9　1次元の井戸型ポテンシャルに置かれた物質のエネルギー準位(a)と波動関数(b)

おいて，$a \to \infty$ としたらどうなるだろう．これは，壁をとり払って，粒子を束縛から解放することを意味している．この場合は，各エネルギー準位間のエネルギー差が無限小となり，許されるエネルギーが連続的になる．

つまりエネルギーの量子化は，ミクロの物質であるから生じるというよりも，ミクロの物質がどこかに閉じ込められたり，運動を制限されたりしたときに生じる，と覚えておくとよい．

次に波動関数を見てみよう．図3・9(b) には ψ と $|\psi|^2$ の両方が示されている．エネルギーが最も低い $n = 1$ の状態にあるとき，その粒子を見いだす確率は $x = a/2$ で最大であり，両端にいくにつれて確率は小さくなり，$x = 0$ と a でゼロになる．$n = 2$ の状態にあるとき $\psi(a/2) = 0$ であるから，井戸の中心でこの粒子を見いだす確率はゼロであり，$|\psi|^2$ が最大となるのは $x = a/4$ および $3a/4$ の地点である．なお，$\psi(x) = 0$ となる地点を波動関数の**節**とよぶ．$n = 3$ の波動関数も示したが，量子数が増えるにつれて，節の数も一つずつ増えていく．

節については3・1節の側注も参照のこと．

一般に，シュレーディンガー方程式の解である波動関数は，**規格直交関数系**をつくることが知られている．すなわち，量子数を n および m とし，ψ_m と ψ_n がそれぞれ規格化されているとすると，

$$\int \psi_n{}^* \psi_m \, dx = 0 \quad (n \neq m) \\ = 1 \quad (n = m) \qquad (3 \cdot 20)$$

が成立する．このように，二つの関数を掛けて全空間で積分し，その結果がゼロとなることを関数が“直交する”という．(3・19)式から二つの波動関数を取出して，(3・20)式が成立することを確かめてみてほしい．

3・6 電子系への応用

1次元の井戸型ポテンシャルの問題を解いたので，これを化学に応用してみよう．ブタジエンは4個の sp^2 炭素（5・7節）が連鎖したπ共役分子で，π電子は1次元鎖上を自由に運動できるものの，もちろん分子上には固定されている．つまり，分子の端と端に，無限に高い壁が立っていると考えてよい．すなわち，図3・8のモデルに当てはめるには，m = 電子の質量，a = ブタジエンの分子長とすればよい（図3・10）．しかしここで困ることは，ブタジエンが4個のπ電子をもつことだ．このような多電子系においては，第ゼロ近似として，電子間の反発を無視して議論を進める．この場合，4個のπ電子は独立なので，個々の電子が図3・9に示したエネルギーと波動関数をもつはずである．

共役（きょうやく）とは，分子内に二つ以上の多重結合が単結合をはさんで存在し，π電子による相互作用が生じることをいう．その結果，分子中のπ電子が非局在化する．

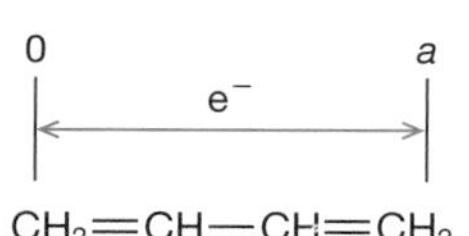

図3・10　ブタジエンのπ電子と1次元井戸型ポテンシャル

ここから先に進むために，まず電子の性質について説明する．

(i) 電子はフェルミ粒子．ミクロの物質は，必ず**フェルミ粒子**あるいは**ボーズ粒子**のどちらかに分類される．代表的なフェルミ粒子として電子，ニュートリノ，ミューオンなどがあり，一つのエネルギー状態に一つの粒子しか入ることができない．一方，代表的なボーズ粒子は光子や中間子などで，一つのエネルギー状態に何個でも粒子が入ることができる．電子は代表的なフェルミ粒子だから，「ある系（原子，分子，固体など）において，2個以上の電子が同一の量子数をとることは許されない」．これを**パウリの原理**という．

パウリ
(W. Pauli，1900〜1958)
オーストリア生まれのスイスの物理学者．
パウリの原理にもとづいた元素の電子配置については4・4節で述べる．

（ii）電子はスピンする．電荷をもつ粒子が自転して角運動量をもつと磁気モーメントが生じるように，電子も角運動量と磁気モーメントをもっている．電子の角運動量は**電子スピン**とよばれる．シュテルンとゲルラッハは，不対電子をもつ銀原子ビームを磁場中に通すと，ビームが2本に分かれることを示した（1922年）（図3・11）．これは，電子スピンの存在を示唆するとともに，そのスピンの向きが磁場に対して，上向き（αスピン）と下向き（βスピン）の2種類しか許されないことを示している．

シュテルン
（O. Stern，1888～1969）
ドイツ生まれのアメリカの物理学者．

ゲルラッハ
（W. Gerlach，1889～1979）
ドイツの物理学者．

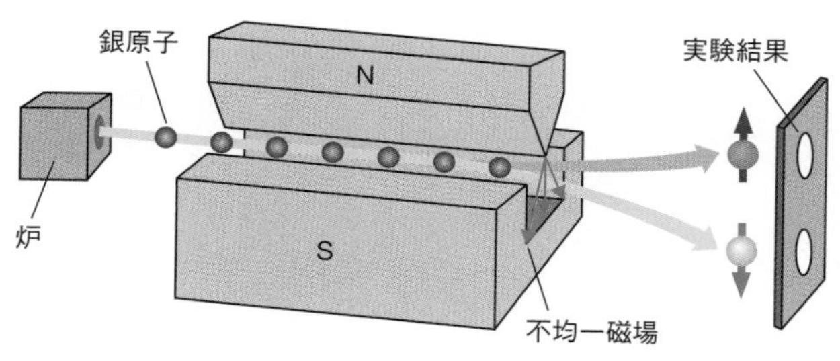

図3・11 **シュテルン・ゲルラッハの実験** 不対電子をもつ銀原子を不均一磁場中に通すと，その原子流は二つに分かれる．

（iii）パウリの原理＋電子スピン．結局，電子はフェルミ粒子であり，スピンしている．これから，次の性質が生まれる．一つの電子状態（エネルギーと波動関数）があるとすると，これを2個の電子までとることができる．ただしそのときは，電子スピンの向きは逆向きにすること．

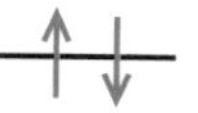

さて，話をブタジエンに戻し，上記のルール(iii)を守りつつ，4個の電子がどのようなエネルギーをとるか考えてみよう．いろいろなパターンが考えられるが，そのなかで総エネルギー（各電子のエネルギーの総和）が最も低いのが，図3・12(a)の電子配置である．この状態は**基底状態**とよばれるが，普通，ブタジエンはこの状態にある．つまり，ブタジエンの4個のπ電子のうち2個は $n = 1$ の状態にあり，電子スピンを逆向きにしている．当然，その電子分布は図3・9(b)に示した $|\psi_{n=1}(x)|^2$ であり，分子の中心で存在確率が最も高い．残りの2個は $n = 2$ の状態にあり，その分布は $|\psi_{n=2}(x)|^2$ である．このように，低いエネルギーの準位から電子を詰めて基底状態をつくるやり方を，**構成原理**とよぶ．そして，2番目にエネルギーが低い電子配置を図3・12(b)に示した．これは，（第一）**励起状態**の電子配置とよばれる．

基底状態と第一励起状態の総電子エネルギーを E_0 および E_1 とすれば，それぞれ，

$$E_0 = \frac{2h^2 + 8h^2}{8ma^2} \quad ならびに \quad E_1 = \frac{2h^2 + 4h^2 + 9h^2}{8ma^2}$$

と簡単に計算できる．そして基底状態にあるブタジエンに，$\Delta E = E_1 - E_0 = h\nu$ の振動数の光が照射されると，この光子が吸収されて分子は第一励起状態の電子配置をとる．これを光励起による**電子遷移**という（図3・12）．ブタジエンの ΔE は，結局は $n = 3$ と $n = 2$ の状態のエネルギー差にほかならない．したがって，

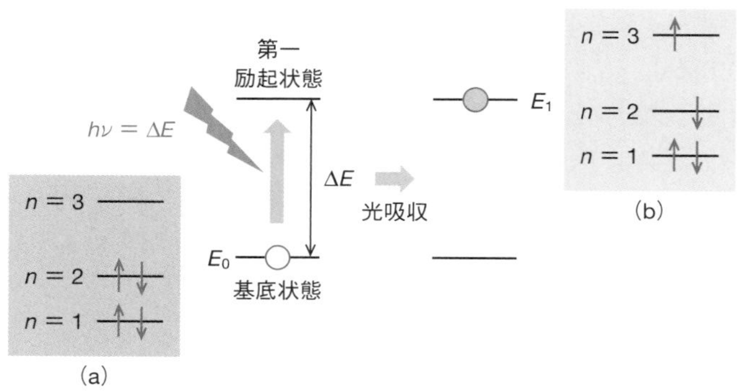

図3・12　ブタジエンπ電子系の基底状態（a）ならびに（第一）励起状態での電子配置（b）　光吸収によって電子遷移が生じる．

$\Delta E = (h^2/8ma^2)(9-4) = h(c/\lambda)$ より $\lambda = 8ma^2c/(5h^2)$ と吸収波長を計算することができる．ブタジエンのπ共役鎖を2本の二重結合（長さ 0.134 nm）と1本の単結合（長さ 0.148 nm）からなる直鎖とすれば $a = 0.416$ nm であり，m と

コラム3・5　カラーサークルと補色

光による電子遷移は，日常的に起こっています．太陽光や白色の室内光が物質に照射された場合，まったく光吸収がなければ光反射によって白色に見えます．しかし，その物質が光吸収によって電子遷移を起こすと，その白色光から特定の波長の光が吸収された光が，われわれの目に飛び込んでくることになります．図1の左はカラーサークルとよばれ，美術の授業などで登場したかもしれません．円のまわりには可視光のさまざまな色と波長が配されていますが，人間の目と脳の性質として，対角線上の2色（補色という）を加えると，白く見えます．そして上記のように，白色光から一部の波長に光が吸収されると，われわれには吸収された光の補色が見えることになります．たとえば，あなたの着ている青いシャツには赤〜黄色の光（〜600 nm）を吸収する色素が入っていて，その光が当たった瞬間に電子遷移が生じて吸収されるため，太陽光や室内光のもとでは青く見えます．

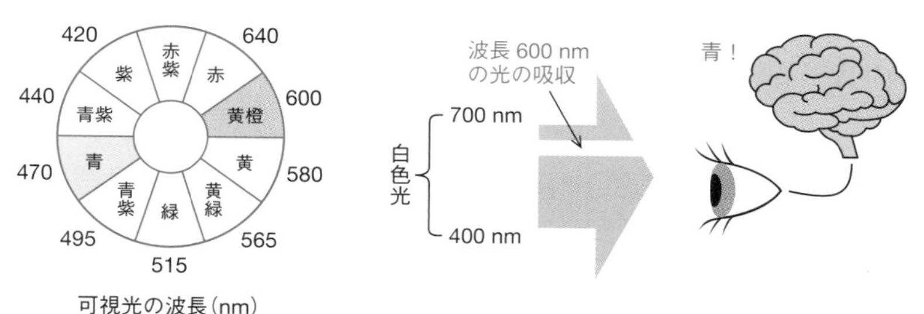

図1　カラーサークル（左）とシャツが青く見える理由（右）

して電子の質量を代入すれば，$\lambda = 114$ nm を得る．実際のブタジエンは，波長 207 nm（紫外線）に強い吸収をもつことが知られている．

光吸収にともなう電子遷移は，原子や分子にとって一般的な性質であり，そのために吸収される光は，励起状態と基底状態のエネルギー差に相当する振動数あるいは波長をもつ光となり，それぞれの原子や分子に固有のものである．そしてこのような電子遷移をひき起こす光は，一般には紫外線や可視光が多い．目に入るわれわれの世界は色とりどりであるが，それは数限りない物質の中で，さまざまな光吸収と電子遷移が繰返されていることを意味している．

この説明はやや人間中心的な表現かもしれない．実際は，さまざまな物質の電子遷移を識別できるように，人間の目と脳が進化したというべきだろう．

最後に，光吸収と電子遷移についてもう少し補足しよう．図3・12では第一励起状態の形成に限定したが，$\Delta E = E_n - E_0 = h\nu$ の光吸収によって，より高いエネルギーの励起状態に電子遷移することも十分可能である．つまり，第二や第三励起状態としても存在できる．ただし，このような励起状態をつくる高いエネルギー（つまり短波長）の光は，多くの物質では紫外線やそれ以上のエネルギーの光に相当する．また，光吸収によってつくられた励起状態は，瞬時にエネルギーを放出して基底状態に戻ってしまう．これをエネルギー緩和という．この変化には2通りあり，熱としてエネルギーを放出するのが**無放射遷移**である．一方，励起状態の高いエネルギーを，光として放出するのが**放射遷移**である．この光は，“蛍光”や“りん光”とよばれる．

黒い服を着ると熱くなるのは無放射遷移による．

この章で確実におさえておきたい事項

- 光の種類
- 光の波動性と粒子性
- 物質波
- 電子顕微鏡の原理
- シュレーディンガー方程式
- 1次元の井戸型ポテンシャル
- 量子化と量子数
- パウリの原理
- シュテルン・ゲルラッハの実験と電子スピン
- 多電子系
- 光吸収と電子遷移

◆◆◆ 章末問題 ◆◆◆

問題A

1. 光の波動性の証拠となる現象や効果は？ 答えは三つ．
   ① 干渉，② 走光性，③ 回折，④ 催眠効果，⑤ 散乱
2. 光の粒子性の証拠となる現象や効果は？ 答えは三つ．
   ① 黒体放射，② チンダル現象，③ 光電効果，④ 光触媒，⑤ コンプトン散乱
3. 光のエネルギー E と振動数 ν の関係は？
   ① $E = h\nu$，② $E = \hbar\nu$，③ $E = \nu$，④ $E = h/\nu$，⑤ $E = \hbar/\nu$
4. 物質波の波長 λ と運動量 p の関係は？
   ① $\lambda = hp$，② $\lambda = \hbar p$，③ $\lambda = 1/p$，④ $\lambda = h/p$，⑤ $\lambda = \hbar/p$
5. 電子顕微鏡で，電子の物質波としての波長を短くして高分解能を得るために行

われる操作は？

① 減速，② 加速，③ 進行方向を曲げる，④ 一点に集める，⑤ 2 次電子検出

6. 1 次元系のハミルトン演算子は？

① $\hat{H} \equiv -\frac{\hbar^2}{2m}\frac{d}{dx} + \hat{V}$，② $\hat{H} \equiv \frac{\hbar^2}{2m}\frac{d^2}{dx^2} + \hat{V}$，③ $\hat{H} \equiv -\frac{\hbar^2}{2m}\frac{d^2}{dx^2} + \hat{V}$

④ $\hat{H} \equiv -2m\hbar^2\frac{d^2}{dx^2} + \hat{V}$，⑤ $\hat{H} \equiv -\frac{h^2}{2m}\frac{d^2}{dx^2} + \hat{V}$

7. 1 次元の井戸型ポテンシャルに閉じ込められた粒子のエネルギー E と，その量子数 n との関係は？

① $E \propto n^{-2}$，② $E \propto n^{-1}$，③ $E \propto n^0$，④ $E \propto n^1$，⑤ $E \propto n^2$

8. 1 次元の井戸型ポテンシャルに閉じ込められた粒子のエネルギー E と，その井戸の長さ a との関係は？

① $E \propto a^{-2}$，② $E \propto a^{-1}$，③ $E \propto a^0$，④ $E \propto a^1$，⑤ $E \propto a^2$

9. 1 次元の井戸型ポテンシャルに閉じ込められた粒子の波動関数において，節の数（両端を含む）が m 個であるのは，どの量子数 n のものか？

① $n = m - 2$，② $n = m - 1$，③ $n = m$，④ $n = m + 1$，⑤ $n = m + 2$

10. 赤いシャツに含まれている色素の吸収波長は？

① 640 nm，② 580 nm，③ 495 nm，④ 450 nm，⑤ 420 nm

問題 B

1. 以下の設問に答えよ．

a）波長 250 nm の光の光子 1 個のエネルギーを計算せよ．

b）a）の光が金属に照射され，最大エネルギー 3.5×10^{-19} J の電子が放出された．この金属の仕事関数 W を求めよ．

2. 100 m を 10 s で走っている体重 60 kg の選手のド・ブロイ波の波長を求めよ．

3. 以下の設問に答えよ．

a）長さ a の 1 次元の井戸型ポテンシャル内を運動する質量 m のエネルギーと波動関数を，シュレーディンガー方程式を解いて求めよ．規格化も行うこと．

b）a）の粒子が $n = 1$ の状態にあるとき，箱の中の中点において単位長さ当たり，粒子を見いだす確率を求めよ．

c）π 共役ポリエン $H\text{-}(CH{=}CH)_k\text{-}H$ の a）のモデルを適用して，この分子の最低励起エネルギーを k の関数として求めよ．ただし，この分子を直線分子と仮定し，その分子長を $a = 2kl$（l は C−C 間の平均距離）としてよい．

4. 円環（円周長 a）を自由に運動する自由粒子と考える．

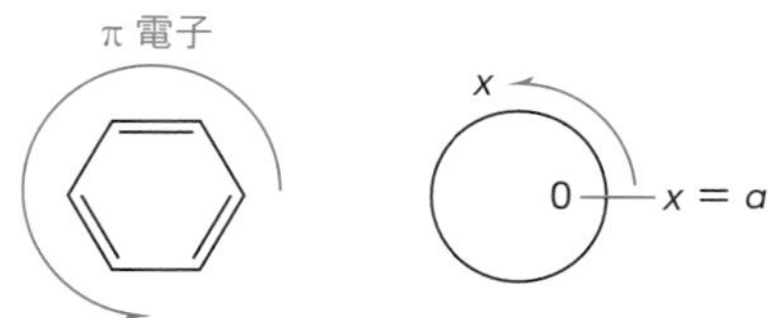

a）粒子の質量 m としてエネルギー準位と波動関数を求めよ．

b）ベンゼンの π 共役系にこのモデルを適用しよう．基底状態の電子配置を記すとともに，第一励起状態への電子遷移に必要な光吸収の波長を計算せよ．ただし，ベンゼンの半径を 0.14 nm とせよ．

4 原子軌道と原子構造

前章では，シュレーディンガー方程式を用いて1次元の井戸型ポテンシャルの問題を解き，そこに現れる量子化を学んだ．この解をπ電子共役系に応用することによって，分子の電子構造や光吸収を理解できることもわかった．この章では，原子を原子核がつくる静電的なポテンシャルに電子が束縛されている系として取扱う．この場合，どのように量子化されるだろうか？ これまで原子に対して，原子核のまわりを電子がくるくる回るようなイメージをもっていたかもしれない．それに対して，量子論的な原子軌道とはどのようなものだろう．おそらく皆さんの多くは，すでにs軌道やp軌道，d軌道といった名前を聞いたことがあるだろう．これらは量子論とどのように結び付き，またどのような形状や性質をもつのだろうか．この章では，化学の根幹ともいえる原子について，その電子構造を量子論的に解き明かす．また前章で説明した，電子スピンやパウリの原理などがどのように作用し，原子内でどのような電子構造がつくられ，それがどのような性質をもたらすのか説明しよう．

4・1　水素様原子のシュレーディンガー方程式

量子化学では，化学に現れる系をまずモデル化し，それに量子力学を当てはめて解を求めるのが常套手段である．原子をモデル化したシュレーディンガー方程式では，電子1個の場合だけ厳密に解くことができる．そのモデルでは“水素様原子”とよばれ，図4・1のような極座標を用いて表される．

電子1個のみを含む原子やイオンのことを“水素様原子”とよぶ．電気的に中性の原子となる水素様原子は水素（重水素や三重水素も含む）のみである．そのほか，He^{+}，Li^{2+} などの仮想的な化学種も含まれる．

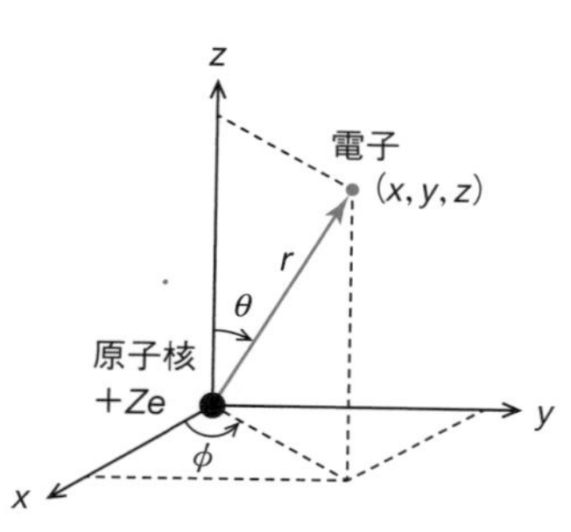

図4・1　水素様原子のモデルと極座標

系の中心には $+Ze$ の電荷をもつ原子核が固定されており，3次元的に運動している電子が，原子核から受ける静電ポテンシャル $V(r) = -\frac{1}{4\pi\varepsilon_0}\frac{Ze^2}{r}$ によって束縛されている．ここで ε_0 は真空の誘電率であり，r は核と電子の間の距離である．$Z=1$ の場合，もちろん水素原子のモデルとなる．3章で学んだやり方に従って，このモデルからハミルトン演算子をつくってみよう．水素様原子の電子は3次元的な運動をすると仮定するので，m_e を電子の質量とすると，その運動エネルギーは，$K = \frac{1}{2}m_e v_x{}^2 + \frac{1}{2}m_e v_y{}^2 + \frac{1}{2}m_e v_z{}^2 = \frac{1}{2m_e}(p_x{}^2 + p_y{}^2 + p_z{}^2)$ と書ける．これを3・4節で説明した対応の規則に従い，$\hat{p}_x \equiv -i\hbar(\mathrm{d}/\mathrm{d}x)$ などを用いて演算子化すればよい．3・5節で取扱った1次元系の運動エネルギーを表す演算子は，

xのみを変数として含む $\hat{K} \equiv -\frac{\hbar^2}{2m}\frac{\mathrm{d}^2}{\mathrm{d}x^2}$（(3・9)式）だったが，3次元系では，$\hat{K} \equiv -\frac{\hbar^2}{2m_e}\left(\frac{\partial^2}{\partial x^2}+\frac{\partial^2}{\partial y^2}+\frac{\partial^2}{\partial z^2}\right)$ のように，x，y，zの3変数が含まれる偏微分形式となる．一方，ポテンシャルエネルギーに相当する演算子は，「$V(r)$ を左から掛ける」という演算となり，全エネルギーに対応するハミルトン演算子は，

$$\hat{H} \equiv -\frac{\hbar^2}{2m_e}\left(\frac{\partial^2}{\partial x^2}+\frac{\partial^2}{\partial y^2}+\frac{\partial^2}{\partial z^2}\right)-\frac{1}{4\pi\varepsilon_0}\frac{Ze^2}{r} \qquad (4・1)$$

のように簡単に書くことができる．(4・1)式では直交座標のx，y，zと極座標のrが混在している．両者の関係は，

$$x = r\sin\theta\cos\phi \quad y = r\sin\theta\sin\phi \quad z = r\cos\theta \qquad (4・2)$$

だから，これらの関係を用いて極座標のみで（4・1)式を書き直すと，

原子は3変数（x, y, z あるいは r, θ, ϕ）の系であり，そのため偏微分が含まれ複雑ではあるが，(4・3)式は（4・1)式を極座標表示しただけのもので，物理的な意味はまったく同等である．

$$\hat{H} \equiv -\frac{\hbar^2}{2m_e r^2}\left\{\frac{\partial}{\partial r}\left(r^2\frac{\partial}{\partial r}\right)+\hat{\Lambda}\right\}-\frac{1}{4\pi\varepsilon_0}\frac{Ze^2}{r} \qquad (4・3)$$

ただし，

$$\hat{\Lambda} \equiv \frac{1}{\sin\theta}\frac{\partial}{\partial\theta}\left(\sin\theta\frac{\partial}{\partial\theta}\right)+\frac{1}{\sin\theta}\frac{\partial^2}{\partial\phi^2} \qquad (4・4)$$

と変換できる．$\hat{\Lambda}$ は**ルジャンドル演算子**とよばれる角部分の変数（θ と ϕ）だけを含む演算子である．

ルジャンドル
(A.-M.Legendre, 1752～1833)
フランスの数学者．

(4・3)式のハミルトン演算子を用いて，水素様原子のシュレーディンガー方程式 $\hat{H}\psi = E\psi$ をつくることができる．この解法にはふれないが，多変数の微分方程式として厳密に解くことができる．その結果は，エネルギーとして，

$$E = -\frac{m_e Z^2 e^4}{8\varepsilon_0{}^2 h^2 n^2} = -\frac{1}{4\pi\varepsilon_0}\frac{Z^2e^2}{2a_0}\frac{1}{n^2} \qquad (4・5)$$

が得られ，さらに波動関数として，

$$\psi_{nlm}(r,\theta,\phi) = R_{nl}(r)\,Y_{lm}(\theta,\phi) \qquad (4・6)$$

ただし，

$$Y_{lm}(\theta,\phi) = \Theta_{lm}(\theta)\,\Phi_m(\phi) \qquad (4・7)$$

が得られる．(4・5)式に登場する $a_0 = \varepsilon_0 h^2/(\pi m_e e^2)$ は**ボーア半径**とよばれる定数である．(4・6)式を見ればわかるように，水素原子の波動関数は，極座標の動径部分 r にのみ依存する関数 $R_{nl}(r)$ と，角度を表す変数 θ と ϕ の関数で**球面調和関数**とよばれる $Y_{lm}(\theta,\phi)$ の積として記述される．さらにこの球面調和関数は，それぞれ θ と ϕ だけの関数である $\Theta_{lm}(\theta)$ と $\Phi_m(\phi)$ の積に分割される．ここで n, l, m は，これらの関数形を決める引数（パラメータ）であるが，水素様原子のエネルギーと波動関数を定める“量子数”であり，以下のような名称と値をとる．

ボーア
(N. Bohr, 1885～1962)
デンマークの理論物理学者．量子論の育ての親．1913年にボーアの原子模型を発表するなど，量子力学の発展に大いに貢献した．1922年にノーベル物理学賞を受賞．

$$\begin{aligned} &\textbf{主量子数} \quad n = 1, 2, 3, \cdots \\ &\textbf{方位量子数} \quad l = 0, 1, 2, \cdots, n-1 \\ &\textbf{磁気量子数} \quad m = -l, -l+1, \cdots, 0, \cdots, l \end{aligned} \qquad (4・8)$$

ここで n, l, m における（4・8)式の制限は，シュレーディンガー方程式を解く際，解をもつための条件として導入される．水素様原子では，(n, l, m) の組を指定することによって一つの量子化された状態が定まるが，これを**原子軌道**とよぶ．1次元の井戸型ポテンシャルの問題では量子数は1種類だけだったが，3次元系である水素様原子では，三つの量子数の組が決まって初めて一つの状態が指定される．ただし，エネルギーは主量子数 n だけで決まることに注意してほしい．また原子軌道の波動関数 $\psi_{nlm}(r, \theta, \phi)$ は，三つの関数，$R_{nl}(r)$，$\Theta_{lm}(\theta)$，$\Phi_m(\phi)$ の掛け算で表されるが，このなかで $\Phi_m(\phi)$ については，

$$\Phi_m(\phi) = \frac{1}{\sqrt{2\pi}} e^{im\phi} \qquad (4 \cdot 9)$$

のように簡単かつ一般的に書ける．$R_{nl}(r)$ と $\Theta_{lm}(\theta)$ についても一般式があるが，きわめて複雑であるので，小さな量子数のいくつかの関数形を表4・1に具体的に示すにとどめる．

表4・1　小さな量子数のいくつかの関数形

$R_{nl}(r)$	$\Theta_{lm}(\theta)$
$R_{10}(r) = 2\left(\frac{Z}{a_0}\right)^{3/2} e^{-(Z/a_0)r}$	$\Theta_{00}(\theta) = \frac{1}{\sqrt{2}}$
$R_{20}(r) = \frac{1}{2\sqrt{2}}\left(\frac{Z}{a_0}\right)^{3/2}\left(2 - \frac{Zr}{a_0}\right) e^{-(Z/2a_0)r}$	$\Theta_{10}(\theta) = \sqrt{\frac{3}{2}} \cos\theta$
$R_{21}(r) = \frac{1}{2\sqrt{6}}\left(\frac{Z}{a_0}\right)^{3/2} \frac{Zr}{a_0} e^{-(Z/2a_0)r}$	$\Theta_{1,\pm1}(\theta) = \frac{\sqrt{3}}{2} \sin\theta$
$R_{30}(r) = \frac{2}{81\sqrt{3}}\left(\frac{Z}{a_0}\right)^{3/2}\left(27 - \frac{18Zr}{a_0} + \frac{2Z^2r^2}{a_0{}^2}\right) e^{-(Z/3a_0)r}$	$\Theta_{20}(\theta) = \sqrt{\frac{5}{8}}(3\cos^2\theta - 1)$
$R_{31}(r) = \frac{4}{81\sqrt{6}}\left(\frac{Z}{a_0}\right)^{3/2}\left(\frac{6Zr}{a_0} - \frac{Z^2r^2}{a_0{}^2}\right) e^{-(Z/3a_0)r}$	$\Theta_{2,\pm1}(\theta) = \frac{\sqrt{15}}{2} \sin\theta\cos\theta$
$R_{32}(r) = \frac{4}{81\sqrt{30}}\left(\frac{Z}{a_0}\right)^{3/2} \frac{Z^2r^2}{a_0{}^2} e^{-(Z/3a_0)r}$	$\Theta_{2,\pm2}(\theta) = \frac{\sqrt{15}}{4} \sin^2\theta$

4・2　原子軌道のエネルギーと波動関数

得られた水素様原子のエネルギー（(4・5)式）を吟味してみよう．量子化されたエネルギーを，各原子軌道の量子数がわかるように図4・2に示した．まずエネルギーの値が負であることにすぐ気づくが，これはポテンシャルエネルギーが負であるからで，原子核からより強い静電的引力を受ける軌道ほどより低いエネルギー，つまり安定な原子軌道となる．主量子数 n が1の場合，(4・8)式の制限によって $(n, l, m) = (1, 0, 0)$ の組合わせのみが許されるが，この軌道は“1s軌道”とよばれている．$n = 2$ の場合，許される量子数の組合わせは $(n, l, m) = (2, 0, 0)$，$(2, 1, 1)$，$(2, 1, 0)$，$(2, 1, -1)$ の4通りで，$(2, 0, 0)$ は“2s軌道”，残りの三つは“2p軌道”とよばれる．水素様原子においてはこの四つの軌道は

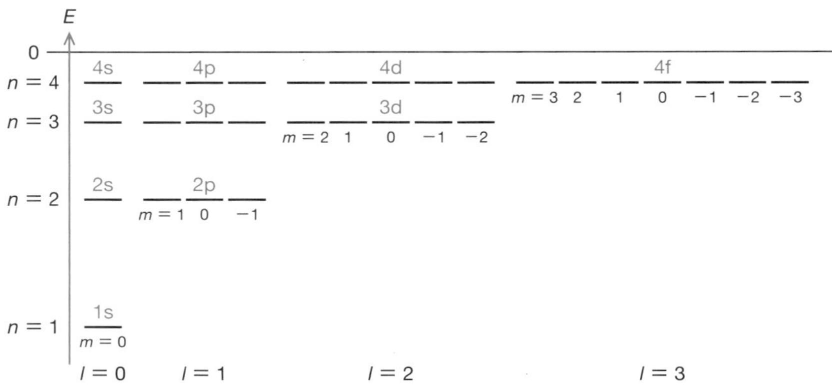

図4・2　**水素様原子のエネルギー準位**　エネルギー E は $-1/n^2$ に比例するが，図では見やすさを優先して，エネルギー準位の順番だけを示している．また $n \geq 5$ の準位については省略した．

縮退ともいう．

原子軌道の名称の s, p, d, f のそれぞれは，発光や吸収スペクトル線の形状を表す sharp, principal, diffuse, fundamental に由来する．

同一のエネルギーをもつ．このように，異なる波動関数で表される状態が同一のエネルギーをもつことを**縮重**という．$n = 3$ の場合，“3s 軌道” および “3p 軌道” に加えて，$l = 2$ の五つの “3d 軌道” が加わり，$n = 4$ の場合はさらに $l = 3$ の七つの “4f 軌道” が追加される．いずれにせよ $E \propto -1/n^2$ であるので，n が大きくなるとともに，エネルギーが高くなってゼロに近づき，また縮重した軌道の数が多くなる．

水素様原子が図4・2のようなエネルギー準位をもつことは，水素の発光スペクトルによって確認することができる．希薄な H_2 ガスを真空のガラス管に封入し，高電圧をかけて放電するとピンク色に発光する（図4・3a)．この発光を分

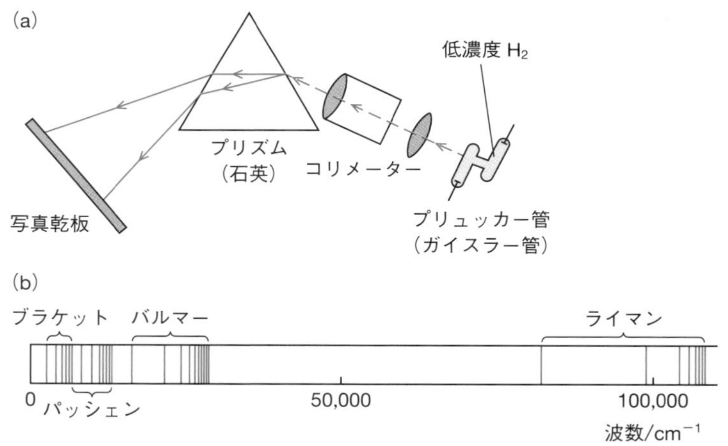

図4・3　**低濃度 H_2 気体の放電による発光とその分光分析の原理(a) および水素の発光スペクトル(b)**　(a) プリュッカー管（ガイスラー管）: 低濃度の水素ガスを封入したガラス管の両端にある電極に高電圧を加え放電させる，コリメーター：光源からの光を平行な光束にする，役割をもつ．(b) 波数は波長の逆数であり，単位長さに含まれる波の数を表す．

光してどのような波長の光が含まれるのかを分析すると，黒体放射のような連続スペクトルではなく，不連続なスペクトル（輝線スペクトル）が観測される．しかもこの発光は，波長領域によっていくつかの系列に分けることができる（図4・3b）．このとき光の波長 λ は，以下の実験式で表すことができる．

黒体放射についてはすでに3・2節でふれた．

$$\frac{1}{\lambda} = R\left(\frac{1}{n_1{}^2} - \frac{1}{n_2{}^2}\right) \tag{4・10}$$

ここで R は**リュードベリ定数**（≒ 10 973 732 m^{-1}）で，n_1 と n_2 は $n_2 > n_1 > 0$ なる整数である．これらの光は発見者にちなんで，“ライマン系列”（$n_1 = 1$，1906 年），“バルマー系列”（$n_1 = 2$，1885 年），“パッシェン系列”（$n_1 = 3$，1906 年），“ブラケット系列”（$n_1 = 4$，1922 年），“プント系列”（$n_1 = 5$，1924 年）とよばれている．さてこの発光の起源だが，放電によって，H_2 分子から主量子数 $n = n_2$ をもつ高エネルギー水素原子が形成されることに起因する．この状態は $n = n_1$ の低エネルギー状態に遷移し，そのときのエネルギー差のぶんだけが光として放出される（図4・4）．これが水素の発光スペクトルである．水素原子の各状態のエネルギーは（4・5)式（ただし $Z = 1$）で与えられるので，$n = n_2 \rightarrow n_1$ の遷移で放出される光の波長は，

リュードベリ
（J. Rydberg，1854〜1919）
スウェーデンの物理学者．

$$\frac{1}{\lambda} = \frac{E_{n=n_2} - E_{n=n_1}}{hc} = \frac{m_e e^4}{8\varepsilon_0{}^2 h^3 c}\left(\frac{1}{n_1{}^2} - \frac{1}{n_2{}^2}\right) \tag{4・11}$$

と計算できる．(4・10)式と（4・11)式を見比べることによって，$R = m_e e^4/(8\varepsilon_0{}^2 h^3 c)$ とすればよいことがわかる．この計算値は 1.097×10^7 m^{-1} であり，上記の実測値と大変よく一致する．これは，水素原子を図4・1のきわめて単純なモデルで十分説明できることを意味している．

水素様原子のエネルギーは，主量子数 n のみを指標にしてよく理解できるこ

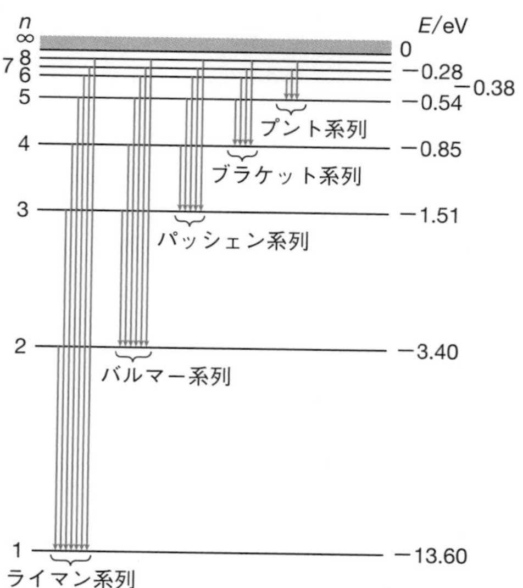

図4・4 水素原子のエネルギー準位と発光スペクトル系列

コラム4・1　軌道角運動量

量子化学において，角運動量は重要です．本文で紹介したように，原子中の電子は自転と公転運動に相当するスピンならびに軌道角運動量をもちます．また，原子核の自転運動に相当する核スピン運動量や，ある形をもつ分子の回転による角運動量も知られています．量子論に従うミクロの角運動量は，エネルギーの量子化のように，不思議な性質をもちます．以下の内容は量子化学を本格的に学びはじめた方向けですので，いまの皆さんには難しいかもしれませんね．ちょっとだけがまんしてください．

一般に，角運動量の定義は $\boldsymbol{l} = \boldsymbol{r} \times \boldsymbol{p}$ ですから，これを各成分に分けると，

$$l_x = yp_z - zp_y,\quad l_y = zp_x - xp_z,\quad l_z = xp_y - yp_x$$

となります（図1）．これに対応の規則を適用してそれぞれを演算子化すると，

$$\hat{l}_x \equiv -i\hbar\left(y\frac{\partial}{\partial z} - z\frac{\partial}{\partial y}\right)$$

$$\hat{l}_y \equiv -i\hbar\left(z\frac{\partial}{\partial x} - x\frac{\partial}{\partial z}\right)$$

$$\hat{l}_z \equiv -i\hbar\left(x\frac{\partial}{\partial y} - y\frac{\partial}{\partial x}\right)$$

が得られます．

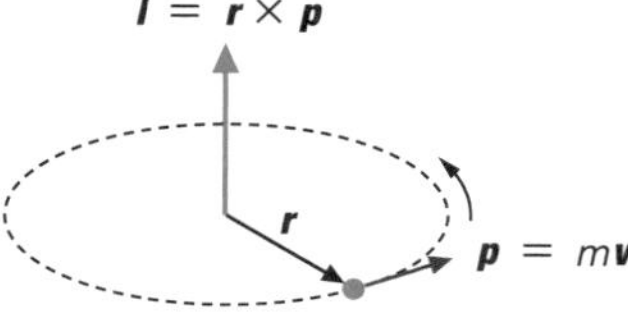

図1　**軌道角運動量**　ある粒子が xy 平面内を円運動した場合，z 方向に角運動量 $\boldsymbol{l}$ が生じる．

ここで**交換関係**を説明します．二つの演算子を $\hat{A}$ および $\hat{B}$ とし，$[\hat{A}, \hat{B}] \equiv \hat{A}\hat{B} - \hat{B}\hat{A}$ と定義しましょう．そして，$[\hat{A}, \hat{B}] \equiv 0$（を掛ける演算子）となるとき，$\hat{A}$ と $\hat{B}$ は“可換”であるといいます．天下りですが，$\hat{A}$ と $\hat{B}$ が可換ではないとき，これらに対応する物理量を同時に決定することはできないことを証明できます．具体的にいうと，A の値を定めれば，B の値の不確定さが無限大になってしまいます．それでは，角運動量演算子間の交換関係を調べてみましょう．

$$[\hat{l}_y, \hat{l}_z] \equiv i\hbar\hat{l}_x,\quad [\hat{l}_z, \hat{l}_x] \equiv i\hbar\hat{l}_y,\quad [\hat{l}_x, \hat{l}_y] \equiv i\hbar\hat{l}_z$$

となり，いずれもゼロではありません．したがって，l_x, l_y, l_z の値を同時に定めることはできません．さらに，軌道角運動量の大きさの2乗に対応する演算子を $\hat{\boldsymbol{l}}^2 \equiv \hat{l}_x{}^2 + \hat{l}_y{}^2 + \hat{l}_z{}^2$ と定義すると，次の交換関係が得られます．

$$[\hat{\boldsymbol{l}}^2, \hat{l}_x] \equiv 0,\quad [\hat{\boldsymbol{l}}^2, \hat{l}_y] \equiv 0,\quad [\hat{\boldsymbol{l}}^2, \hat{l}_z] \equiv 0$$

つまり 軌道角運動量の大きさ（$\hat{\boldsymbol{l}}^2$）と1方向の成分（$\hat{l}_z$）は可換で，これらは同時に定まります．

さて，原子や分子の角運動量を扱うためには極座標表示が便利です．$\hat{\boldsymbol{l}}^2$ と $\hat{l}_z$ の演算子だけについて紹介しておくと，

$$\hat{l}_z \equiv -i\hbar\frac{\partial}{\partial\phi},\quad \hat{\boldsymbol{l}}^2 \equiv -\hbar^2\hat{\Lambda}$$

となります．$\hat{\Lambda}$ は本文の（4・4）式で登場したルジャンドル演算子です．重要なことは，これらと，（4・6）式と（4・7）式で登場した球面調和関数の関係で，二つの演算子をそれぞれ $Y_{lm}(\theta, \phi)$ に演算すると，

$$\hat{\boldsymbol{l}}^2 Y_{lm}(\theta, \phi) = l(l+1)\hbar^2 Y_{lm}(\theta, \phi)$$

$$\hat{l}_z Y_{lm}(\theta, \phi) = m\hbar Y_{lm}(\theta, \phi)$$

が得られます．$\hat{\boldsymbol{l}}^2$ と $\hat{l}_z$ は θ と ϕ に関する演算で，r に関するものは含まれないから，これらを原子軌道の波動関数 $\psi_{nlm}(r, \theta, \phi) = R_{nl}(r)\, Y_{lm}(\theta, \phi)$ に演算しても同じ結果になります．つまり，$\hat{\boldsymbol{l}}^2\psi_{nlm}(r, \theta, \phi) =$

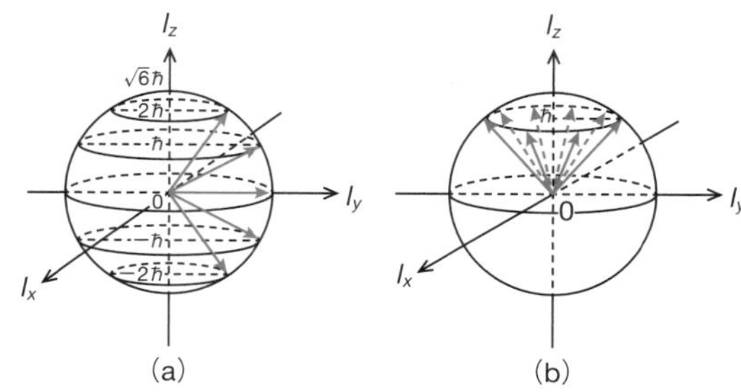

図2　**模式的に表した角運動量における方向の量子化**　(a) z 成分の大きさはとびとびとなる，(b) x および y 成分は不確定となる．

$l(l+1)\hbar^2\psi_{nlm}(r,\theta,\phi)$ および $\hat{l}_z\psi_{nlm}(r,\theta,\phi) = m\hbar\,\psi_{nlm}(r,\theta,\phi)$ です．これは，波動関数 $\psi_{nlm}(r,\theta,\phi)$ で表される電子は，その $\hat{\boldsymbol{l}}^2$ および $\hat{l}_z$ の観測値が，それぞれ $l(l+1)\hbar^2$ および $m\hbar$ と，とびとびの値になることを意味しています．これが本文でも述べた“方向量子化”です．

図2は，$l = 2$ の系において，その軌道角運動量の様子を模式的に示したものです．l は軌道角運動量の大きさの指標であること，$\boldsymbol{l}^2$ と l_z の値のみが定まること，m は方向の指標であることを理解してください．(a) は，大きさが同じ軌道角運動ベクトルが五つの方向を向くことによって，五つの z 成分が生じることを示しています．(b) は，$l_z = 2\hbar$ の軌道角運動ベクトルにおいて，z 成分は確定するものの，x, y 成分が確定しないことを模式的に表しています．

とがわかった．それでは，波動関数中に現れる方位量子数 l と磁気量子数 m は何かの指標となっているのだろうか．この節の冒頭で話した，エネルギーが縮重した 2s と 2p 軌道の波動関数，ψ_{200}，ψ_{210}，ψ_{211}，ψ_{21-1} で表される状態は，いったい何が違うのだろう．その答えを単刀直入にいうと，それは**軌道角運動量**である．前章では，電子は自転運動の角運動量に相当するスピン角運動量をもつことを述べた．一方，この軌道角運動量は電子が原子核のまわりを回る公転運動の角運動量に相当する．もちろん，電子がくるくると自転したり公転したりする姿を実際に見た人はいない．実測される電子がもつ2種類の角運動量を，自転と公転運動の角運動量として解釈したというのが正確だろう．ともかく，水素様原子の電子は軌道角運動量 $\boldsymbol{l}$ をもち，その大きさは方位量子数 l にほぼ比例する．つまり l は軌道角運動量の大きさを表す指標になっている．許される方位量子数 l の値は $l = 0, 1, 2, 3, \cdots$ だから，原子軌道の軌道角運動量の大きさも，とびとびの値しか許されない．一方，磁気量子数 m は，軌道角運動量 $\boldsymbol{l}$ の z 成分 l_z の大きさが $m\hbar$ であることを表している．$m = -l, -l+1, \cdots, 0, \cdots, l$ だから，この値もとびとびである．つまり量子数 l と m は，それぞれ軌道角運動量 $\boldsymbol{l}$ について大きさおよびその方向を表す指標といえる．ミクロの角運動量については，その大きさや方向が限定されており，これを**方向量子化**とよぶ．

軌道角運動量の詳細はコラム4・1に記した．

4・3 化学で使う原子軌道

具体的に見ていこう！

原子軌道の波動関数とのその形状を具体的に見ていこう．以下では $Z = 1$ とする．

(i) 1s 軌道　この状態は $(n, l, m) = (1, 0, 0)$ で与えられるので，その波動関数は，

$$\psi_{100}(r,\theta,\phi) = R_{10}(r)\,\Theta_{00}(\theta)\,\Phi_0(\phi) = \frac{1}{\sqrt{\pi a_0{}^3}}\,\mathrm{e}^{-r/a_0} \qquad (4\cdot12)$$

となる．これは r だけに依存するので，明らかに球対称の関数である．また s 軌道の共通した性質だが，$l = 0$ だから軌道角運動量をもたない．小さな量子数の $R_{nl}(r)$ のいくつかを図4・5で比較した．図4・5（$n = 1$ の場合）の $R_{10}(r)$ を見ると，$r = 0$ つまり原子核の上で最大となり，r の増加とともに単調に減衰し

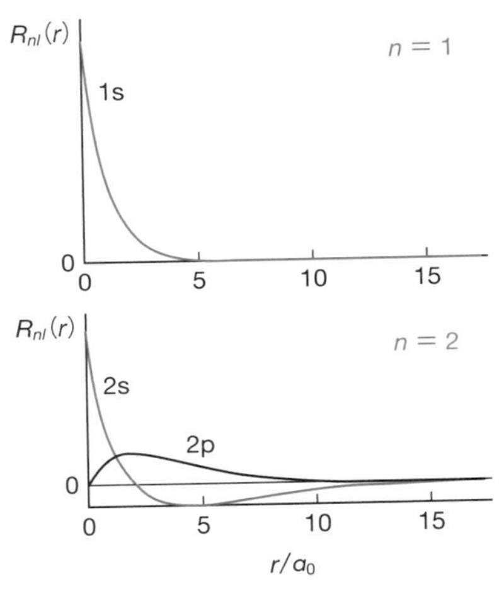

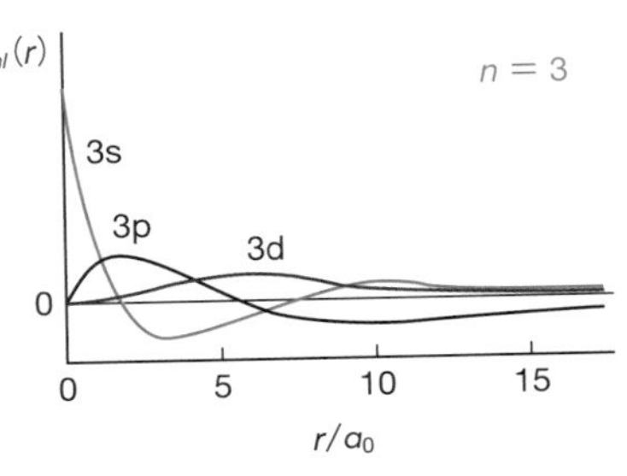

図 4・5　**水素原子における動径部分 $R_{nl}(r)$ の r 依存性**　a_0 はボーア半径で 0.0529 nm.

これでは原子核と電子がくっついてしまうと思うなら，あなたはまだ電子は粒子であるという古典的な考え方から抜け出せていないかもしれません．電子は，粒子性と波動性を併せもつ，マクロの世界の常識では説明できないミクロの物質なのです．

量子論を知らなければ，図中の（c）を見て，電子が原子核のまわりをくるくる回っていると考えても仕方ないかもしれません．

ている．電子密度は $|\psi_{100}|^2$ で表されるので，これもまた原子核の上で最大となる．次に，このような 1s 軌道の表示法を紹介しよう．図 4・6(a) は“電子雲表示”とよばれるもので，まさに点の濃度で存在確率を表している．一方，図 4・6(b) は，電子密度の等高線を表示したものである．さらに，図 4・6(c) は $|\psi_{100}|^2 =$ ある一定値をもつ点を結んだ等電子密度面を示している．等電子密度面は，紙面では円にしか見えないが，これはもちろん球状をしている．

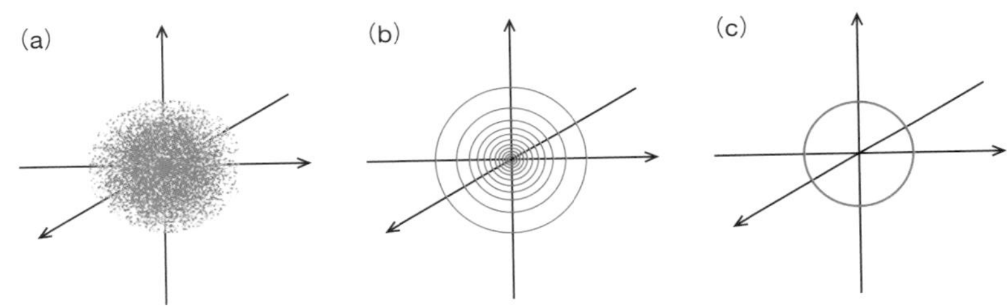

図 4・6　**1s 軌道の電子雲表示**（a），**電子密度の等高線**（b），**等電子密度面**（c）

1s 軌道をもう少し定量的に見ていこう．一般に，$|\psi_{nml}|^2\,\mathrm{d}x\mathrm{d}y\mathrm{d}z$ は微小体積 $\mathrm{d}x\mathrm{d}y\mathrm{d}z$ 中において，量子数（n, l, m）で指定された原子軌道の電子密度を表す．体積 $\mathrm{d}x\mathrm{d}y\mathrm{d}z$ を極座標に変換すると $r^2 \sin\theta\,\mathrm{d}r\mathrm{d}\theta\mathrm{d}\phi$ となるので，この微小体積中の電子密度は 極座標表示では $|\psi_{nml}|^2\, r^2 \sin\theta\,\mathrm{d}r\mathrm{d}\theta\mathrm{d}\phi$ と書ける．これを $\mathrm{d}\theta$ と $\mathrm{d}\phi$ についてのみ積分すると，

$$D(r)\,\mathrm{d}r = \int_{\theta=0}^{\pi}\int_{\phi=0}^{2\pi} |\psi_{nml}|^2\, r^2 \sin\theta\,\mathrm{d}r\mathrm{d}\theta\mathrm{d}\phi = 4\pi r^2 |\psi_{nml}|^2\,\mathrm{d}r$$

となり，

$$D(r) = 4\pi r^2 |\psi_{nml}|^2 \qquad (4\cdot 13)$$

が得られる．ここで $D(r)$ は**動径分布関数**とよばれ，原子核から半径 r だけ離れた厚さ $\mathrm{d}r$ の球殻中の電子密度を表している．

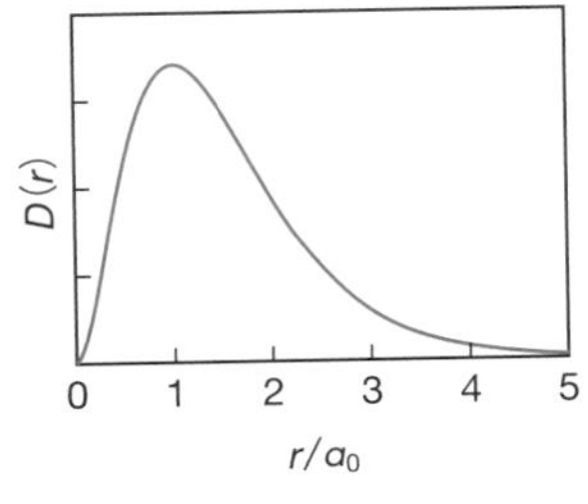

図 4・7　**1s 軌道の動径分布関数**　a_0 はボーア半径で 0.0529 nm.

1s 軌道の場合は,

$$D(r) \;=\; 4\pi r^2|\psi_{100}|^2 \;=\; \frac{4}{{a_0}^3}\,r^2\mathrm{e}^{-2r/a_0} \qquad (4 \cdot 14)$$

となるが，この動径分布関数の形を図 4・7 に示した．$r = 0$ で $D(r) = 0$ だが，r の増加とともに $D(r)$ も増加し，極大をとった後に緩やかにゼロまで減少する．この極大点 $r = a_0$ は，$\mathrm{d}D(r)/\mathrm{d}r = 0$ より 簡単に計算することができる．これは，1s 軌道のおおよその広がりが，ボーア半径程度であることを示している．

ボーア半径については 4・1 節でふれた．

★ 第 3 回相談室 ★

（学生）　先生，ちょっと待ってください．質問があります．

（ 私 ）　はい，どうぞ．

（学生）　1s 軌道が球状の電子分布をもつことがわかりました．でも，前段落では，$r = 0$ つまり原子核の上で電子密度は最大と教えていただきましたが，図 4・7 では $r = 0$ で電子密度はゼロになっています．1s 軌道は $r = 0$ で電子密度をもつのかもたないのか，いったいどっちなのでしょうか？

（ 私 ）　はは，これはよくある質問です．種明かしをすると，$r = 0$ で 1s 軌道の電子密度は最大がもちろん真実です．その一方，$D(r)$ は原子核から半径 r だけ離れた薄い厚さ $\mathrm{d}r$ の球殻中における電子密度の総和を表しているので，$r \to 0$ ではこの球殻の体積そのものもゼロに漸近し，そのため $D(0) \to 0$ となってしまいます．

（学生）　ああそうか．$r \to 0$ で $D(0) \to 0$ は，動径分布関数の必然的な性質なのですね．

（ 私 ）　この辺は，極座標表示のトリックといってもよいかもしれません．xyz 座標から $r\theta\phi$ 座標への変換において，x が r となって yz が $\theta\phi$ になるような間違ったイメージでいると足元をすくわれかねませんので，注意してください．

（学生）　は〜い．

1s 軌道に対して，r の期待値を求めることもできる．一般に，ある物理量 A を演算子化したものを $\hat{A}$ としたとき，波動関数 φ で記述される状態における A の期待値 $\langle A \rangle$ は，

$$\langle A \rangle \;=\; \int \varphi^* \hat{A}\,\varphi\,\mathrm{d}\tau \qquad (4 \cdot 15)$$

で表される．これを**期待値の定理**という．なお，＊は複素共役をとることを意味している．右辺は，(i) $\hat{A}$ を φ に演算し，(ii) 得られた関数に左から φ^* を掛け，(iii) 最後に (ii) で得られた関数全体を積分する，という手順で構成されることに注意してほしい．これを 1s 軌道に適用すると，

"複素共役" は複素数の虚部を反数にした複素数をとる操作のこと．具体的には，複素数 $z = a + ib$（a, b は実数，i は虚数単位）の共役複素数 $\bar{z}$ は $\bar{z} = a - ib$ である．

$$\begin{aligned}\langle r \rangle \;&=\; \int_{x=-\infty}^{\infty}\int_{y=-\infty}^{\infty}\int_{z=-\infty}^{\infty} {\psi_{100}}^* r \psi_{100}\,\mathrm{d}x\mathrm{d}y\mathrm{d}z \\ &=\; \int_{r=0}^{\infty}\int_{\theta=0}^{\pi}\int_{\phi=0}^{2\pi} {\psi_{100}}^* r \psi_{100} \cdot r^2 \sin\theta\,\mathrm{d}r\,\mathrm{d}\theta\,\mathrm{d}\phi \;=\; \frac{3}{2}\,a_0 \qquad (4 \cdot 16)\end{aligned}$$

を得る．この計算は，部分積分を数回繰返さなければならないが，得られた

$<r>$ の値も，1s 軌道の広がりがボーア半径程度であることを支持している．

(ii) 2s 軌道　この原子軌道は $(n, l, m) = (2, 0, 0)$ で与えられるので，その波動関数は，

$$\psi_{200}(r, \theta, \phi) = R_{20}(r)\,\Theta_{00}(\theta)\,\Phi_0(\phi) = \frac{1}{4\sqrt{2\pi a_0{}^3}}\left(2 - \frac{r}{a_0}\right)\mathrm{e}^{-r/2a_0} \tag{4・17}$$

となる．1s 軌道と同様に軌道角運動量をもたず，また r のみの関数で球状の電子軌道であることがわかる．2s 軌道の $R_{20}(r)$ を図 4・5（$n = 2$ の場合）に示した．$r = 0$ で最大で，そこから減少し，$r = 2a_0$ で $R_{20}(r) = 0$ となったのちにその符号はマイナスとなる．その後，増加に転じて $r \to \infty$ で $R_{20}(r)$ はゼロに漸近する．$r = 2a_0$ では $\psi_{200} = 0$ だから，$r = 2a_0$ の球面は，その波動関数の節面になっている．また，図 4・5 において $R_{10}(r)$ と $R_{20}(r)$ を見比べてみれば，2s 軌道は 1s 軌道より外側に広がっているのがわかる．一般に同じ種類の原子軌道では，量子数 n が増えると軌道も外側に広がる．

節面は節が集まってでき，電子が存在しない面のことをいう．節については 3・1 節の側注を参照．

(iii) 2p 軌道　量子数としては，$(n, l, m) = (2, 1, 1)$，$(2, 1, 0)$，$(2, 1, -1)$ で表される三つの軌道で，同一のエネルギーをもち縮重している．方位量子数 l がゼロではないので，軌道角運動量をもっている．(4・9)式からわかるように，波動関数 ψ_{211} と ψ_{21-1} は進行波を表す複素関数であり，定在波を表す実関数で表現された 1s や 2s 軌道のように図示することはできない．

ある方向に進んでいく波を進行波といい，どちらの方向にも進まず，その場で振動する波を定在波（定常波）という．

一般に，2p 軌道のように縮重がある場合，それらの波動関数を一義的に決めることはできない．たとえば 2 重に縮重した場合，規格直交化された二つの波動関数 ψ_{a1} および ψ_{a2} が，それぞれ $\hat{H}\psi_{\mathrm{a1}} = E_{\mathrm{a}}\psi_{\mathrm{a1}}$ ならびに $\hat{H}\psi_{\mathrm{a2}} = E_{\mathrm{a}}\psi_{\mathrm{a2}}$ を満たすとしよう．この場合，二つの波動関数の線形結合をとった任意の関数 $\psi'_{\mathrm{a}} = c_1\psi_{\mathrm{a1}} + c_2\psi_{\mathrm{a2}}$ も，$\hat{H}\psi'_{\mathrm{a}} = E_{\mathrm{a}}\psi'_{\mathrm{a}}$ を満たすことは自明である．つまり縮重がある場合の波動関数は，一義的に決めることはできないので，$c_1\psi_{\mathrm{a1}} + c_2\psi_{\mathrm{a2}}$ の c_1 と c_2 を適当に調整し，互いに直交するように二つの関数を選べばよい．このように，2p 軌道の ψ_{211}，ψ_{210}，ψ_{21-1} について線形結合をとり，三つの p 軌道を

$$\begin{aligned}
\psi_{2\mathrm{p}_x} &= \frac{1}{\sqrt{2}}(\psi_{211} + \psi_{21-1}) \propto R_{21}(r)\sin\theta\cos\phi \propto R_{21}(r)\frac{x}{r} \\
\psi_{2\mathrm{p}_y} &= \frac{1}{\sqrt{2i}}(\psi_{211} - \psi_{21-1}) \propto R_{21}(r)\sin\theta\cos\phi \propto R_{21}(r)\frac{y}{r} \\
\psi_{2\mathrm{p}_z} &= \psi_{210} \propto R_{21}(r)\cos\phi \propto R_{21}(r)\frac{z}{r}
\end{aligned} \tag{4・18}$$

のようにすべて実関数で表すこともできる．これらは $2\mathrm{p}_x$，$2\mathrm{p}_y$，$2\mathrm{p}_z$ 軌道とよばれる．皆さんのなかには，「ちょっと待った！ ψ_{211}，ψ_{21-1}，ψ_{210} と $\psi_{2\mathrm{p}_x}$，$\psi_{2\mathrm{p}_y}$，$\psi_{2\mathrm{p}_z}$ で，両方正しいといわれても困る．どう使い分ければよいのか？」と疑問に思う方も多いのではないか．繰返すが，両者はシュレーディンガー方程式の解としてはともに正しく，現実を説明できるように使い分けるしかない．あえていう

なら，空間に1個孤立したような原子の波動関数については角運動量をきちんと表現できるψ_{211}，ψ_{21-1}，ψ_{210}がその原子の性質をよりよく表し，固体や分子に取込まれて空間の定義（xyz方向）がはっきりしている原子に関してはψ_{2p_x}，ψ_{2p_y}，ψ_{2p_z}がふさわしい．つまり，ほとんどの化学的な系では後者を使えばよいことになる．

さて，2p軌道が共通にもつ$R_{21}(r)$と，2s軌道の$R_{20}(r)$の比較を図4・5（$n=2$の場合）に示した．$R_{21}(0)=0$より，2p軌道の電子密度は原子核上でゼロであることがわかる．そして$R_{21}(r)$はrの増加とともにいったん増加して，極大を通ったのちに減少に転じて$r\rightarrow\infty$でゼロに近づく．$r=0$で最大となる$R_{20}(r)$と比較すると，$R_{21}(r)$のほうがより外側に広がっていることがわかる．一般に，主量子数nが同じでも，方位量子数lが大きな原子軌道のほうがより外側に広がる．

2p軌道の角部分に注目してみよう．$2p_z$軌道の場合，$\psi_{2p_z}\propto R_{21}(r)\cos\theta\propto R_{21}(r)(z/r)$で，$r\geq 0$かつ$R_{21}(r)\geq 0$である．したがって，$\psi_{2p_z}$は，節面（$\psi_{2p_z}=0$）となる$xy$平面を挟んで反対称で，$z>0$（つまり$0<\theta<\pi/2$）では$\psi_{2p_z}>0$，また$z<0$（つまり$\pi/2<\theta<\pi$）では$\psi_{2p_z}<0$となる．また$x$と$y$に依存しないということは，$z$軸のまわりで軸対称のはずである．図4・8(a)は，$P=|\cos\theta|$として，xz平面内におけるP値を原点からの距離として示したものである．これは，$z=\pm 0.5$を中心とする半径0.5の二つの円となり，実際のψ_{2p_z}の値は，このP値に$R_{21}(r)$を掛けた値に相当する．図4・8(b)は，ψ_{2p_z}の電子密度の等高線を示しており，図中の青色の部分は波動関数の符号が正で，黒色の部分は符号が負であることを示している．このように，z軸のまわりに軸対称で，かつz方向に伸びた形状が特徴的である．$2p_x$および$2p_y$軌道も同様な形状で，それぞれxおよびy方向に伸びた原子軌道となる．2pおよび3d軌道の角部分を図4・9にまとめた．

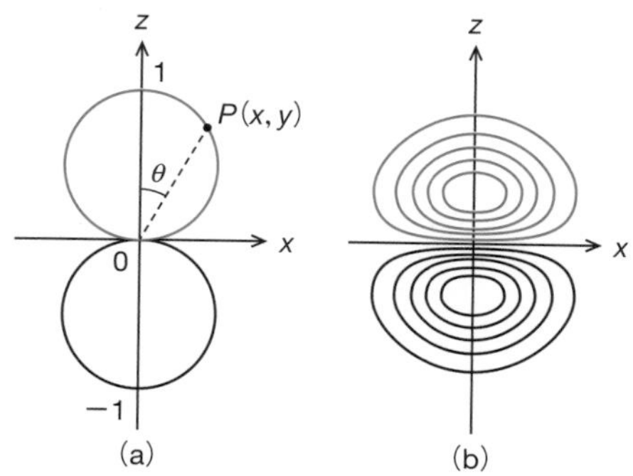

図4・8 **$2p_z$軌道の角部分**（a）**と等電子密度面**（b） $z>0$の領域では波動関数の符号は正になり，$z<0$の領域では波動関数の符号は負になる．波動関数の符号は波の位相の違いに相当する．位相については3・1節の側注を参照．また，波動関数の符号の違いを色の違いで区別することもある．

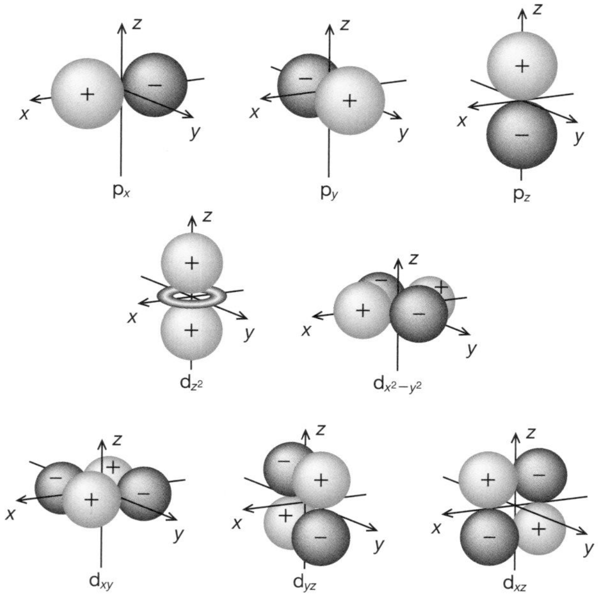

図4・9　p および d 軌道の角部分　＋ と － は波動関数の符号を表し，その符号は波の位相の違いに相当する（3・1 節の側注）．図4・8と同様に，波動関数の符号の違いを色の違いで区別することもある．

五つの 3d 軌道のエネルギーや形状は，遷移金属の化学で非常に重要となる．

(iv) 3d 軌道　$(n, l, m) = (3, 2, 2)$，$(3, 2, 1)$，$(3, 2, 0)$，$(3, 2, -1)$，$(3, 2, -2)$ の五つの軌道で，2p 軌道と同様にもともとは複素関数で表されるが，以下によって実関数で表現することができる．

$$
\begin{aligned}
\psi_{3\mathrm{d}_{z^2}} &= \psi_{320} \propto R_{32}(r)\frac{3z^2-r^2}{r^2} \\
\psi_{3\mathrm{d}_{xz}} &= \frac{1}{\sqrt{2}}(\psi_{321}+\psi_{32-1}) \propto R_{32}(r)\frac{xz}{r^2} \\
\psi_{3\mathrm{d}_{yz}} &= \frac{1}{\sqrt{2}i}(\psi_{321}+\psi_{32-1}) \propto R_{32}(r)\frac{yz}{r^2} \\
\psi_{3\mathrm{d}_{x^2-y^2}} &= \frac{1}{\sqrt{2}}(\psi_{322}+\psi_{32-2}) \propto R_{32}(r)\frac{x^2-y^2}{r^2} \\
\psi_{3\mathrm{d}_{xy}} &= \frac{1}{\sqrt{2}i}(\psi_{322}+\psi_{32-2}) \propto R_{32}(r)\frac{xy}{r^2}
\end{aligned}
\qquad (4\cdot 19)
$$

4・4　多電子原子

水素様原子に対して，2 個以上の電子を含む原子やイオンを“多電子原子”とよぶ．

水素様原子について，そのエネルギー準位と波動関数が得られた．これらを利用して，多電子原子の“電子構造”（電子の状態や配置）を知ることができる．そのやり方は，3・6 節で取扱った 1 次元の井戸型ポテンシャルから π 共役系に発展した方法とまったく同じで，電子スピンとパウリの原理を考慮しながら，構成原理により，エネルギーの低い準位から電子を詰めて基底状態をつくればよい．ただし，縮重した軌道の多い原子においては，**遮蔽効果**が重要となる．

電子が 1 個の水素原子においては，2s と 2p 軌道は縮重しており，エネルギーは厳密に等しい．ところが原子番号3のLi原子について考えると，最初の2電子は最も安定な1s軌道に収容されるが，3番目の電子が2sと2p軌道のどちらに収容されるかという問題に突き当たる．図4・10(a) はLi原子内の三つの軌道の位置関係を模式的に書いたもので，1s電子は電子雲表示，2sと2p軌道はrの期待値で示している．2sと2p軌道から見ると，原子核の電荷 $+3$ は1s電子によって遮蔽されている．そして，2p軌道は2s軌道よりも外側に広がっているという理由からより強い遮蔽を受けることになる．このように，最外殻電子は内側の電子の存在によって遮蔽を受けるが，このとき，実際に感じる核の電荷を**有効核電荷**という．原子軌道の負のエネルギーは核からの静電引力によるものだから，この遮蔽によって2p軌道のエネルギーは2s軌道のものよりも高くなる（図4・10b）．つまり，Li原子において1s軌道に2電子が存在する状態では，2sと2p軌道にエネルギー差が生じ，3番目の電子はより安定な2s軌道に収容される．このため，基底状態の電子配置は $(1s)^2(2s)^1$ となる．

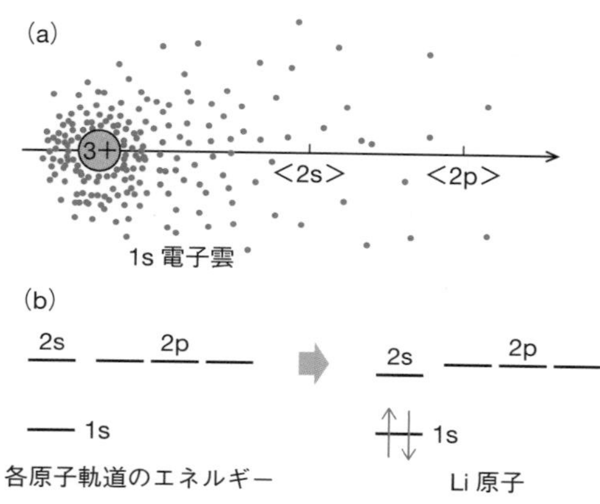

図4・10 **Li原子における，1s電子が2sおよび2p軌道に及ぼす遮蔽効果**
まったく電子がない状態から2s軌道あるいは2p軌道に1電子が収容されるとき，そのエネルギーは同一だが，Li原子では遮蔽効果によってエネルギー差が生じる．

一般に，i番目の電子は，それ以外の電子によって遮蔽されている．この度合いを表すのが**遮蔽定数**s_iで，いくつかの決め方が提案されている．そのなかで，簡易版の“スレーターの規則”とよばれているものを以下に示した．

(i) $s_i = \sum_{j \neq i} c_j$（$c_j$は他の電子による遮蔽の度合いを表し，その値は (iii) に定義されている.）

(ii) 原子軌道を区分し順位をつける：1s/2s 2p/3s 3p/3d/4s 4p/4d/4f

(iii) $\begin{cases} c_j = 0：電子 j が i より外側にあるグループに属する \\ c_j = 1/3：電子 j が i と同じグループに属する \\ c_j = 1：電子 j が i より内側にあるグループに属する \end{cases}$

スレーター
(J. Slater，1900～1976)
アメリカの理論物理学者.

より精度の高い値を得るには，原子軌道を表す波動関数にもとづいて計算した方法などがある.

このような場合に，原子番号が Z であるとき，i 番目の電子が感じる有効核電荷を $\bar{Z}_l$ は，

$$\bar{Z}_l = Z - s_i \qquad (4 \cdot 20)$$

と計算することができる．このようにして求めた $\bar{Z}_l$ を用い，水素様原子の波動関数において Z を $\bar{Z}_l$ に置換した波動関数をスレーター型軌道といい，またそのエネルギーは，

$$E = -\frac{m_e \bar{Z}_l^2 e^4}{8\varepsilon_0^2 h^2 n^2} \qquad (4 \cdot 21)$$

となる．

電子スピンとパウリの原理，さらに遮蔽効果を加味しながら，構成原理によって多電子原子の基底状態を予想してみよう．実験結果として得られた電子収容の順番を図 4・11 に示す．これから生じる電子配置によって，元素の周期性を実にうまく説明することができる．

お見事！

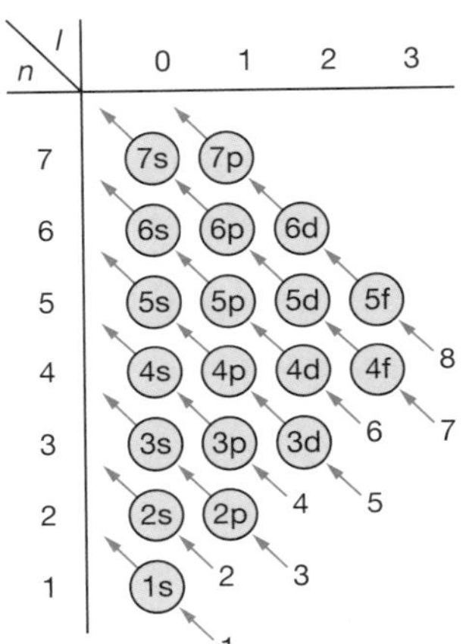

図 4・11　**多電子原子における電子収容の順序**　傾き −1 のラインに沿って電子が収容されると覚えるとよい．

元素を電子配置にもとづいて，原子番号順に並べたものが**周期表**である．また，周期表の横の行を**周期**とよび，縦の列を**族**とよぶ．図 4・12 には一般的な元素の周期表を示した．

元素の分類やその名称については後述する．

以下，周期表の第 1 周期から第 7 周期まで，各原子の電子配置を簡単に説明する．

ポイント！
電子は各軌道に“2 個”ずつ入れるので，s 軌道は 2 個，p 軌道は 6 個，d 軌道は 10 個，f 軌道は 14 個まで収容できる．各軌道の数については図 4・2 を参照．

第 1 周期：1s 軌道に電子が詰められ，$_1$H 原子は $(1s)^1$，$_2$He 原子は $(1s)^2$ の電子配置をとる．

第 2 周期：2s に続いて 2p 軌道に順次電子が収容される．アルカリ金属の $_3$Li は $(1s)^2(2s)^1$，アルカリ土類金属の $_4$Be は $(1s)^2(2s)^2$ で 2s 軌道が占められ，典型元素の $_5$B（$(1s)^2(2s)^2(2p)^1$）から 2p 軌道が電子で占められ，貴ガスの $_{10}$Ne（$(1s)^2(2s)^2(2p)^6$）ですべて満たされる．

[Ne] は Ne の電子配置で $(1s)^2(2s)^2(2p)^6$ を表す．

第 3 周期：第 2 周期と同様で，$_{11}$Na（[Ne]$(3s)^1$）から $_{18}$Ar（[Ne]$(3s)^2(3p)^6$）にかけて，3s と 3p 軌道が順次占められる．

原子番号 / 元素記号 / 元素名 / 原子量

周期＼族	1	2	3	4	5	6	7	8	9	10	11	12	13	14	15	16	17	18
1	1 H 水素 1.008																	2 He ヘリウム 4.003
2	3 Li リチウム 6.94	4 Be ベリリウム 9.012											5 B ホウ素 10.81	6 C 炭素 12.01	7 N 窒素 14.01	8 O 酸素 16.00	9 F フッ素 19.00	10 Ne ネオン 20.18
3	11 Na ナトリウム 22.99	12 Mg マグネシウム 24.31											13 Al アルミニウム 26.98	14 Si ケイ素 28.09	15 P リン 30.97	16 S 硫黄 32.07	17 Cl 塩素 35.45	18 Ar アルゴン 39.95
4	19 K カリウム 39.10	20 Ca カルシウム 40.08	21 Sc スカンジウム 44.96	22 Ti チタン 47.87	23 V バナジウム 50.94	24 Cr クロム 52.00	25 Mn マンガン 54.94	26 Fe 鉄 55.85	27 Co コバルト 58.93	28 Ni ニッケル 58.69	29 Cu 銅 63.55	30 Zn 亜鉛 65.38	31 Ga ガリウム 69.72	32 Ge ゲルマニウム 72.63	33 As ヒ素 74.92	34 Se セレン 78.97	35 Br 臭素 79.90	36 Kr クリプトン 83.80
5	37 Rb ルビジウム 85.47	38 Sr ストロンチウム 87.62	39 Y イットリウム 88.91	40 Zr ジルコニウム 91.22	41 Nb ニオブ 92.91	42 Mo モリブデン 95.95	43 Tc テクネチウム (99)	44 Ru ルテニウム 101.1	45 Rh ロジウム 102.9	46 Pd パラジウム 106.4	47 Ag 銀 107.9	48 Cd カドミウム 112.4	49 In インジウム 114.8	50 Sn スズ 118.7	51 Sb アンチモン 121.8	52 Te テルル 127.6	53 I ヨウ素 126.9	54 Xe キセノン 131.3
6	55 Cs セシウム 132.9	56 Ba バリウム 137.3	57〜71 ランタノイド	72 Hf ハフニウム 178.5	73 Ta タンタル 180.9	74 W タングステン 183.8	75 Re レニウム 186.2	76 Os オスミウム 190.2	77 Ir イリジウム 192.2	78 Pt 白金 195.1	79 Au 金 197.0	80 Hg 水銀 200.6	81 Tl タリウム 204.4	82 Pb 鉛 207.2	83 Bi ビスマス 209.0	84 Po ポロニウム (210)	85 At アスタチン (210)	86 Rn ラドン (222)
7	87 Fr フランシウム (223)	88 Ra ラジウム (226)	89〜103 アクチノイド	104 Rf ラザホージウム (267)	105 Db ドブニウム (268)	106 Sg シーボーギウム (271)	107 Bh ボーリウム (272)	108 Hs ハッシウム (277)	109 Mt マイトネリウム (276)	110 Ds ダームスタチウム (281)	111 Rg レントゲニウム (280)	112 Cn コペルニシウム (285)	113 Nh ニホニウム (278)	114 Fl フレロビウム (289)	115 Mc モスコビウム (289)	116 Lv リバモリウム (293)	117 Ts テネシン (293)	118 Og オガネソン (294)
名称	アルカリ金属	アルカリ土類金属											ホウ素族	炭素族	窒素族	酸素族（カルコゲン）	ハロゲン元素	貴ガス元素
	典型元素		遷移元素									典型元素						

ランタノイド	57 La ランタン 138.9	58 Ce セリウム 140.1	59 Pr プラセオジム 140.9	60 Nd ネオジム 144.2	61 Pm プロメチウム (145)	62 Sm サマリウム 150.4	63 Eu ユウロピウム 152.0	64 Gd ガドリニウム 157.3	65 Tb テルビウム 158.9	66 Dy ジスプロシウム 162.5	67 Ho ホルミウム 164.9	68 Er エルビウム 167.3	69 Tm ツリウム 168.9	70 Yb イッテルビウム 173.0	71 Lu ルテチウム 175.0
アクチノイド	89 Ac アクチニウム (227)	90 Th トリウム 232.0	91 Pa プロトアクチニウム 231.0	92 U ウラン 238.0	93 Np ネプツニウム (237)	94 Pu プルトニウム (239)	95 Am アメリシウム (243)	96 Cm キュリウム (247)	97 Bk バークリウム (247)	98 Cf カリホルニウム (252)	99 Es アインスタイニウム (252)	100 Fm フェルミウム (257)	101 Md メンデレビウム (258)	102 No ノーベリウム (259)	103 Lr ローレンシウム (262)

図 4・12 **元素の周期表** 同族元素および類似元素に対する名称も一部示した．本書では 12 族元素を典型元素に分類した．

第 4 周期：$_{19}$K（[Ar](4s)^1）と $_{20}$Ca（[Ar](4s)^2）では，3d 軌道を空けたまま 4s 軌道に電子が収容される．その次に遷移元素が登場し，$_{21}$Sc（[Ar](4s)^2(3d)^1）から 3d 軌道に電子が収容され，$_{30}$Zn（[Ar](4s)^2(3d)^{10}）で 3d 軌道が完全に満たされる．これ以降，典型元素が登場し，（[Ar](4s)^2(3d)^{10}(4p)^1）から $_{36}$Kr（[Ar](4s)^2(3d)^{10}(4p)^6）にかけて 4p 軌道が満たされる．

第 5 周期：$_{37}$Rb（[Kr](5s)^1）から $_{54}$Xe（[Kr](5s)^2(4d)^{10}(5p)^6）にかけて 5s, 4d, 5p 軌道が順次満たされる．

第 6 周期：$_{55}$Cs（[Xe](6s)^1）と $_{56}$Ba（[Xe](6s)^2）の後には，希土類元素が登場し，4f 軌道が順次満たされる．その後 5d, 6p 軌道が順次満たされ，$_{86}$Rn（[Xe](6s)^2(4f)^{14}(5d)^{10}(6p)^6）に至る．

第 7 周期：$_{87}$Fr（[Rn](7s)^1）以降の原子で，7s, 5f, 6d 軌道が順次満たされる．

このように，周期表は原子の**電子配置**によって定められている．また各族には，最外殻の電子配置が同一である元素が並ぶことになる．そのため，同族の元素は互いによく似た化学的性質を示す．以下，いくつか特徴的な族について説明する．

典型元素と遷移元素：1，2族と12～18族の元素を**典型元素**[*1]，その間に位置する3～11族の元素を**遷移元素**という．遷移元素は部分的に満たされたd軌道をもつ元素であり，すべて金属なので遷移金属ともいう．

貴ガス元素[*2]（18族）：最外殻のp軌道が完全に満たされた電子配置をもつ．ただし，Heのみは $(1s)^2$．このような電子配置を“閉殻構造”とよび，化学的に非常に安定である．

アルカリ金属元素（1族）およびアルカリ土類金属元素（2族）：それぞれ＋1および＋2価のイオンになると閉殻構造となる．そのため，次節で紹介するようにイオン化エネルギーが小さく，M^+ および M^{2+} になりやすい．ただし，水素は1族であるがアルカリ金属には含まれない．

ハロゲン元素（17族）：−1価で閉殻構造をとる．X^- となりやすく，次節で紹介するように電子親和力が大きい．

希土類元素：部分的に満たされた4fあるいは5f軌道をもつ元素を，それぞれランタノイド，アクチノイドという．

＊1　IUPAC（国際純正・応用化学連合）の規則では，**主要族元素（主族元素）**という名称があてられている．ただし，本書では高校化学にならって典型元素を用いることにする．

12族元素は遷移元素とされる場合もあるが，d軌道が完全に電子で満たされているので，本書では典型元素に分類した．

＊2　その発見が困難であったため，以前は希ガスと表記されていたが，実際には稀少な存在ではなく，IUPACにより貴ガスの使用が勧告されている．高校の教科書でもそれにならっている．

4・5　元素の周期律

周期表は，基底状態における原子の電子配置の周期性を表したものにほかならない．しかしその原型は，1869年まで遡る．メンデレーエフは，原子量の順に元素を並べたときに類似した性質の元素が周期的に出現する（**周期律**とよぶ）ことに着目し，これをもとに当時知られていた63の元素を分類した表をつくった．つまり，量子論的な原子構造の理解に先立つこと50年近く前，すでに当時の化学者は元素の周期性に気づいていた．量子力学をもとにして，原子・分子の世界を理解することは重要であるが，皆さんも理論に先立って真実を明らかにするタイプの化学者を目指してみてはどうか．

メンデレーエフ
(D.I. Mendeleev, 1834～1907)
ロシアの化学者．
元素にはある種の規則性があることに気づき，元素を原子の質量（原子量）の順に並べた周期表を1869年に発表した．当時の周期表にはいくつか空欄があったが，後年，予言通りの元素が発見された．

図4・13は，原子半径を原子番号に対して図示したものである．**原子半径**は原子が占める空間を球で近似したとき，原子の大きさを表す指標として球の半径を用いたものである．図に見るように閉殻構造から1電子加えられた原子構造をもつアルカリ金属で極大となり，ハロゲン元素で極小となる．またランタノイドでは，f軌道に電子が収容されて原子番号が増えるにつれて原子半径が小さくなり，**ランタノイド収縮**とよばれている．これは，f軌道の遮蔽効果が小さく，有効核電荷が原子番号とともに増大するからである．また，${}_{72}Hf$～${}_{80}Hg$ に見られる原子半径の落ち込みは，4f電子の弱い遮蔽効果を反映し，5d軌道が収縮したからである．

原子の**イオン化エネルギー** I_p は，原子から電子を取去り，陽イオンになるの

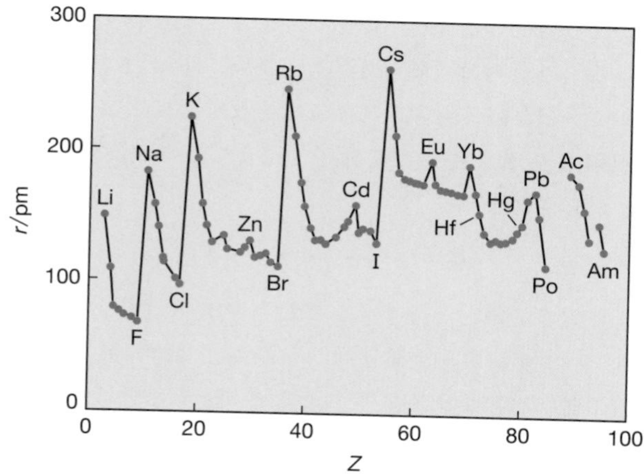

図 4・13 **原子半径の原子番号に対する周期的変化** この図には，貴ガス元素などは含まれていない．

に必要なエネルギーと定義できる．

$$\mathrm{M} + I_{\mathrm{p}} \longrightarrow \mathrm{M}^{+} + \mathrm{e}^{-} \qquad (4 \cdot 22)$$

イオン化エネルギーが小さいほど，陽イオンになりやすい．特に，最初の電子がイオン化するために必要なエネルギーを“第一イオン化エネルギー”とよび，この周期性を図 4・14 に示した．アルカリ金属元素のイオン化エネルギーが極小となり，一方，貴ガス元素は極大を示す．同一周期で原子番号が増えるとき，イオン化エネルギーは大きくなる．原子の第一イオン化エネルギーは，最外殻電子のイオン化に要するエネルギーだから，最外殻電子の主量子数を n，最外殻電子に対して遮蔽された有効核電荷を $\bar{Z}$ とすれば，I_{p}(第一) $\propto \bar{Z}^2/n^2$ と考えることができる．たとえば，アルカリ金属元素のイオン化エネルギーは，原子番号が大きく違ってもあまり変化せず，これは遮蔽効果が端的に現れているためである．最外殻の電子が受けている有効核電荷は，周期が増加してもあまり大きく変化しな

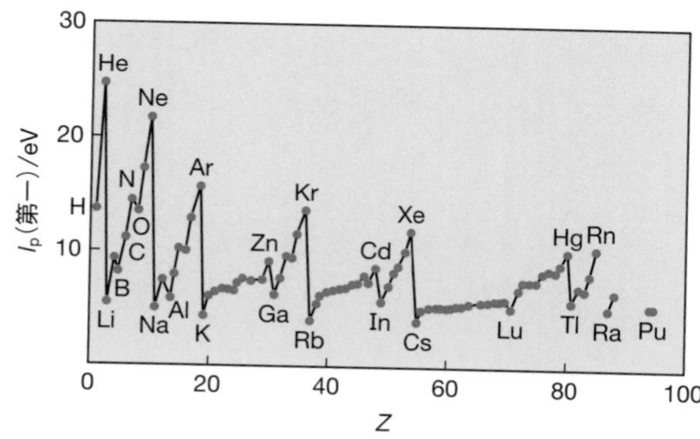

図 4・14 **第一イオン化エネルギーの原子番号に対する周期的変化** 単位を kJ mol^{-1} で表記する場合には，1 eV = 96.485 kJ mol^{-1} として換算すればよい．

い．さらにもう少し細かく見ると，12 族の Zn，Cd，Hg のイオン化エネルギーが極大となっている．これらは d 軌道が完全に電子で満たされた $(n\mathrm{d})^{10}$ の原子であり，それなりに安定な電子配置であることを反映している．

特に Hg のイオン化エネルギーは，貴ガス元素である Rn のものとほぼ変わらない値で，これは上記のランタノイド収縮によって最外殻電子が原子核に引き付けられ，安定化しているためである．そのため，Hg は比較的不活性で原子間の相互作用が弱く，常温・常圧で液体である．

原子の**電子親和力** E_A は，原子に 1 電子を与えて陰イオンになるのに放出されるエネルギーと定義される．

$$\mathrm{X} + \mathrm{e}^- \longrightarrow \mathrm{X}^- + E_A \qquad (4 \cdot 23)$$

電子親和力が正に大きいほど，陰イオンになりやすい．電子親和力の周期性を図 4・15 に示した．ハロゲン原子が陰イオンになると貴ガス元素と同様な閉殻構造をとるので，電子親和力が大きく，一方，貴ガス元素などは電子親和力の値が負で，陰イオンになりにくいことを表している．ハロゲン元素以外では 11 族の Au などの電子親和力が大きいが，これは Au が 1 電子を取込むと，安定な Hg の電子配置をとるからである．

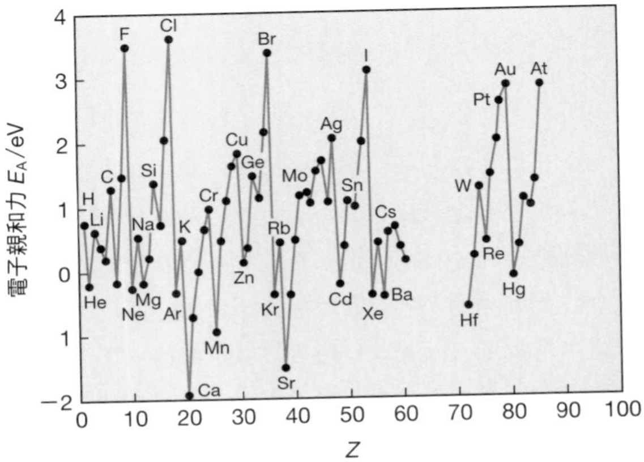

図 4・15　**電子親和力の原子番号に対する周期的変化**　単位を kJ mol^{-1} で表記する場合には，1 eV = 96.485 kJ mol^{-1} として換算すればよい．

この章で確実におさえておきたい事項

- 水素様原子のシュレーディンガー方程式
- 水素様原子のエネルギー準位
- 水素原子の発光スペクトル
- 原子軌道
- 遮蔽効果
- 構成原理
- 多電子原子と周期律

◆◆◆ 章末問題 ◆◆◆

問題 A

1. 水素様原子のポテンシャルエネルギーは？

① $-\dfrac{1}{4\pi\varepsilon_0}\dfrac{Ze^2}{r^2}$，② $-\dfrac{1}{4\pi\varepsilon_0}\dfrac{Ze^2}{r}$，③ $-\dfrac{1}{4\pi\varepsilon_0}\dfrac{Z^2e^2}{r}$，④ $\dfrac{1}{4\pi\varepsilon_0}\dfrac{Ze^2}{r^2}$，

⑤ $\dfrac{1}{4\pi\varepsilon_0}\dfrac{Ze^2}{r}$

2. 主量子数 n がとりうる値は？

① $\cdots -3, -2, -1, 0, 1, 2, 3, \cdots$, ② $0, 1, 2, 3, \cdots$, ③ $1, 2, 3, 4, \cdots$,

④ $\cdots -3/2, -1, -1/2, 0, 1/2, 1, 3/2, \cdots$, ⑤ $-1/2, 1/2$

3. 方位量子数 l がとりうる値は？

① $-n, -n+1, \cdots, 0, \cdots, n-1, n$, ② $0, 1, 2, 3, \cdots, n-1$, ③ $1, 2, 3, \cdots, n$,

④ $-n/2, -(n+1)/2, \cdots, 0, \cdots, (n-1)/2, n/2$, ⑤ $-n/2, n/2$

4. 磁気量子数 m がとりうる値は？

① $-l, -l+1, \cdots, 0, \cdots, l-1, l\cdots$, ② $0, 1, 2, 3, \cdots, l-1$, ③ $1, 2, 3, \cdots, l$,

④ $-l/2, -(l+1)/2, \cdots, 0, \cdots, (l-1)/2, l/2$, ⑤ $-l/2, l/2$

5. 水素様原子のエネルギーと主量子数 n の関係は？

① $E \propto -n^{-2}$, ② $E \propto -n^{-1}$, ③ $E \propto -n^{0}$, ④ $E \propto -n^{1}$, ⑤ $E \propto -n^{2}$

6. 水素の放電発光のなかで，主に可視光からなる系列はどれか？

① ライマン系列，② バルマー系列，③ パッシェン系列，④ ブラケット系列，

⑤ プント系列

7. 1s 軌道の動径分布関数 $D(r)$ が極大となる r の値は？

① $a_0/2$, ② a_0, ③ $3a_0/2$, ④ $2a_0$, ⑤ $5a_0/2$

8. 1s 軌道において，r の期待値は？

① $a_0/2$, ② a_0, ③ $3a_0/2$, ④ $2a_0$, ⑤ $5a_0/2$

9. 2s および 2p 軌道がもつ節面の数？

① 0, ② 1, ③ 2, ④ 3, ⑤ 4

10. 2p 軌道がもつ角運動量の大きさは？

① 0, ② $\sqrt{2}\hbar$, ③ $\sqrt{6}\hbar$, ④ $\sqrt{12}\hbar$, ⑤ $\sqrt{20}\hbar$

11. 2p 軌道中の ψ_{210} 軌道がもつ角運動量の z 成分の大きさは？

① $-2\hbar$, ② $-\hbar$, ③ 0, ④ $\hbar$, ⑤ $2\hbar$

12. 周期表における第 4 周期の元素の原子で，基底状態の電子配置は，原子番号の増大とともに，電子が収容される軌道の順番は？

① 3d → 4s → 4p, ② 3d → 4p → 4s, ③ 4s → 4p → 3d,

④ 4s → 3d → 4p, ⑤ 4p → 4s → 3d

13. 以下の中で，イオン化エネルギーの値が最小となる元素はどれか？

① Li, ② Na, ③ K, ④ Rb, ⑤ Cs

問題 B

1. 半径 r の円環上を自由に運動する粒子の波動関数は $\psi = A\exp(-ik\phi)$ で与えられる．

a) k に与えられる条件を記せ．

b) 規格化定数 A を計算せよ．

c) この波動関数について，角運動量を求めよ．

2. 水素原子において，主量子数 $n = 6$ の状態に励起された電子が $n = 2$ の状態に落ちた．このとき放出される光の波長を計算せよ．

3. 水素原子の 1s 軌道の波動関数

$$\psi_{1s} = \frac{1}{\sqrt{\pi a_0{}^3}} e^{-r/a_0}$$

に関する以下の問に答えよ．

a）動径分布関数が $r = a_0$ で最大となることを示せ．

b）a）の事実は，1s 軌道の電子密度が $r = 0$ で最大となることと矛盾しないか．

c）1s 電子が $r = a_0$ より内側に存在する確率を計算せよ．

d）1s 軌道において，r の期待値 $\langle r \rangle$ を求めよ．

4. 水素原子の 2s 軌道の波動関数に関する以下の問いに答えよ．

a）この波動関数を書け．

b）この軌道は節面をもつ．その形状や大きさを答えよ．

c）動径分布関数が極大となる r の値を答えよ．

5. Li と K を比べると，K がより大きな原子番号をもち，したがってその電子も原子核に引き付けられて安定化し，より大きなイオン化エネルギーをもつと考えられるが，実際には K 原子の第一イオン化エネルギーは Li 原子とあまり変わらない．この理由を述べよ．

5 共有結合と分子

前章では原子構造を学んだが，化学の主役は，やはり何といっても原子が共有結合した分子である．皆さんはこの結合をどのくらい理解しているだろうか．高校化学では，二つの原子が電子対を共有することでその間に化学結合が生じると覚え込まされる．H：Hといったイメージをもつのは簡単だが，電子の共有に対する確たる証拠はあっただろうか．現代の化学では，共有結合を理解するために分子軌道法（MO 法）と原子価結合法（VB 法）が併用されている．この共有電子対という考え方は歴史的に早く普及した VB 法によるものだが，現在では定量性のある MO 法が主流となっている．この章の前半では，共有結合を MO 法にもとづいて理解し，後半では MO 法と対比しながら VB 法を紹介する．両者の考え方は初めから明確に異なっているが，両者を混同すると収拾がつかなくなる．混ぜるな危険，MO と VB！　この章では，両者の違いをはっきりさせながら，共有結合の本質について理解しよう．

5・1　分子軌道法による化学結合の理解——水素分子イオン

これまでに慣れ親しんできたH：Hというイメージはいったん忘れていただき，ここでは**分子軌道法**（molecular orbital（MO）法）を用いて共有結合を理解しよう．MO 法では，原子に原子軌道があったように，分子にも分子全体に広がった電子軌道（**分子軌道**とよぶ）があると考える．その手法は，これまで解説したπ共役系や多電子原子と同一で，分子全体に広がった1電子分子軌道を求め，それにパウリの原理と電子スピンを考慮しながら複数の電子を詰めて分子の電子構造を推定する．

MO 法は**変分法**と LCAO（Linear Combination of Atomic Orbitals）-MO 法を利用して，上記の分子軌道を求める方法といえる．そしてこの変分法とは，量子力学に登場する最も重要な方法論の一つで，目の前にあるシュレーディンガー方程式が厳密に解けない場合，その近似解を求める手段となる．化学に登場する問題のほぼすべては多体（多電子）問題であり，それを厳密に解くことはできない．量子化学とは，常によりよい近似法を探求する学問といっても過言ではない．そして変分法の礎となるのが**変分原理**で，以下のように記すことができる．

LCAO：原子軌道の線形結合

近似解を求めたいシュレーディンガー方程式 $\hat{H}\psi = E\psi$ について，真の解における最低エネルギーを E_0，そしてこれに対応する波動関数が ψ_0 であるとき（つまり $\hat{H}\psi_0 = E_0\psi_0$），$\int\varphi^*\varphi\,\mathrm{d}v = 1$ を満たす任意の一価で連続な関数を φ とすると，常に，

$$I = \int\varphi^*\hat{H}\varphi\,\mathrm{d}v \geq E_0$$

の関係が成立する．ただし，等号は $\varphi = \psi_0$ のときのみ．

ψ に似ているけど違うものとして，この φ（ファイ）という文字を使うことする（表3・1参照）．

いまは難しいと思うならば読み飛ばしていただき，あとで学んでいただいても構いません．

コラム5・1　変分原理の証明

ちょっと堅苦しいですが，変分原理を数学的に証明してみましょう．さて，近似解を求めたいシュレーディンガー方程式 $\hat{H}\psi = E\psi$ とし，神様しか知らない真のエネルギーと波動関数を，E_i および ψ_i（$i = 0, 1, 2, \cdots$）としてみましょう．すなわち，$\hat{H}\psi_i = E_i\psi_i$ で，E_0 が最小の解です．この ψ_i を使うと，任意の関数を $\varphi = \sum_i c_i\psi_i$ のように書くことができます．これは，ψ_i の完全性とよばれる性質です．φ の規格化条件として，

$$\int\varphi^*\varphi\,\mathrm{d}v = \int\left(\sum_i c_i\psi_i\right)^*\left(\sum_j c_j\psi_j\right)\mathrm{d}v = \sum_i\sum_j c_i{}^*c_j\delta_{ij} = \sum_i |c_i|^2 = 1$$

が得られます．ここでは，3章でも学んだ $\int\psi_i{}^*\psi_j\,\mathrm{d}v = \delta_{ij}$ を用いました．次に I を計算すると，

$$\begin{aligned}I &= \int\varphi^*\hat{H}\varphi\,\mathrm{d}v = \int\left(\sum_i c_i\psi_i\right)^*\hat{H}\left(\sum_j c_j\psi_j\right)\mathrm{d}v = \sum_i\sum_j c_i{}^*c_j\int\psi_i{}^*\hat{H}\psi_j\,\mathrm{d}v \\ &= \sum_i\sum_j c_i{}^*c_j\int\psi_i{}^*E_j\psi_j\,\mathrm{d}v = \sum_i\sum_j c_i{}^*c_jE_j\int\psi_i{}^*\psi_j\,\mathrm{d}v = \sum_i\sum_j c_i{}^*c_jE_j\delta_{ij} \\ &= \sum_i |c_i|^2E_i \geq \sum_i |c_i|^2E_0 = E_0\end{aligned}$$

と題意を証明することができます．なお，等号は $c_0 = 1$ かつ $c_i = 0$，つまり $\varphi = \psi_0$ のときです．

このような変分原理は数学的に厳密に証明することができる（コラム5・1参照）．この変分原理だけ読んでもなんの面白みもないが，実際の変分法では，φ は**試験関数**とよばれ，**変分パラメータ**とよばれる変数が関数中に忍び込まされている．このパラメータの値を調整して I の値をともかく最小にして，この最小値が真の値である E_0 に十分近づけば，φ が近似解として採用されるという仕組みになっている．

★ 第4回相談室 ★

（学生）先生．コラム5・1の数学的証明も読みましたが，さっぱりわかりません．せっかくこの本を買ったので，もっとしっかり説明してください．

（私）手，手厳しい MO法は，変分法を分子に適用したものです．もう少し読み進めてくれると，わかるようになると思いますが，ともかくここで質問を受け付けましょう．何かありますか？

（学生）はい，それでは．変分法は，シュレーディンガー方程式が厳密に解けない場合に近似解を見つける手法とのことですが，そもそも答えがわからない問題なのに，そこに向かう試験関数 φ をどのようにつくればよいのですか？　それと，きっと神様しか知らない真の解 E_0 に，φ を使って計算した I の値が近づいたかどうかをどうやって判断するのでしょう？

（私）両方ともいい質問ですね．ではまず，2番目のご質問にお答えしましょう．少なくとも化学の問題では，E_0 は実験で求めます．E_0（実験）と I（理論）の性質

をよく見比べ，両者が整合するかどうかを判定します．現代科学の実証主義では，イメージで良し悪しを判断するのではなく，あくまで現実（実験結果）を説明できるかどうかが判断の基準となります．

（学生）なるほど，実験は神様というわけですね．そうすると，初めの試験関数の決め方がもっと気になってきました．

（ 私 ）はい．試験関数や変分パラメータをどうやって選ぶかですが，新しい問題については，大げさにいえば研究者は人生をかけて自分で編み出すしかありません．すぐれた試験関数を提案して実験結果に迫ることができれば科学の成功者となり，そうでなければそうでないだけのことです．

（学生）学問の世界は厳しいですね．

（ 私 ）はい．これは，答えのわからない問題に対して，思い切って答えをはじめに提案せよと言っているのと同じで，研究者の物質観や自然観が試されることになります．若いうちに本質をえぃっ！と見抜く力を養ってください．

（学生）頑張ります．でも，ちょっと不安です．

（ 私 ）まあまあ．話を MO 法に限定すれば，まったく心配する必要はありません．すでにお薦めというか，先人がその有効性を十分に証明してくれた試験関数があり，これがこの次に説明する LCAO-MO なのです．

（学生）LCAO-MO って，実は以前から聞いたことがあったのですが，もともと試験関数だったのですね．

（ 私 ）はい，その通り．LCAO-MO そのものに真実があるわけではなく，これを出発点として計算された I が見事に分子の性質を説明するので，LCAO-MO が分子軌道の近似解として信じられています．私は変分法の考え方が大好きです．人間は神にはなれないが，努力すれば近づけることを暗示しているようです．

それでは，最も単純な分子である H_2 分子についての MO 法から始めよう．MO 法では，H_2 分子をまともに取扱うのではなく，系に 1 電子のみをもつ水素分子イオン（H_2^+）を考える．このモデルを図 5・1 に示したが，距離 R だけ離れた原子核 A と B から，3 次元の運動エネルギーをもつ電子（質量 m_e）が静電引力を受けている．核 A と B 間にはもちろん斥力が作用する．ここで，xyz 座標と極座標表示の混在を気にしなければ，H_2^+ 分子イオンのハミルトン演算子は，以下のように簡単に書くことができる．

$$\hat{H} \equiv -\frac{\hbar^2}{2m_e}\left(\frac{\partial^2}{\partial x^2}+\frac{\partial^2}{\partial y^2}+\frac{\partial^2}{\partial z^2}\right)-\frac{e^2}{4\pi\varepsilon_0}\left(\frac{1}{r_A}+\frac{1}{r_B}-\frac{1}{R}\right) \quad (5・1)$$

第 1 項は電子における 3 次元の運動エネルギーである．第 2 項は，電子–核，な

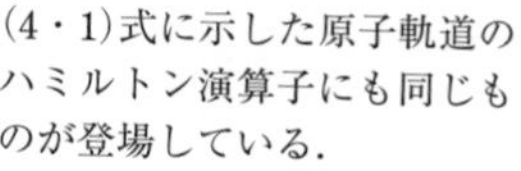
(4・1)式に示した原子軌道のハミルトン演算子にも同じものが登場している．

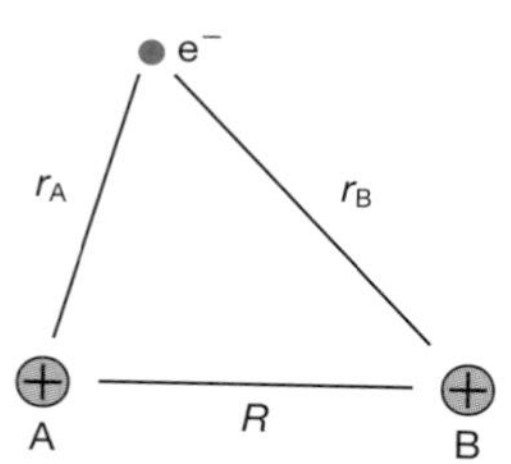

図 5・1　**水素分子イオン**（H_2^+）**の座標**

らびに核–核の静電ポテンシャルで，図5・1のモデルをそのまま演算子化しただけのものである．これから $\hat{H}\psi = E\psi$ をつくると，これが解きたいけれど厳密には解けないシュレーディンガー方程式となる．MO法ではこの近似解を求めるために，まず試験関数としてLCAO–MOを用意する．これは，分子軌道 φ を，構成原子の原子軌道 ϕ_i の線形結合 $\sum c_i\phi_i$ で表す手法で，H_2^+ 分子イオンについて具体的に表すと，

ϕ_A と ϕ_B はともに1s軌道だが，原点の座標が異なることに注意しよう．

$$\varphi = c_A\phi_A + c_B\phi_B \tag{5・2}$$

となる．ここで ϕ_A と ϕ_B は核AおよびBを中心とする，水素原子の規格化された1s軌道の波動関数で，c_A と c_B は変分パラメータである．変分原理で説明したように，この関数を用いて，$I = \dfrac{\int \varphi^* \hat{H} \varphi \, dv}{\int \varphi^* \varphi \, dv}$ を計算するのが変分法の常道である．なお，(5・2)式はまだ規格化されていないので，分母の式を入れる必要がある．(5・2)式を用いて I の式を具体的に書き，ちょっと計算を進めると，

$$I = \frac{\int (c_A\phi_A + c_B\phi_B)^* \hat{H} (c_A\phi_A + c_B\phi_B) \, dv}{(c_A\phi_A + c_B\phi_B)^* (c_A\phi_A + c_B\phi_B)}$$

$$I = \frac{c_A^* c_A H_{AA} + c_A^* c_B H_{AB} + c_B^* c_A H_{BA} + c_B^* c_B H_{BB}}{c_A^* c_A + c_A^* c_B S + c_B^* c_A S + c_B^* c_B} \tag{5・3}$$

となる．ただし，

$$\begin{aligned} H_{AA} &= \int \phi_A^* \hat{H} \phi_A \, dv \\ H_{BB} &= \int \phi_B^* \hat{H} \phi_B \, dv \\ H_{AB} &= \int \phi_A^* \hat{H} \phi_B \, dv = H_{BA} \\ S &= \int \phi_A^* \phi_B \, dv \end{aligned} \tag{5・4}$$

であり，$H_{AB} = H_{BA}$ は一般に成立する．また S は**重なり積分**とよばれ，二つの波動関数の積を積分したものである．変分法における次の操作は，変分パラメータを調整して I を最小にすることだが，(5・3)式を

$$\begin{aligned} &(c_A^* c_A + c_A^* c_B S + c_B^* c_A S + c_B^* c_B) I = \\ &\qquad c_A^* c_A H_{AA} + c_A^* c_B H_{AB} + c_B^* c_A H_{BA} + c_B^* c_B H_{BB} \end{aligned} \tag{5・5}$$

のように変形し，両辺を c_A^* ならびに c_B^* でそれぞれ微分して，I が極値をとる条件として $(\partial I/\partial c_A^*) = 0$ および $(\partial I/\partial c_B^*) = 0$ とおけばよい．これから，一組の連立方程式

$$\begin{aligned} c_A(H_{AA} - I) + c_B(H_{AB} - SI) &= 0 \\ c_A(H_{AB} - SI) + c_B(H_{BB} - I) &= 0 \end{aligned} \tag{5・6}$$

が得られる．これは量子化学でよく登場する形式の連立方程式で，**永年方程式**とよばれている．この自明な解は $c_A = c_B = 0$ だが，これでは $\varphi = 0$ となり物理的

に意味がない．そこで $c_A = c_B = 0$ 以外の解をもつ条件として，

$$\begin{vmatrix} H_{AA} - I & H_{AB} - SI \\ H_{AB} - SI & H_{BB} - I \end{vmatrix} = 0 \qquad (5 \cdot 7)$$

の行列式が得られるが，これは**永年行列式**とよばれている．さて H_2^+ 分子イオンの場合は $H_{AA} = H_{BB}$ であり，また I はエネルギーを表すので $I = \varepsilon$ とおけば，永年行列式の解として，以下の二つの解が得られる．

$$\varepsilon_g = \frac{H_{AA} + H_{AB}}{1 + S} \quad ならびに \quad \varepsilon_u = \frac{H_{AA} - H_{AB}}{1 - S} \qquad (5 \cdot 8)$$

変分パラメータの変化に伴う I の値の変化のなかで，ε_g が最小の解で，ε_u が最大の解である．これを（5・5）式に戻して c_A と c_B の比を求め，さらに規格化すると，ε_g と ε_u に対する規格直交化された波動関数として，

$$\varphi_g = \frac{1}{\sqrt{2(1+S)}}(\phi_A + \phi_B) \quad ならびに \quad \varphi_u = \frac{1}{\sqrt{2(1-S)}}(\phi_A - \phi_B) \qquad (5 \cdot 9)$$

が得られる．ここまでの議論をたどると，変分法に従って得られた（5・7）式と（5・8）式は，LCAO–MO（（5・2）式）を試験関数として，（5・3）式の I を最小にしようと努めた結果にすぎない．これが近似解として受け入れられるかどうかは，ε_g がどこまで実験結果を説明できるのかにかかっている．

5・2 結合性軌道と反結合性軌道

前節で求めた φ_g と φ_u の電子分布をまず見ておこう（図5・2）．φ_g は二つの 1s 軌道が同位相で足しあわされている．その電子密度は，もちろん核A，Bのまわりで高いものの，結合の中心で電子密度が高まるという特徴がある．理由は後述するが，φ_g は**結合性（分子）軌道**とよばれる．φ_u は二つの 1s 軌道が逆位相で足しあわされており，φ_g とは対照的に結合の中心で電子密度がゼロの節面があり，電子密度は結合を挟んでそれぞれの核の後ろ側でむしろ増加している．φ_u は**反結合性（分子）軌道**とよばれる．

g はドイツ語の gerade（対称）を，u は ungerade（反対称）を意味している．分子軌道において，二つの原子核を結ぶ中点を中心として反転操作を行ったとき，もとの状態（位相）と同様になる分子軌道は“反転対称性”をもつという．図中の結合性軌道はその形も位相も変化しないが，反結合性軌道では形は変わらないが，位相が入れ替わる．

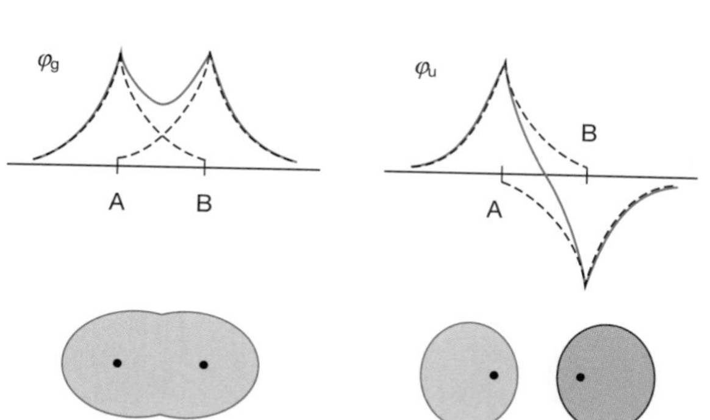

図5・2 **結合性軌道 φ_g と反結合性軌道 φ_u の電子分布** 横から見た図（上）および上から見た図（下）．灰色は，波動関数の符号が負であることを表している．

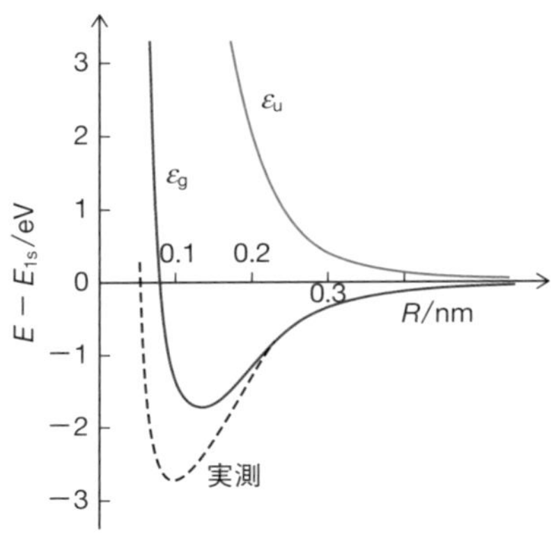

図5・3　H_2^+ 分子イオンのエネルギー　ε_g と ε_u は，それぞれ結合性軌道と反結合性軌道のエネルギー．破線は実測値．

さて，ε_g と ε_u の説明に移ろう．この（5・7）式の中にある H_{AA}，H_{AB}，S だが，原子核間距離 R の値を仮定すれば，これらの値を具体的に計算することができる．つまり，ε_g と ε_u についても同様で，R の関数として数値化できる．この結果を図5・3に示した．ここでは水素の 1s 軌道のエネルギー E_{1s} を縦軸の基準にとってある．まず ε_g が R に依存することに注目すると，これは $R = 0.132$ nm で極小値をとり，しかもこの値は E_{1s} よりも小さい．つまり，H_2^+ の1電子が φ_g 分子軌道を占めた場合，2個の原子核同士は静電反発するにもかかわらず，$R = 0.132$ nm の距離が最も安定で，これから縮んでも伸びてもエネルギーは上昇する．これは，二つの核間にその距離で化学結合が生じることを明示している．化学結合をつくり出す電子分布ということで，φ_g は“結合性軌道”である．化学結合は，電子1個でも生じることを理解してほしい．裸の H 原子1個でいるよりも，何とか H^+ イオンを取込んで H_2^+ 分子イオンをつくるほうがより安定である．$R \to \infty$ では ε_g は E_{1s} に漸近するが，これは $R \to \infty$ では，相互作用のない H 原子と H^+ イオンに解離するためである．前者のエネルギーは当然ながら E_{1s} であり，後者のエネルギーはゼロである．H^+ イオンのエネルギーがゼロとなるのはやや奇異に感じるかもしれないが，H^+ イオンには運動エネルギーをもつ電子はなく，また電子–核間の静電的相互作用もないためである．ε_g（$R = 0.132$ nm）$- E_{1s}$ を計算すると -1.76 eV となるが，これは H_2^+ 分子イオンの結合エネルギーが 1.76 eV であることを意味している．一方，$R \to 0$ で ε_g は正に発散するが，これは核間の静電反発による．この φ_g 軌道に1電子が収容された状態が，H_2^+ 分子イオンの基底状態である．なお，図5・3の ε_g の R への依存性を見ると連続的に変化しているので，エネルギーが量子化されてないような錯覚に陥るが，これは R の値を連続的に変化させたためで，R の値を一つに定めれば ε_g の値も一つに定まる．つまり，H_2^+ 分子イオンの分子軌道においても量子化されている．

エネルギーが極小値をとる R のことを平衡核間距離という．

図5・3の破線は，H_2^+ 分子イオンの基底状態のエネルギーに関する実験結果である．H_2^+ 分子イオンの平衡核間距離は 0.106 nm であり，またその結合の解離エネルギーは 2.98 eV である．（5・1）式のハミルトン演算子からつくられる

シュレーディンガー方程式について，(5・2)式を試験関数とする変分法にもとづいて求めた近似解が ε_g であるが，完全に一致しないまでも，H_2^+ 分子イオンの化学結合を定量的に再現することができる．このように，実験結果をよく説明できるという理由で，変分法と LCAO 法を用いた H_2^+ 分子イオンの MO 法がはじめて正当化される．

図5・1のモデルや前節の式の変形そのものに真実があるわけではないことに注意してほしい．

φ_g と ε_g が H_2^+ 分子イオンの基底状態を記述するのに対して，φ_u と ε_u はこの分子の励起状態を説明している．$R\rightarrow\infty$ と $R\rightarrow 0$ における変化は ε_g と同様で，その機構も同じである．しかしながら，ε_u の R への依存性には極小点はなく，R の増加とともに常に減少し E_{1s} に漸近するため，“解離的なエネルギー曲面”とよばれる．これは，仮に H_2^+ 分子イオンの電子が励起されて，φ_u の電子分布をもったとすると，この途端，エネルギーを少しずつ失いながら核間距離がちょっとずつ広がり，$H_2^+\rightarrow H+H^+$ に解離すること意味している．それゆえ φ_u は“反結合性軌道”である．

★ 第5回相談室 ★

（私）　結合性軌道と反結合性軌道にある電子が，それぞれ結合を安定化あるいは不安定化することをエネルギー図から学びました．特に結合電子が，二つの原子核を結び付けて共有結合をつくることを理解していただけましたか？

（学生）　はい．変分法，LCAO-MO と出てきて，最初はどうなることかと思いましたが，化学結合の形成が，定量的というか論理的に説明されて感心しました！物理化学って面白いですね．先生の講義を受けてよかったです．

（私）　そう言ってもらえると嬉しいです．

（学生）　いま高校生の家庭教師をしているのですが，共有結合の本質は，大学に行って物理化学を勉強すれば，ちゃんと理解できるようになるとアドバイスしておきます．

（私）　いやいや，特に大学でなくても共有結合の本質を知ることはできますよ．図5・4(a) を見てください．ここには，点電荷として1電子と2個の原子核が描いてあります．この図の配置では電子が核の間にあるため，プラスとマイナスの静電的相互作用によって，二つの原子核は相対的に引き付けられます．

（学生）　確かに．

（私）　では，一方の図5・4(b) を見てください．この電子の位置では，二つの核の位置を，むしろ相対的には引き離すことがわかります．このように，電子と二つの核の相対的な配置によって，3次元空間を，電子が核間距離を縮めようとする結合領域と，引き離そうとする反結合領域に区分することができます．

（学生）　点電荷で考えているので，直感的に理解できます．

（私）　それでは，結合領域と反結合領域に区分された図の上に，MO 法で求めた結合性軌道 φ_g と反結合性軌道 φ_u の電子密度分布を重ねてみましょう．図5・4(c) と (d) をそれぞれ見てください．φ_g の電子密度の大半は結合領域に属して二つの核を引き付けようとするのに対して，φ_u の電子密度はその逆で，核を引き離そうとすることがわかります．

（学生）　古典論と量子論の折衷案といった感じですね．

（私）　はい．結局，なぜ結合性軌道の電子が核間に化学結合をつくるかといえば，

＋ − ＋ のように，負電荷をもつ電子が核の正電荷の中間に入って静電的に安定な状態をつくるため，ということができます．いわばこの“静電的な三角関係”が共有結合の本質です．電子が核に共有されることが共有結合であり，共有結合対をつくることがその本質ではないことにご注意ください．

（学生）＋ − ＋ならきっと納得してもらえると思います．早速，バイト先で試してみます．

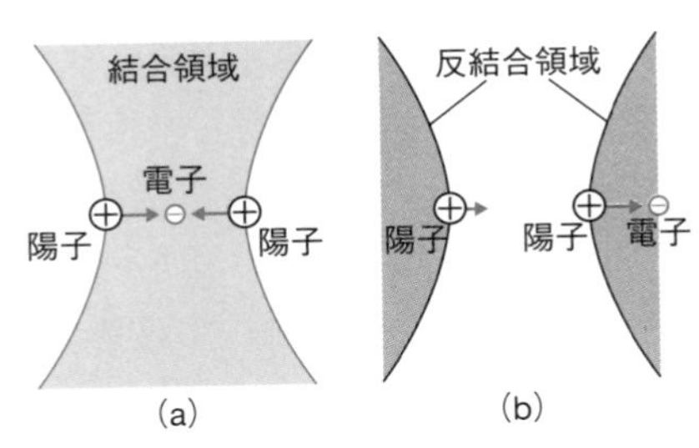

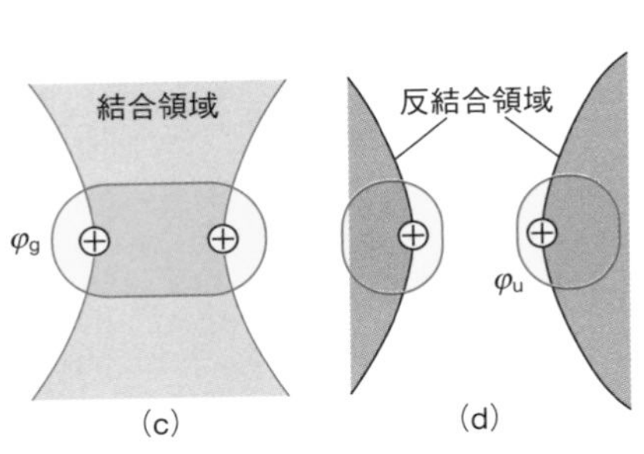

図 5・4　**点電荷の相対配置から予想される結合領域(a)と反結合領域(b)**　(c)と(d)では，この上にそれぞれ φ_g と φ_u の電子密度と書き加えた．

さて，MO 法による H_2^+ 分子イオンの共有結合の理解にもとづき，2 電子系である H_2 分子に話を進めよう．このやり方は，π 共役系や原子構造で学んだときと同じである．すなわち，H_2^+ 分子イオンの二つの分子軌道 φ_g と φ_u に，パウリの原理と電子スピンを考慮しながら下から電子を埋めていき，分子の基底状態をつくればよい．この手法によって，図 5・5 の 4 分子（H_2^+，H_2，He_2^+，He_2）の結合を理解できる．この図には，各分子の総電子数と電子配置が記されている．結合性軌道にある電子は結合を強め，一方，反結合性軌道にある電子は結合

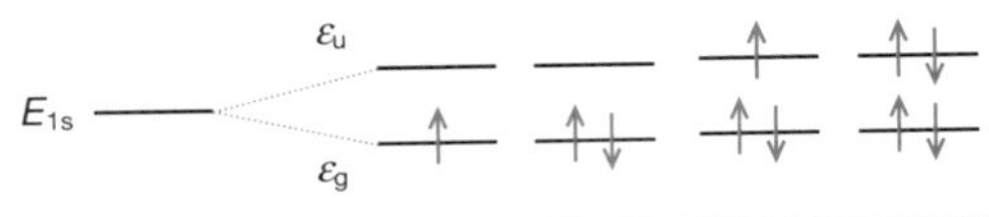

	H_2^+	H_2	He_2^+	He_2
総電子数	1	2	3	4
結合電子数 N_b	1	2	2	2
反結合電子数 N_a	0	0	1	2
結合次数	0.5	1	0.5	0
結合エネルギー/eV	2.65	4.48	3.1	0

図 5・5　H_2^+，H_2，He_2^+，He_2 **の電子配置と結合パラメータ**

を弱めることから，**結合次数**を

$$結合次数 = \frac{(結合電子総数)-(反結合電子総数)}{2} \quad (5\cdot10)$$

と定義すると，結合の強さを表すよい指標となる．H_2^+ および H_2 分子は，結合電子をそれぞれ1および2個もつが，反結合電子をもたないため，結合次数はそれぞれ0.5および1となる．結合次数＝1が，H－Hが単結合である根拠となる．He_2^+ および He_2 分子の結合電子数は2であるが，反結合電子をそれぞれ1および2個もつため，その結合次数はそれぞれ0.5および0となる．この図には各分子の結合エネルギーを参考にのせたが，結合次数と大変よい相関がある．He_2^+ は H_2^+ と同程度の結合の強さをもつ安定な分子として存在するが，結合次数0の He_2 分子は，通常の条件では存在しない．

5・3 第2周期の等核2原子分子

ここでは N_2 や O_2 などの第2周期元素がつくる等核2原子分子の共有結合について説明しよう．両分子における電子数はそれぞれ14および16個である．これらをすべて収容する分子軌道をつくるためには，前節の1s軌道がつくる分子軌道に加えて，2sや2p軌道がつくる分子軌道を考える必要がある．具体的には，分子軌道をLCAO-MOとして，

$$\varphi = \textstyle\sum_{i=\mathrm{A,B}}(c_i^{1s}\phi_i^{1s} + c_i^{2s}\phi_i^{2s} + c_i^{2p_x}\phi_i^{2p_x} + c_i^{2p_y}\phi_i^{2p_y} + c_i^{2p_z}\phi_i^{2p_z}) \quad (5\cdot11)$$

のように，原子AとBに属する1s，2sそして3種類の2p軌道の合計10原子軌道の線形結合として表せばよい．たとえば，この式における $\phi_A^{2p_x}$ は原子Aに属する規格化された $2p_x$ 原子軌道であり，$c_A^{2p_x}$ はこの原子軌道の寄与を表す変分パラメータである．これから（5・3）式に対応する I を計算し，これが極値をとる条件から（5・7）式に相当する10行10列の永年行列式を導いてこれを解けばよいが，ここではその結果のみを直感的に説明する．前節での H_2^+ の議論では，エネルギーの等しい原子AとBの1s軌道から分子軌道が形成されたが，（5・11）式のMOには，エネルギーの異なる3種類の原子軌道が含まれている（1s，2s，2p軌道）．なお，2sと2p軌道のエネルギー差は，遮蔽効果から生じる．このような場合，原子軌道から結合性や反結合性の分子軌道がつくられる指標として，

遮蔽効果については4・4節を参照．

(i) 原子軌道同士のエネルギーが近い．

(ii) 原子軌道間に大きな重なり積分 S が存在する．

の二つの条件がともに満たされる必要がある．H_2^+ の議論では（5・8）式と（5・9）式を求める際に $H_{AA} = H_{BB}$ としたが，$H_{AA} \neq H_{BB}$ として解いてみれば（i）と（ii）の内容がよくわかる．逆にいえば，原子Aのある原子軌道について，（i）と（ii）が満たす原子軌道が原子Bに存在しないなら，その原子軌道は，仮に分子が形成されたとしても，もとの原子軌道の電子分布を維持しながら分子中に存在

することになる．

具体的に見ていこう！

それでは具体的に，第2周期の元素がつくる等核2原子分子を見ていこう．ここでは1s軌道と，2sおよび2p軌道のエネルギー差はきわめて大きいので，原子AとBの1s軌道同士が前節で説明した二つの分子軌道をつくると考えてよい．そして2sと2p軌道の場合，電子数の多いO_2とF_2分子では遮蔽効果による両軌道間のエネルギー差が大きいので，2s軌道同士そして2p軌道同士が，それぞれ結合性と反結合性の分子軌道をつくる．まず原子AとBの2s軌道だが，1s軌道と同様に，一対の結合性軌道と反結合性軌道をつくることになる．結局，2原子の1sと2s軌道からは4個の分子軌道が形成され，1sσ，1sσ*，2sσ，2sσ*軌道とよばれる．次に2原子の2p軌道から形成される分子軌道を説明するが，ここでは前段落の（ii）の条件（重なり積分S）が重要となる．まず二つの$2p_x$軌道を並べて書くと**σ型の重なり**をもつので，これらから結合性軌道2pσ軌道と反結合性軌道2pσ*軌道がつくられる（図5・6a）．ただしここで注意してほしい点は，$2p_x$軌道の位相を考えればわかるように，$2p_x$軌道を逆位相で加えると原子核間の電子密度が増え，同位相で加えると逆に電子密度が減少することである．つまり，$\phi_A^{2p_x}-\phi_B^{2p_x}$が結合性軌道の式を，$\phi_A^{2p_x}+\phi_B^{2p_x}$が反結合性軌道の式を表している．

1sσ軌道は1s軌道が結合軸上で重なるσ型の重なりによってできる分子軌道であり，また＊は反結合性軌道であることを意味している．

次に，二つの$2p_y$軌道から生じる分子軌道を考えよう．この場合，節面を挟んで両側で原子軌道が接する**π型の重なり**によって分子軌道が形成される．$\phi_A^{2p_y}$と$\phi_B^{2p_y}$を同位相で加えると結合性軌道2pπ軌道が生じ，逆位相で加えることによって反結合性軌道2pπ*軌道がつくられる（図5・6b）．二つの$2p_z$軌道からもまったく同様に2pπ軌道と2pπ*軌道がつくられるので，2pπ軌道と2pπ*はそれぞれ2重に縮重している．さて，2pσ軌道と2pσ*のエネルギー差をΔ_σ，2pπ軌道と2pπ*軌道のエネルギー差をΔ_πとすれば，より大きなσ型の重なりから生まれるΔ_σはΔ_πよりも大きい．このように，$2p_x$-$2p_x$から2pσと2pσ*軌道，$2p_y$-$2p_y$ならびに$2p_z$-$2p_z$から，それぞれ2重に縮重した2pπと2pπ*軌道がつく

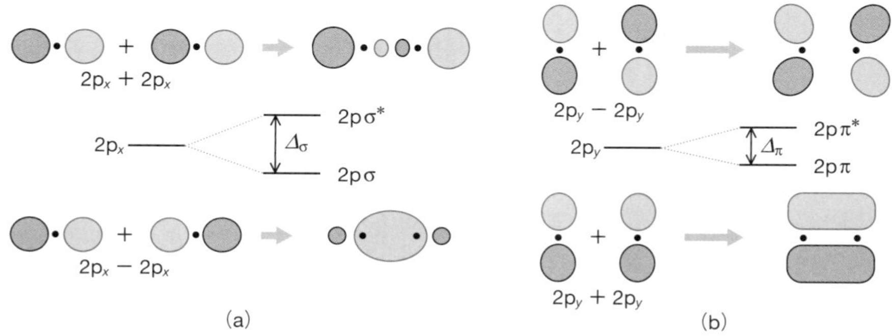

図5・6　**結合性軌道と反結合性軌道の形成**　(a) $2p_x$軌道がσ型の重なりによりつくられる結合性軌道2pσと反結合性軌道2pσ*，(b) $2p_y$軌道がπ型の重なりによりつくられる結合性軌道2pπと反結合性軌道2pπ*．

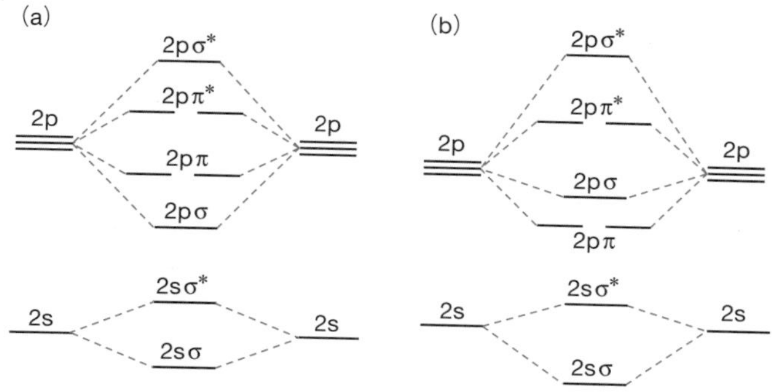

図 5・7　**第 2 周期の元素がつくる等核 2 原子分子において，2s と 2p 軌道がつくる分子軌道のエネルギー準位**　2s と 2p の相互作用が小さい場合（a：O_2 と F_2 分子）と大きい場合（b：B_2，C_2，N_2 分子など）．各分子の具体的な電子配置は図 5・8 に記した．なお，この図では 1s 軌道から生じる 1sσ と 1sσ* 軌道は省略してある．

られる．さてこの次はといいたくなるが，実はこれですべてである．たとえば原子 A の $2p_x$ 軌道と原子 B の $2p_y$ 軌道の場合など，軌道が互いに直交（$S = \int \phi_A{}^{2p_x*} \cdot \phi_B{}^{2p_y}\, dv = 0$）するので，これらの相互作用から分子軌道が生じることはない．結局，O_2 と F_2 分子の分子軌道のエネルギーは図 5・7(a) のようになる．

一方，電子数の少ない B_2，C_2，N_2 では，2s と 2p 軌道間のエネルギー差が小さく，これらの間の相互作用を考える必要がある．詳細は省いて結果のみを書けば，同じ対称性をもつ 2sσ と 2pσ 軌道間の相互作用によって，前者のエネルギーが低下する一方，後者が高くなる．また，2sσ* と 2pσ* 軌道間の相互作用の効果も同様である．その結果，O_2 と F_2 分子の分子軌道と比べると，2pσ 軌道と 2pπ 軌道のエネルギーが逆転し，図 5・7(b) のようなエネルギー準位をもつことになる．

図 5・8 は Li_2 から F_2 までの等核 2 原子分子の軌道エネルギーと，基底状態における電子配置と結合次数，およびこれらの化学結合に関するパラメータを比較したものである．分子軌道のエネルギーが周期表の右にいくにつれて低下しているのは，核の電荷数が増して，電子がより強く核に引き付けられて安定化するからである．また，先に説明した 2pσ 軌道と 2pπ 軌道におけるエネルギーの逆転が，N_2 と O_2 分子の間で起こることもわかる．結合次数は B_2 から順に増え，N_2 で 2p 軌道がつくる三つの結合性軌道がすべて電子で満たされ，その結合次数は 3 となる．つまり N_2 分子は強固な三重結合をもち，第 2 周期の等核 2 原子分子のなかで，最大の結合エネルギーをもち，また最短の結合距離をもっている．O_2 分子の電子構造を見てみると，不対電子を 2 個もつことがわかる．このため，O_2 分子は常磁性をよばれる磁性を示し，磁石に引き付けられる性質をもつ．

一般に，分子が MO 法で結論されるようなエネルギー準位や電子構造を本当にもつのかどうかは，**光電子分光**によって確認できる．図 5・9 に，光電子分光の原理と分子軌道のエネルギーを模式的に描いた．エネルギーが既知（$h\nu_0$）の

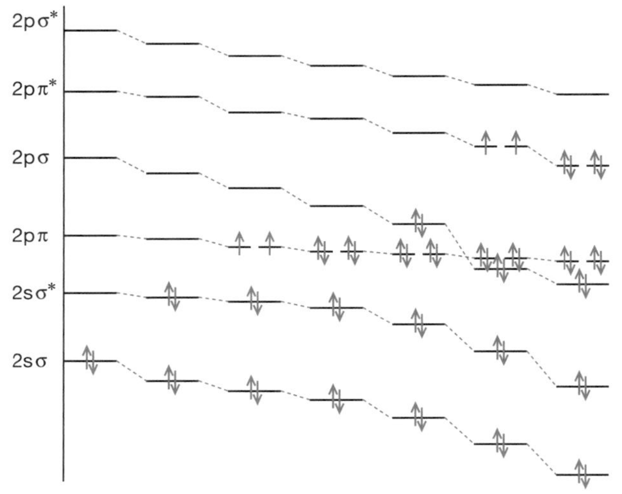

図5・8　第2周期の元素がつくる等核2原子分子の軌道エネルギーと電子配置，化学結合に関するパラメータ　2pσ と 2pπ 軌道の逆転は，N_2 と O_2 分子の間で生じる．

	Li_2	Be_2	B_2	C_2	N_2	O_2	F_2
結合次数	1	0	1	2	3	2	1
結合エネルギー/eV	1.046		3.02	6.21	9.759	5.116	1.602
結合距離/Å	2.6729		1.590	1.2425	1.0977	1.2075	1.4119

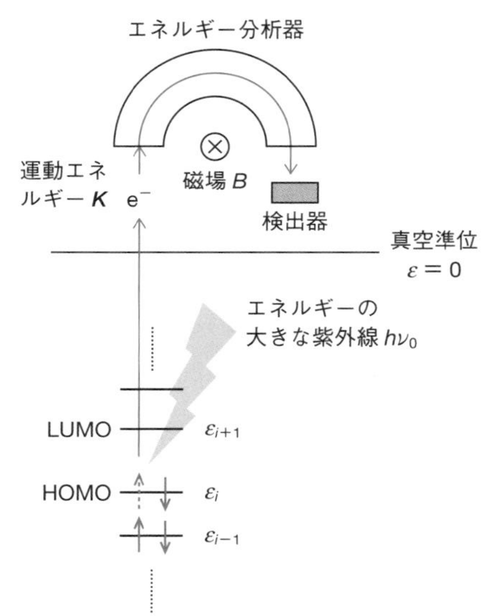

図5・9　光電子分光の原理と分子軌道のエネルギー　エネルギーの高い紫外線照射によって光電子が放出される．電子は，磁場中では運動エネルギー K に依存する半径で円運動することを利用し，K の値を求める．

図5・9において，電子が占めている最もエネルギーの高い分子軌道を HOMO（最高被占軌道）という．一方，最もエネルギーの低い空の分子軌道のことを LUMO（最低空軌道）という．

クープマンス
(T. Koopmans，1910～1985)
オランダの経済学者．もともと理論物理学者であったが，数理・計量経済学の研究者に転向した．

紫外線を分子に照射し，飛び出してきた電子の運動エネルギー K を分析することによって，各電子のイオン化エネルギー I_p を，$I_p = h\nu_0 - K$ によって計測する．分子軌道のエネルギーは ε_i は，**クープマンスの定理**

$$I_p = -\varepsilon_i \qquad (5 \cdot 12)$$

を仮定して求める．図5・10は N_2 分子の光電子スペクトルで，三つのバンド a, b, c が観測されている．I_p が小さい順に，2pσ，2pπ，2sσ* 軌道にある電子のイ

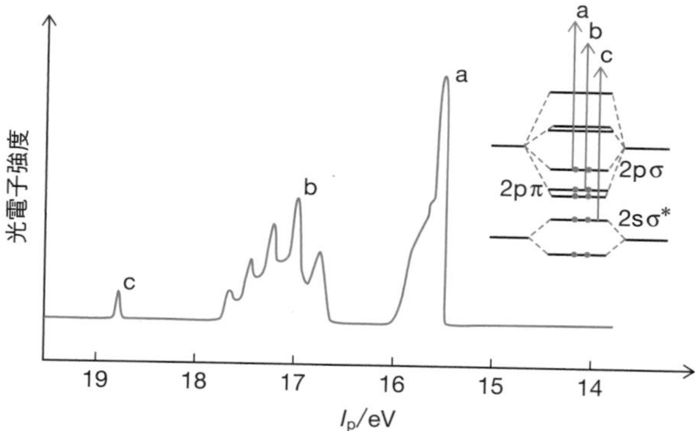

図5・10 N_2 分子の光電子スペクトルとその帰属

コラム5・2 N_2 の三重結合を切る化学

窒素固定とは，空気中に多量に存在する安定な N_2 分子を，反応性の高い他の窒素化合物（アンモニア，硝酸塩，二酸化窒素など）に変換する化学過程をいいます．これらは，肥料をはじめさまざまな工業プロセスに使用されており，農業はもちろん，現代社会を支える化学プロセスの一つといっても過言ではありません．窒素固定の最も一般的な方法は，高校化学でも登場したハーバー・ボッシュ法です．これを化学反応式で書けば $N_2+3H_2 \rightarrow 2NH_3$ と実に簡単ですが，鉄を主体とした触媒上で H_2 と N_2 を 400〜600 °C，200〜1000 atm の超臨界状態をつくって直接反応させます．N_2 分子の三重結合を切断して，原子を組換える反応にこのような高温・高圧条件が必要であることは容易に想像できますが，このプロセスのエネルギー消費は，全人類のエネルギー消費量の 1％以上に達するともいわれています．ところが天然には，常温でいとも簡単に窒素固定を行う微生物がいます．これらは“ニトロゲナーゼ”という酵素をもち（図1），その反応機構の解明や人工ニトロゲナーゼの開発が進められています．

超臨界状態については6・4節（図6・9）を参照．

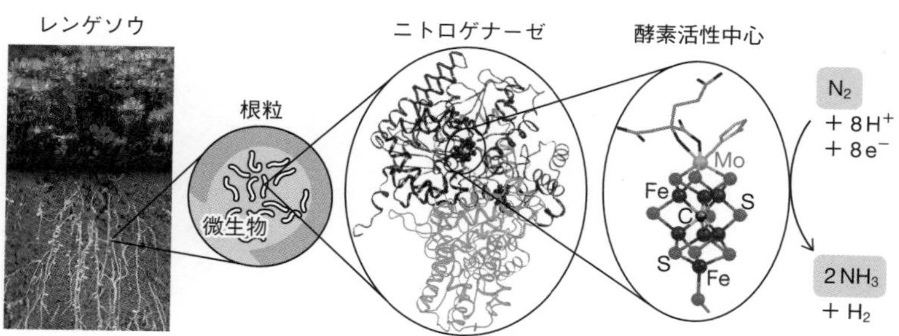

図1 **酵素による窒素固定** レンゲソウなどのマメ科植物の根には，根粒とよばれるコブが生じます．根粒には微生物が共生し，微生物のごく一部に酵素タンパク質（ニトロゲナーゼ）が存在します．タンパク質のごく一部を構成する酵素活性中心（金属–硫黄化合物）が，外部から供給される電子と H^+ を用いて，N_2 を NH_3 に変換します．京都大学 大木靖弘 教授より提供．

オン化に帰属でき，N_2 分子が図5・7(b)や図5・8のような電子構造をもつ証拠となっている．このスペクトルを見ると，バンドa，bには，各バンドが等間隔に細かく分裂しているような構造が現れている．これは，イオン化したとき分子構造が大きく変化するときに，強く現れることが知られている．N_2 分子の場合，バンドa，bは結合性軌道である2pσと2pπ電子のイオン化にもとづいており，これらの電子がなくなって結合が弱まり，分子長が顕著に伸びることを反映している．

このような分裂を振動構造とよぶ．

5・4　異核2原子分子と極性

異なる原子から構成される異核2原子分子の共有結合も，MO法で説明することができる．ここではHFの結合について紹介する．図5・11は，構成原子であるHおよびFの原子軌道のエネルギーと，HF分子の分子軌道のエネルギーを示している．Hの1s軌道のエネルギーが真空準位から見て−13.61 eVであるのに対して，Fの1sと2s軌道のエネルギーは，原子番号が大きく原子核に強く引き付けられるため，それぞれ −644.45 eVおよび −42.80 eVとかなり低い．したがって，HF分子の分子軌道は，エネルギー的に近いHの1s軌道とFの2p軌道（−19.86 eV）からほぼ形成される．次に原子軌道間の重なりを考えると，H1sとF2p_x 軌道はσ型の重なりをもつことから，図5・12に模式的に示したような

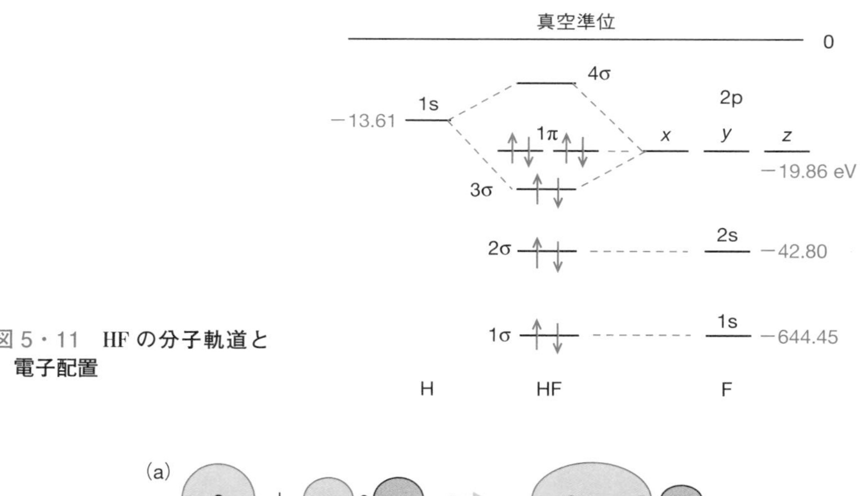

図5・11　HFの分子軌道と電子配置

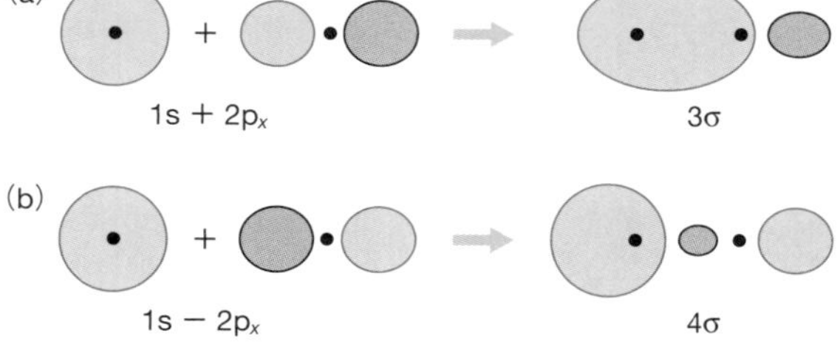

図5・12　1sと2p_x 軌道から生じる結合性軌道（a）と反結合性軌道（b）
これらはHFの分子軌道の3σおよび4σに相当する．

結合性軌道と反結合性軌道が形成される．この図から，どの位置の密度が増え，あるいは減るか（特に節）を直感的に理解してほしい．結合性軌道は原子核間の電子密度を高め，反結合性軌道では低くなるという点は，これまでの分子軌道とまったく変わらない．なお，H1sとF2p$_y$および2p$_z$軌道は直交するため，この間に相互作用は生じない．すなわち，F2p$_y$および2p$_z$軌道は，HF分子が形成されても，H1sやF2s軌道と同様に，ほぼもとの形のまま取り残される．図5・11を再度見ていただきたい．HFの分子軌道の異核2原子分子の軌道の名称は，σ型かπ型を区別し，一方，結合性か反結合性かは区別せず，下から通し番号をつけることが多い．ここにHFの総電子数10個を加えて，基底状態の電子配置を完成できる．HFの結合に関与しているのは3σ軌道だけで，ここには2電子が収容されるので結合次数は1となる．

異核2原子分子の場合には**結合の極性**が生じるが，MO法では以下のように説明できる．図5・11のHFの電子で占められた分子軌道を見ると，結合をつくる3σ軌道以外は，もとの原子軌道のままである．したがって，1σ，2σ，1π軌道の6電子はF原子のまわりに存在し，F^+というイオンをつくりだすと考えてよい．一方，H原子の1s電子は結合に寄与しているのでこれを除けばH^+となる．ここで電荷の配置を考えると，二つの+1電荷（H^+とF^+）の間に，2個の3σ電子が存在することになる（図5・13）．正電荷の重心は原点だから，原点に+2eの電荷が存在するとみなせる一方，負電荷については3σ軌道のx方向の期待値に−2eがあると考えればよい．この配置にもとづき，分子の双極子モーメントを計算することができる．3σ軌道の波動関数を，$\varphi^{3\sigma} = c_H{}^{1s}\phi_H{}^{1s} + c_F{}^{2p_x}\phi_F{}^{2p_x} = N(\phi_H{}^{1s} + \lambda\phi_F{}^{2p_x})$（ただし$N$は規格化定数で，$N = (1+\lambda^2+2S\lambda)^{-1/2}$）とすると，$x$方向の期待値$\langle x_{3\sigma}\rangle$は期待値の定理（(4・15)式参照）より，

2種類の元素の電気陰性度（原子が結合電子を引き寄せる強さ）が異なる場合，共有結合にイオン結合性が混入し，一方の原子はわずかに正電荷を，もう一方の原子はわずかに負電荷を帯び，電荷の偏りが生じる．これを“結合の極性”とよぶ．

双極子モーメントについては6・1節を参照．

$$\begin{aligned}\langle x_{3\sigma}\rangle &= \int\varphi^{3\sigma *}x\varphi^{3\sigma}\,\mathrm{d}v \\ &= N^2\left(\int\phi_H{}^{1s*}x\phi_H{}^{1s}\,\mathrm{d}v + 2\lambda\int\phi_H{}^{1s*}x\phi_F{}^{2p_x}\,\mathrm{d}v + \lambda^2\int\phi_F{}^{2p_x*}x\phi_F{}^{2p_x}\,\mathrm{d}v\right)\end{aligned} \tag{5・13}$$

となる．図5・13の座標では，(5・13)式の第1項と第3項はそれぞれ$\int\phi_H{}^{1s*}x\,\phi_H{}^{1s}\,\mathrm{d}v = -R/2$ならびに$\int\phi_F{}^{2p_x*}x\phi_F{}^{2p_x}\,\mathrm{d}v = R/2$となる．第2項を無視すれば，HF分子の双極子モーメントの大きさμは，

$$\mu = 2e\langle x\rangle = \frac{\lambda^2-1}{1+\lambda^2+2\lambda S}eR \tag{5・14}$$

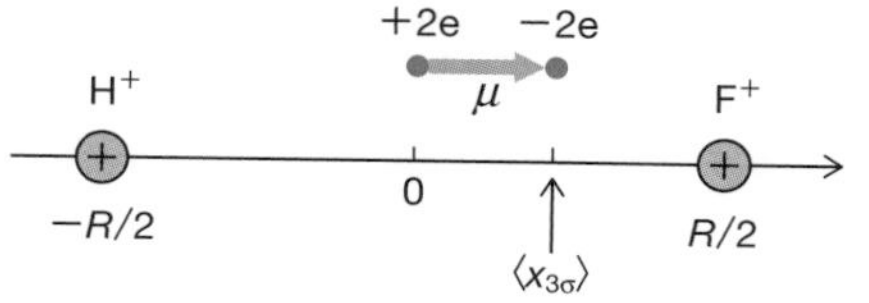

図5・13 HF原子における電荷分布

と書ける．このように，原子間距離 R，重なり積分 S と，3σ 軌道中の ϕ_H^{1s} と $\phi_F^{2p_x}$ の比率を現わす λ がわかれば，μ を計算できる．

しかしながら，上記の議論では簡単化された部分が多く，実測値を再現することは難しい．そこで実測値の μ から，λ の値を議論することが多い．HF 分子の場，μ の実測値から計算した λ の値は 1.81 程度で，結合性軌道に対する F2p_x の寄与は H1s の 2 倍程度あることが示唆される．等核 2 原子分子では二つの原子軌道が等価に差し引きされて分子軌道が形成されるが，異核 2 原子分子では寄与が異なり，HF 分子の 3σ 軌道の電子密度の重心は，係数の大きい F 側に片寄っている．これによって，$H^{\delta+}-F^{\delta-}$ のような分極が生じることになる．

5・5　H_2O 分子の分子軌道とウォルシュ・ダイヤグラム

H_2O 分子を例にとり，3 原子分子以上の分子軌道について簡単に紹介しよう．この分子について考えるとき，二つの H 原子の 1s 軌道と，O 原子の 1s，2s，2p 軌道から，(5・11)式のような LCAO-MO をつくればよい．そして 3 原子を適当な位置に置いて，変分法の手順にしたがって（5・3)式に相当する I を最小化し，さらに原子配置を少しずつ変えながら最もエネルギー的に安定な状態を見つける手順となる．しかしながら，2 原子分子の構造に関するパラメータは原子間距離 R のみであるのに対して，H_2O 分子の場合は 3 種類の原子間距離となり，すべての構造についてエネルギーを定め，そのうえでエネルギーが最小となる構造を特定するのは相当の労力を要することがわかるだろう．これが分子軌道法の弱点であり，分子構造を直感的に推測することは難しい．

本書では，H_2O 分子の構造を MO 法の立場から理解するため，O 原子は二つ

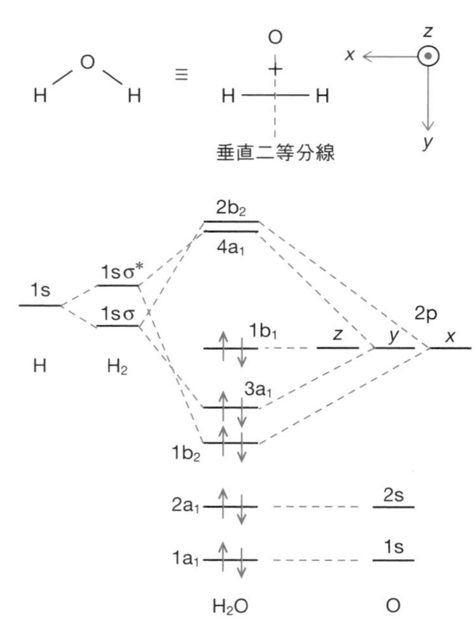

図 5・14　H_2O 分子の分子軌道を，H_2 分子と O 原子から生じる超分子として考えた場合のエネルギー図

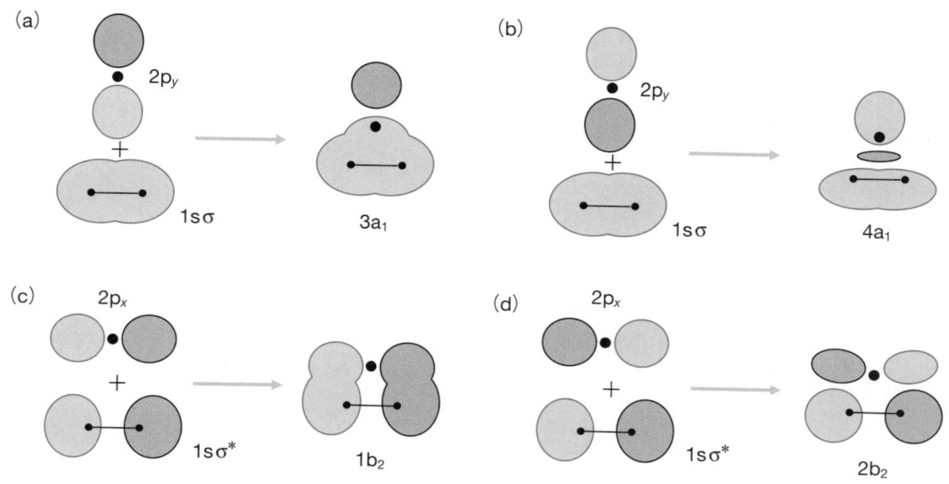

図 5・15　H_2 分子軌道（1sσ と 1sσ*）と，O 原子軌道（$2p_x$ と $2p_y$）の相互作用

のH原子を結ぶ線分の垂直二等分線上にあると仮定し（図5・14(上)），O原子の原子軌道と，H_2 分子の分子軌道の相互作用から生まれる，いわば超分子軌道を考えることにする．また簡単のため，エネルギー的に近いO原子の2p軌道と，H_2 分子の1sσおよび1sσ*軌道の間の相互作用のみを考慮する．図5・15にこれらの軌道間の相互作用を示したが，軌道の対称性から，1sσ軌道はOの $2p_y$ 軌道と，1sσ*軌道はOの $2p_x$ 軌道とそれぞれ大きな重なりをもつ．ここで，$2p_y$–1sσ間の相互作用から，結合性軌道 $3a_1$(a) と反結合性軌道 $4a_1$(b) が生じる．重要なことは，図5・15から，H原子2個とO原子1個がつくる三角形において，OとH原子核間の電子密度が増える（結合性）のか，あるいは減る（反結合性）のかということで，これについては直感的に理解していただきたい．一方，$2p_x$–1sσ*の間の相互作用からは，結合性軌道 $1b_2$(c) と反結合性軌道 $2b_2$(d) がつくられる．$2p_z$ 軌道はそのままの形で，$1b_1$ 軌道として分子に取り残される．結局，10電子からなる H_2O 分子の分子軌道として，図5・14(下) に示したようなエネルギー図と電子配置が予想される．ここで，H_2O 分子の結合をつくるのは $1b_2$ 軌道と $3a_1$ 軌道であることがわかる．これらは，HとO原子核の間にあってH−O結合をつくるというよりも，分子全体に広がって，二つのH原子核と一つのO原子核の間を仲立ちしているように見える．しかしながら，2個ずつの電子が収容された $1b_2$ および $3a_1$ 軌道は，分子全体に，かつ左右対称に分布していることを考えれば，各H−O結合の形成に寄与する電子数は2個ずつと考えることができるので，H−O結合は結合次数1の単結合とみなすこともできる．

a_1 や以下に登場する b_1 および b_2 は群論の記号で，分子軌道の対称性を表しており，$3a_1$ と $4a_1$ の3と4は，a_1 という対称性をもつ3番目と4番目の分子軌道であることを表す．

なお，より厳密な H_2O の分子軌道では，$3a_1$ 軌道と $4a_1$ 軌道にはO原子の2s軌道の寄与を考える必要がある．

図5・16は**ウォルシュ・ダイヤグラム**とよばれ，H−O−Hの角度 θ の関数として，各分子軌道のエネルギーの変化を描いたものである．$2a_1$ と $1b_1$ 軌道は，それぞれ基本的にはO原子の2sならびに $2p_z$ 軌道であり，角度依存性はほとん

どない．一方，結合電子を含む $1b_2$ 軌道は，H−O−H が一直線に並ぶ（$\theta = 180°$）とき，$2p_x$ と $1s\sigma^*$ 軌道の重なりが最大となるので，$\theta = 180°$ でエネルギー

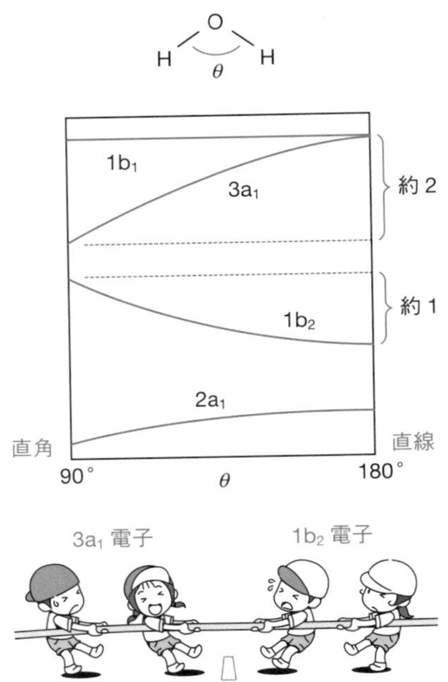

図5・16　H_2O 分子のウォルシュ・ダイヤグラム

が最も安定となる．同じく結合性軌道の $3a_1$ は，$\theta = 180°$ では $2p_y$ と $1s\sigma$ 軌道は直交するが，ここからずれると軌道間に重なりが生まれる．したがって $3a_1$ 軌道の軌道エネルギーは，θ の 90°〜180° の変化では，180° で最大，そして $\theta = 90°$ で最小となる．つまり $1b_2$ 軌道は $\theta = 180°$，$3a_1$ 軌道は $\theta = 90°$ の分子構造が最も安定であるので，両者の間で“綱引き”が起こる．また図に示したように，$\theta = 90°〜180°$ の変化における $1b_2$ と $3a_1$ 軌道のエネルギー変化の絶対値は約 1：2 であり，後者の寄与は約 2 倍である．結局，$1b_2$ と $3a_1$ 軌道の電子が“綱引き”して結合角 θ が決まると考えると，θ は 90° と 180° の間でかつ 90° により近い角度と推察される．このように，実際の水分子の結合角 104.5° をほぼ定量的に説明することができる．MO 法の立場から分子構造の成り立ちを説明すると，異なる分子軌道の電子にはそれぞれの最も安定な構造があり，それらのバランス（最大多数の最大幸福）によって分子構造が決定される，といえるだろう．

最大多数の最大幸福

5・6　原子価結合法による H_2 分子の取扱い —— ハイトラー・ロンドン法

前節まではMO 法による化学結合や分子構造の理解について紹介した．しかし，この章の冒頭で紹介したように，共有結合の理解にはMO 法と**原子価結合法**（valence bond（VB）法）があり，歴史的には後者が先に発展した．そしてこの VB 法のさきがけというか，量子化学の始まりとでもいうべきものが，ハイト

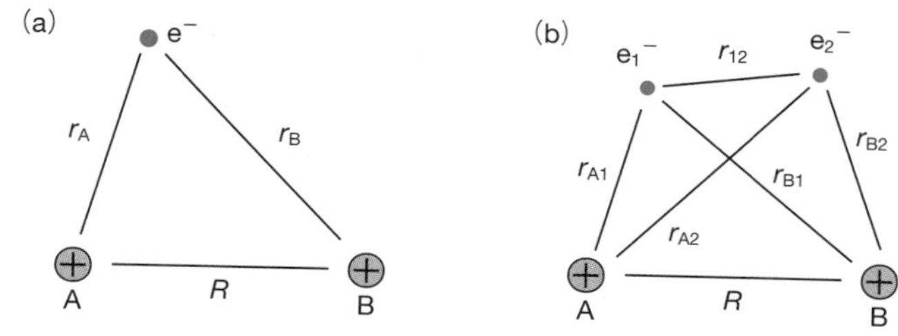

図 5・17　MO 法の出発点となる H_2^+ 分子イオン（a）およびハイトラー・ロンドン法（VB 法）の出発点となる H_2 分子の座標モデル（b）

ハイトラー
（W. Heitler，1904〜1981）
ドイツの物理学者．

ロンドン
（F. London，1900〜1954）
ドイツ生まれのアメリカの物理学者．

ラーとロンドンが 1927 年に提出した H_2 分子の理論で，量子論によって初めて化学結合を定量的に説明することに成功した．ここでは，このハイトラー・ロンドン理論について簡単に紹介し，MO 法との違いを説明しよう．

図 5・17 に，MO 法の出発点となった H_2^+ 分子イオンのモデル(a) と，ハイトラー・ロンドン法（VB 法）による H_2 分子のモデル(b) を比較した．ハイトラー・ロンドン法では，MO 法とは明らかに異なり，最初から運動エネルギーをもつ電子 2 個が想定されている．このモデルから導かれるハミルトン演算子は，(4・1)式のように *xyz* 座標と極座標の混在を気にせずに書けば，

$$\hat{H} \equiv -\frac{\hbar_2}{2m_e}(\varDelta_1 + \varDelta_2) - \frac{e^2}{4\pi\varepsilon_0}\left(\frac{1}{r_{A1}} + \frac{1}{r_{B1}} + \frac{1}{r_{A2}} + \frac{1}{r_{B2}} - \frac{1}{R} - \frac{1}{r_{12}}\right) \tag{5・15}$$

ただし，$\varDelta_1 \equiv \dfrac{\partial^2}{\partial {x_1}^2} + \dfrac{\partial^2}{\partial {y_1}^2} + \dfrac{\partial^2}{\partial {z_1}^2}$　および　$\varDelta_2 \equiv = \dfrac{\partial^2}{\partial {x_2}^2} + \dfrac{\partial^2}{\partial {y_2}^2} + \dfrac{\partial^2}{\partial {z_2}^2}$

となる．(5・15)式の第 1 項は，電子 1 と 2 の運動エネルギー，第 2 項は 2 電子と 2 個の核間のさまざまな静電エネルギーをすべて数え上げたもので，複雑なようだが図 5・17(b) のモデルをそのままハミルトン演算子に変換したにすぎない．これからつくられるシュレーディンガー方程式 $\hat{H}\psi = E\psi$ は，当然ながら H_2^+ 分子イオンのものより複雑で，これを厳密に解くことはできない．そこでハイトラーとロンドンは，この方程式を解くのではなく，その解を

$$\varphi(1,2) = N\{\phi_A(1)\phi_B(2) + \phi_A(2)\phi_B(1)\} \tag{5・16}$$

のように予想した．ここで，ϕ_A と ϕ_B は核 A および B を中心とする水素の 1s 軌道の波動関数，また 1 と 2 はそれぞれ電子 1 と 2 の座標，*N* は規格化定数である．この式では，2 電子が核 A および B によって共有されているというイメージが具体的に表現されている．しかしながら，これは 2 電子の座標に関する関数であり，分子軌道のように図示することはできない．ハイトラーとロンドンは，(5・15)式で記述されるような仮想的な状態のエネルギーを求めるため，次式の計算を進めた．

$$E = \frac{\int \varphi(1,2)^* \hat{H} \varphi(1,2)\, dv_1\, dv_2}{\int \varphi(1,2)^* \varphi(1,2)\, dv_1\, dv_2} \tag{5・17}$$

ここで登場するハミルトン演算子と波動関数は，それぞれ（5・15)式と（5・16)式で表され，計算を進めていくと，

$$E = 2E_{1s} + \frac{e^2}{4\pi\varepsilon_0 R} + \frac{J+K}{1+S^2} \tag{5・18}$$

と変形できる．ここで E_{1s} はH原子の1s軌道のエネルギー，J と K は，

$$J = \frac{e^2}{4\pi\varepsilon_0} \int \phi_A(1)\phi_B(2)\left(-\frac{1}{r_{A2}} - \frac{1}{r_{B1}} + \frac{1}{r_{12}}\right)\phi_A(1)\phi_B(2)\, dv_1 dv_2 \tag{5・19}$$

$$K = \frac{e^2}{4\pi\varepsilon_0} \int \phi_A(2)\phi_B(1)\left(-\frac{1}{r_{A2}} - \frac{1}{r_{B1}} + \frac{1}{r_{12}}\right)\phi_A(1)\phi_B(2)\, dv_1 dv_2 \tag{5・20}$$

であり，それぞれ，**クーロン積分**および**交換積分**とよばれる．ここでも重要なことは，J, K, S の値を核間距離 R の関数として具体的に計算できることで，(5・18)式の E，つまり波動関数(5・16）で仮想的に記述できる状態のエネルギーを，R の関数として求めることができる．図5・18に結果を示すが，$R = 0.087$ nm で極小を示す曲線となる．図5・3に示した H_2^+ イオン分子の結合性軌道のエネルギー曲線によく似ているが，ハイトラー・ロンドン理論の場合，電子を2個もつ H_2 分子のエネルギーを表しており，$R \to \infty$ ではH原子2個分のエネルギーである $2E_{1s}$ に漸近する．$R \to 0$ でエネルギーが発散するのは，(5・18)式の第2項が表す核間反発のためである．いずれにせよ H_2^+ 分子イオンの議論と同様に，$R = 0.087$ nm でエネルギーが極小となることは，この距離で化学結合を生じることを明確に示しており，エネルギーの極小値と $2E_{1s}$ の差が，H_2 分子の結合エネルギーを表すことになる．図5・18の破線は，実測された H_2 分子のエネルギー曲線で，$R = 0.0741$ nm に極小があり，結合エネルギーは 4.74664 eV である．ハイトラーとロンドンが提案した波動関数（(5・16)式）は，実測の結合エ

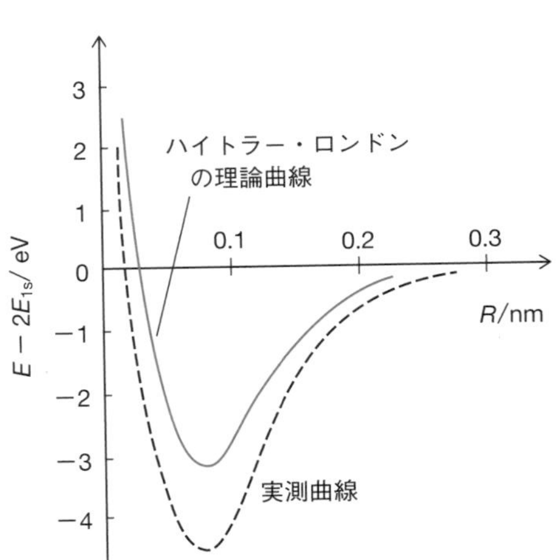

図5・18　ハイトラー・ロンドン理論から得られた H_2 分子のエネルギー曲線(実線）と実測値(破線)

ネルギーの66%を説明することができる．これまで何度も繰返しているように，(5・15)式のハミルトン演算子や (5・16)式の波動関数の正当性は，これらが現実の化学結合をほぼ定量的に説明することに尽きる．このハイトラー・ロンドンモデルは前述したMO法に先行するもので，量子論によって化学結合が説明された最初の例となった．その新規性は，“共有された電子”のイメージを，$\phi_A(1)\phi_B(2)+\phi_A(2)\phi_B(1)$ のように具体的な数式で表現したことにある．

5・7 VB 法と混成軌道

ハイトラー・ロンドン理論は，2電子が共有されることによって化学結合が形成されることを，H_2 分子において定量的に示した．この共有電子対という発想をもとに，1931年にポーリングは，炭素骨格からなる有機分子の多彩な構造を説明するために**混成軌道理論**を提案した．これは今日でも，有機分子の構造を説明するあるいは予言するためにきわめて有効な経験則として，有機化学を中心に広く用いられている．この混成軌道理論について，皆さんの多くは高校などですでに出会ったことがあるだろう．簡単に復習すると，C原子における軌道混成は，以下の3種類に分類される．

ポーリング
(L. Pauling, 1901～1994)
アメリカの物理化学者．1954年，化学結合の量子論によりノーベル化学賞受賞．

(i) sp^3 混成　メタン (CH_4) のように，C原子が正四面体の重心に位置し，各頂点にある四つの原子とそれぞれ単結合をつくるような分子を考えよう．VB法による共有結合の解釈によれば，これらの共有結合は，C原子が供与する1電子と水素原子が供与する1電子が共有されて形成される．このためには，正四面体の重心にあるC原子から頂点方向に伸びた等価な四つの原子軌道が存在すべきである．そこで，もともとエネルギー的に縮重していた2sと三つの2p軌道について，

$$
\begin{aligned}
\Phi_1 &= \frac{1}{2}(\phi^{2s} + \phi^{2p_x} + \phi^{2p_y} + \phi^{2p_z}) \\
\Phi_2 &= \frac{1}{2}(\phi^{2s} + \phi^{2p_x} - \phi^{2p_y} - \phi^{2p_z}) \\
\Phi_3 &= \frac{1}{2}(\phi^{2s} - \phi^{2p_x} + \phi^{2p_y} - \phi^{2p_z}) \\
\Phi_4 &= \frac{1}{2}(\phi^{2s} - \phi^{2p_x} - \phi^{2p_y} + \phi^{2p_z})
\end{aligned}
\qquad (5\cdot 21)
$$

(5・21)式における符号は，図5・19に示したように，等価な四つの原子軌道が，立方体の四つの頂点 (1, 1, 1), (1, −1, −1), (−1, 1, −1), (−1, −1, 1) の方向に伸びていることに対応している．また，(5・21)式は規格化されており，1/2はそのための係数である．

のような線形結合をとる（図5・19a）．Φ は φ の大文字で，混成軌道であることを表すために用いる．これらは sp^3 **混成軌道**とよばれ，図5・19(b) に示したように，これらは正四面体の中心から頂点へ伸びた形状をしており，互いの軸同士は109.5° で交差する．C原子の2sと2p電子数の総和は4であるので，この四つの混成軌道に1電子ずつ存在すると仮定し，これらがそれぞれH原子の1s電子と共有電子対をつくると考えると，CH_4 分子の正四面体構造を見事に説明することができる（図5・19c）．なお，各混成軌道と1s軌道は σ 型の重なりをも

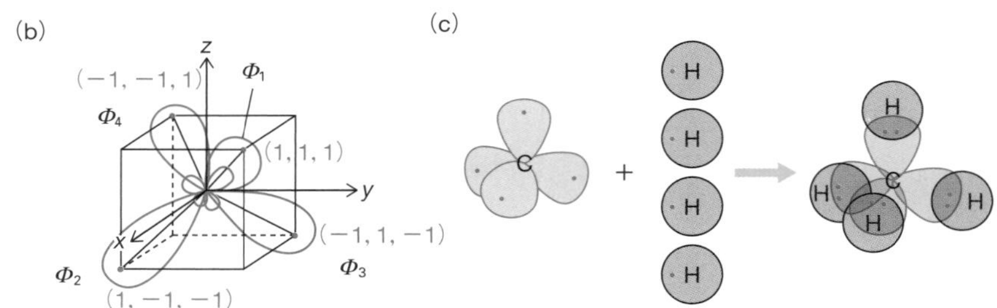

図 5・19　sp^3 **混成軌道とメタン分子**　(a) sp^3 混成軌道の形成,(b) sp^3 混成軌道が伸びる方向,(c) sp^3 混成した C 原子からメタン分子をつくる.

つので **σ 結合**とよぶ.

エチレンは慣用名であり,IUPAC 命名法ではエテンと称する.

(ii) sp^2 混成　エチレン (C_2H_4) やベンゼン (C_6H_6) のように,C 原子が三角形の重心に位置して 3 個の原子と結合を形成し,さらに二重結合を含むような分子の場合,C 原子の 2s, $2p_x$, $2p_y$ の三つの軌道が以下のような sp^2 **混成軌道**をつくると考える (図 5・20a).このとき $2p_z$ 軌道は混成に関与せず,そのまま残る.

(5・22) 式は (5・21) 式と同様に規格化されている.

$$
\begin{aligned}
\Phi_1 &= \sqrt{\frac{1}{3}}\phi^{2s} + \sqrt{\frac{2}{3}}\phi^{2p_x} \\
\Phi_2 &= \sqrt{\frac{1}{3}}\phi^{2s} - \sqrt{\frac{1}{6}}\phi^{2p_x} + \sqrt{\frac{1}{2}}\phi^{2p_y} \\
\Phi_3 &= \sqrt{\frac{1}{3}}\phi^{2s} - \sqrt{\frac{1}{6}}\phi^{2p_x} - \sqrt{\frac{1}{2}}\phi^{2p_y}
\end{aligned}
\qquad (5 \cdot 22)
$$

三つの混成軌道は *xy* 平面に平行で,各軌道間の角度は 120° となる (図 5・20b).混成軌道理論では,三つの混成軌道と $2p_z$ 軌道に不対電子を 1 個ずつ配置

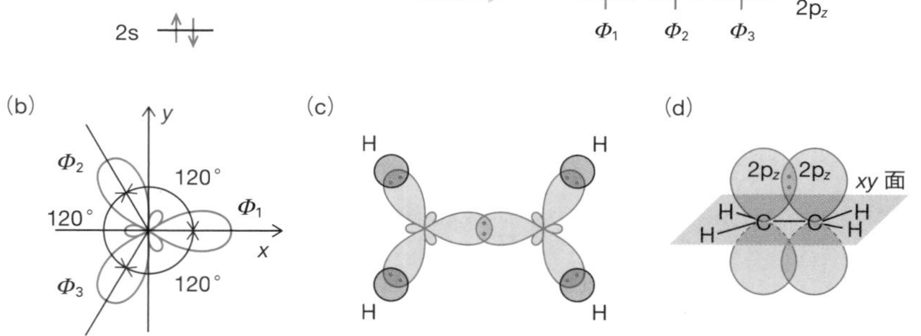

図 5・20　sp^2 **混成軌道とエチレン分子**　(a) sp^2 混成軌道の形成,(b) sp^2 混成軌道が伸びる方向,(c) sp^2 混成した C 原子からエチレン分子の σ 結合をつくる,(d) $2p_z$ 軌道からエチレン分子の π 結合をつくる.

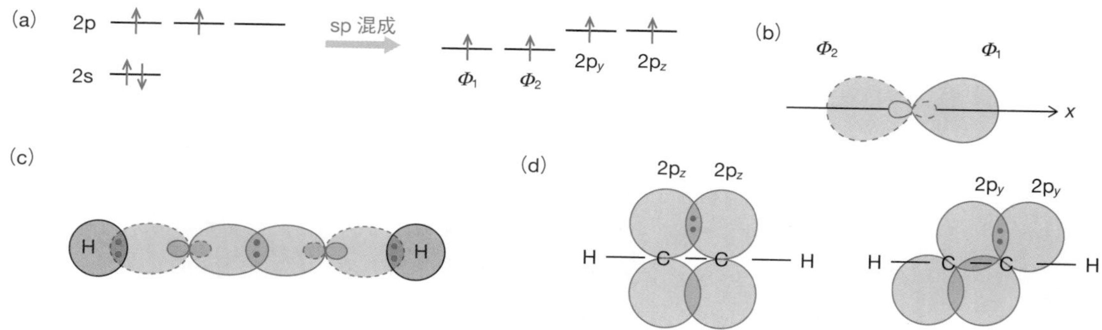

図 5・21　**sp 混成軌道とアセチレン分子**　(a) sp 混成軌道の形成，(b) sp 混成軌道が伸びる方向，(c) アセチレンの σ 結合，(d) アセチレン分子の π 結合

し，これらが相手の原子の不対電子と共有電子対をつくると考える．エチレンの場合，片方の C 原子の三つの混成軌道が，二つの H 原子と他方の C 原子と σ 型の共有結合をつくり（図 5・20c），さらに二つ C 原子の $2p_z$ 電子が π 型の重なりによって π 結合をつくる（図 5・20d）．これによってエチレンの C−C 間の結合は二重結合となる．

(iii) sp 混成　アセチレン（C_2H_2）のように，C 原子が直線上に並んだ二つの原子と結合し，三重結合を含むような分子の場合，C 原子の 2s と $2p_x$ 軌道が以下のような **sp 混成軌道**をつくると考える（図 5・21a）．

$$\Phi_1 = \sqrt{\frac{1}{2}}(\phi^{2s} + \phi^{2p_x}) \qquad \Phi_2 = \sqrt{\frac{1}{2}}(\phi^{2s} - \phi^{2p_x}) \qquad (5\cdot23)$$

同様に（5・23）式は規格化されている．

Φ_1 と Φ_2 はそれぞれ x 軸の正および負方向に伸びた形状をしており（図 5・21b），x 軸から近づく原子と σ 型の共有結合をつくる（図 5・21c）．混成に参加しなかった $2p_y$ および $2p_z$ 軌道の電子は π 結合をつくる（図 5・21d）．

このように，混成軌道理論では，特徴的な構造をもつ 3 種類の不対電子の存在を仮定し，不対電子同士が共有電子対をつくるという過程によって，有機分子の構造と結合の性質を，実に見事に説明することができる．しかしながら，エネルギーの面から定量的に VB 法によって説明されたのは H_2 分子のみであり，炭素原子の混成軌道理論の正当性がエネルギーの側面からも証明されているわけではない．VB 法と MO 法というか，混成軌道理論と MO 法の整合については次節で説明する．

5・8　MO 法と VB 法の整合

この章では，MO 法と VB 法により共有結合とは何かを説明した．前者では，1 電子に関するシュレーディンガー方程式について，LCAO-MO を試験関数とする変分法によって近似解が得られる．この手法は，変分原理に照らして合理的かつ定量的で，さらにできあがった分子軌道の形（電子分布）を観測することもできるが，その一方，H_2O 分子で見たように，たかだか 3 原子分子の構造決定にさえ相当の労力を要してしまう．一方，VB 法では，H_2 分子については，いきなり 2 電子が含まれるシュレーディンガー方程式から出発し，これを解くというよりも解を予想することによって H_2 分子のエネルギーを再現した．ここで登場した共有電子対と概念を演繹し，さらに C 原子の混成軌道仮説を導入することによって，有機分子の多彩な構造や結合の様式をきわめて容易に説明できた．しかしながら，VB 法というか混成軌道理論については，エネルギーがどれだけ安定するかというような定量的な議論はできず，さらに，たとえば sp^3 混成軌道の電子だけを取出して観測することはできない．MO 法と VB 法については，少なくとも H_2 についてはよく整合するのだが，それでは大きな分子ではどうだろう？ここでは CH_4 分子を例にとり，両者の関係を調べてみよう．

両者の関係を調べよう！

CH_4 分子の VB 法，つまり混成軌道についてはすでに紹介した．CH_4 分子では，sp^3 混成により生じた 4 個の不対電子が，それぞれ H の 1s 電子と対をつくる（図 5・19c）．一方，図 5・22(a) および (b) には，MO 法から得られた CH_4 分子の分子軌道とその軌道エネルギーをそれぞれ示した．この分子においては，エネルギー的に近い C 原子の 2s ならびに 2p 軌道と，4 個の H 原子の 1s 軌道から分子軌道が形成される．図 5・22(a) の分子軌道 $2a_1$ を見てみよう．立方体の四つの頂点にあるのが H の 1s 軌道で，立方体の中心にあるのは C の 2s 軌道である．この分子軌道は，C 原子の 2s 軌道と四つの H 原子 1s 軌道が同位相で足しあわされた，分子全体に広がる分子軌道である．係数を無視して LCAO-MO を書けば，$-\phi_C{}^{2s}+\phi_{H_a}{}^{1s}+\phi_{H_b}{}^{1s}+\phi_{H_c}{}^{1s}+\phi_{H_d}{}^{1s}$ となる．もちろん $\phi_C{}^{2s}$ は C の 2s 原子軌道，$\phi_{H_a}{}^{1s}$ などは H の 1s 原子軌道である．C と H 原子核間の電子密度はそれぞれ増加するはずだから，これは結合性軌道である．なお，この $2a_1$ 軌道に縮重はない．次に図 5・22(a) の $1t_2$ 軌道を見てみよう．この場合，立方体の中心にあるのは

2s 軌道の波動関数において外側の符号は負であるので，H1s 軌道と符号をあわせるために $-\phi_C{}^{2s}$ とした．

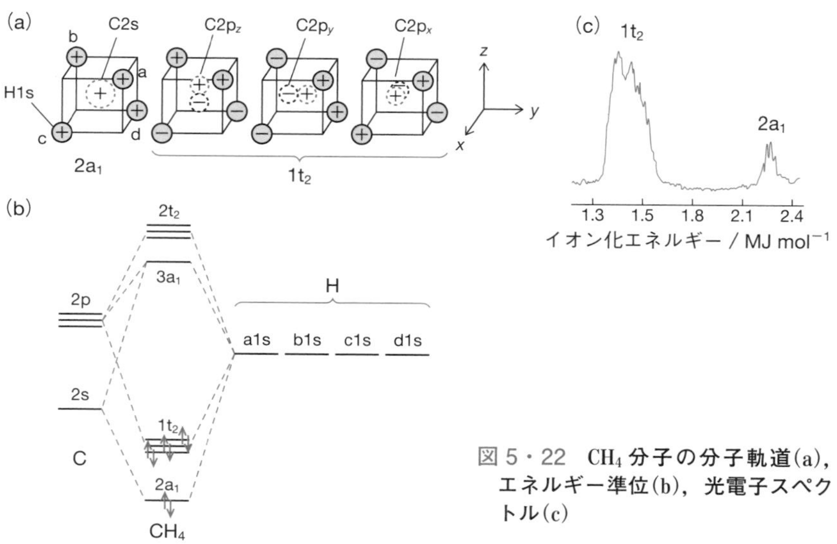

図 5・22　CH_4 分子の分子軌道(a)，エネルギー準位(b)，光電子スペクトル(c)

C の $2p_x$，$2p_y$，$2p_z$ 軌道である．そして $1t_2$ 軌道の一つは，C 原子の $2p_z$ 軌道（$\phi_C{}^{2p_z}$）と，z 軸の正方向にある二つの H 原子（H_a と H_b）の 1s 軌道（$\phi_{H_a}{}^{1s}$ と $\phi_{H_b}{}^{1s}$）が正の位相で，z 軸の負方向にある二つの H 原子（H_c と H_d）の 1s 軌道（$\phi_{H_c}{}^{1s}$ と $\phi_{H_d}{}^{1s}$）が負の位相で加えられている．つまりその波動関数は，$\phi_C{}^{2p_z}+\phi_{H_a}{}^{1s}+\phi_{H_b}{}^{1s}-\phi_{H_c}{}^{1s}-\phi_{H_d}{}^{1s}$ となる．xy 平面が節面となるが，各 C−H 原子間では炭素の原子軌道と水素の原子軌道がそれぞれ同位相で足しあわされており，これも結合性の分子軌道である．$1t_2$ 軌道の残りの二つは，それぞれ $2p_x$ および $2p_y$ 軌道と四つの H 原子の 1s 軌道からつくられる同様な結合性軌道で，三つの $1t_2$ 軌道はまったく同じエネルギーをもち，3 重に縮重している．結局，$2a_1$ と $1t_2$ 軌道のそれぞれ反結合性軌道に相当する $3a_1$ と $2t_2$ 軌道を加えて，図 5・22(b) に示した CH_4 の分子軌道が完成する．CH_4 の電子総数は 10 個で，図には示していないが，C の 1s 軌道から構成される分子軌道に 2 電子が収容されるので，残りの 8 電子が結合性軌道である $2a_1$ と 3 重に縮重した $1t_2$ 軌道に収容される．MO 法から見て CH_4 分子の分子構造が正四面体である理由は，$2a_1$ と $1t_2$ 電子の最大幸福（5・5 節）がこの構造であることに尽きる．

上記の MO 法における結合性軌道の 8 電子と VB 法の共有電子対の 8 電子は，どのように整合するだろうか．得られた結合性軌道を用いて，C 原子と各 H 原子間の結合次数を求めてみよう．$2a_1$ 軌道には 2 電子が収容されているが，これは 4 原子との結合に等価に寄与しているので，四つの方向に伸びた各 C−H 結合に対する寄与は 1/4 となる．また各 $1t_2$ 軌道にもそれぞれ 2 電子が存在するが，これらにおいても各 C−H 結合への寄与は 1/4 だから，各 C−H 結合に寄与している電子の総数は $2\times(1/4)+3\times2\times(1/4)=2$ であり，結合次数は 1 と考えられる．つまり，分子全体に広がった結合性軌道の電子から，各 C−H 結合に寄与している電子数を全体から切り出してくると 2 個になる．電子は区別できないので，これを共有電子対と考えれば，MO 法と VB 法は整合する．

しかしながら，電子がもつエネルギーという視点からすると，VB 法には不満が残る．図 5・22(c) に CH_4 分子の光電子スペクトルを示したが，$2a_1$ と $1t_2$ 電子のイオン化によるスペクトルは確かに分裂しており，両者の軌道エネルギーが異なることは実験的に確認されている．その一方，図 5・19(c) に示した VB 法から予見される 4 対の等価な共有電子対を見ると，イオン化エネルギーが等しい 8 個の電子の存在を錯覚してしまうが，これは誤りである．つまり，混成軌道 ＝ 分子軌道のように考え，混成軌道にクープマンスの定理（5・3 節）を直接適用してその軌道エネルギーを論じてはならない．さらに，C 原子の sp^3 混成軌道と H 原子の 1s 軌道が重なり，結合性軌道と反結合性軌道をつくるなどと誤解すると収拾がつかなくなる．分子構造を直感的に予見するときには VB 法（混成軌道）を利用し，電子のエネルギーを定量的に議論して構造や物性，反応性を議論するときには MO 法を利用するという賢明さが必要である．「いずれにせよ，混ぜるな危険，MO と VB！」

この章で確実におさえておきたい事項

- 分子軌道法
- 変分原理と変分法
- LCAO-MO
- 結合性軌道と反結合性軌道
- 結合次数
- クープマンスの定理
- 結合の極性
- ウォルシュ・ダイヤグラム
- 原子価結合法
- ハイトラー・ロンドンの理論
- 混成軌道
- 分子軌道法と原子価結合法の整合性

章末問題

問題 A

1. ϕ_A と ϕ_B は核 A および B を中心とする水素の 1s 軌道の波動関数とすると，H_2^+ イオンの結合性軌道は？（規格化定数は無視せよ.）

① $\phi_A + \phi_B$，② $\phi_A - \phi_B$，③ $\phi_A \phi_B$，④ $\phi_A^2 + \phi_B^2$，⑤ $\phi_A^2 - \phi_B^2$

2. ϕ_A と ϕ_B は核 A および B を中心とする水素の 1s 軌道の波動関数とすると，H_2^+ イオンの反結合性軌道は？（規格化定数は無視せよ.）

① $\phi_A + \phi_B$，② $\phi_A - \phi_B$，③ $\phi_A \phi_B$，④ $\phi_A^2 + \phi_B^2$，⑤ $\phi_A^2 - \phi_B^2$

3. H_2^+ イオンの結合性軌道のエネルギー ε_g と反結合性軌道のエネルギー ε_u に関して，それらの核間距離 r への依存性ついて，誤りを含むものを選べ.

① すべての r について $\varepsilon_g < \varepsilon_u$

② ε_g は平衡核間距離で極小値をとる

③ ε_u は r の増加とともに単調減少する

④ $r \to 0$ のとき，核間反発のため ε_g と ε_u は正に発散する

⑤ $r \to \infty$ のとき，ε_g と ε_u の値はともに $-I_p$ に収れんする

4. H_2^+ イオンの結合次数は？

① 0，② 0.5，③ 1，④ 1.5，⑤ 2

5. O_2 分子の結合次数は？

① 0，② 0.5，③ 1，④ 1.5，⑤ 2

6. O_2 分子がもつ不対電子の数は？

① 0，② 1，③ 2，④ 3，⑤ 4

HOMO については図 5・8 の側注を参照.

7. N_2 分子の HOMO は？

① 2sσ，② 2pσ，③ 2pπ，④ 2pσ*，⑤ 2pπ*

8. HF において共有結合の形成に最も寄与する分子軌道 3σ を構成するおもな原子軌道は，H の 1s と，F のどの軌道か？ただし，結合軸を x 方向とせよ.

① 1s，② 2s，③ $2p_x$，④ $2p_y$，⑤ $2p_z$

9. H と F の核の x 座標をそれぞれ 0 および 1 とすると，HF における共有結合の形成に最も寄与する分子軌道 3σ の電子密度の期待値 $\langle x_{3\sigma} \rangle$ は？

① $\langle x_{3\sigma} \rangle = 0$，② $0 < \langle x_{3\sigma} \rangle < 0.5$，③ $\langle x_{3\sigma} \rangle = 0.5$，④ $0.5 < \langle x_{3\sigma} \rangle < 1$，

⑤ $\langle x_{3\sigma} \rangle = 1$

10. 分子の分子軌道のエネルギー準位の変化を，結合角などの関数としてプロットした図の呼称は？

① 相図，② 構造図，③ ウォルッシュ・ダイヤグラム，
④ ファインマン・ダイヤグラム，⑤ 田辺・菅野ダイヤグラム

11. ハイトラーとロンドンが提案した H_2 分子の波動関数は？
① $\phi_A(1)+\phi_B(2)$，② $\phi_A(1)\phi_B(2)$，③ $\phi_A(2)\phi_B(1)$，
④ $\phi_A(1)\phi_B(2)+\phi_A(2)\phi_B(1)$，⑤ $\phi_A(1)\phi_B(2)-\phi_A(2)\phi_B(1)$

12. CH_4 分子の分子軌道おいて，HOMO の縮重度は？
① 1，② 2，③ 3，④ 4，⑤ 5

問題 B

1. H_2 分子についての分子軌道法および原子価結合法に関する以下の文を読んで，設問に答えよ．

分子軌道法では，H_2 分子のシュレーディンガー方程式を解くのではなく，[ア] 分子イオンのシュレーディンガー方程式（$\hat{H}\psi=E\psi$ ①）をたてる．これに [イ] 関数として [ウ]-MO（$\varphi=c_A\phi_A+c_B\phi_B$：ただし，$\phi_A$ と ϕ_B は核 A，B を中心とする H 原子の 1s 軌道）を採用し，[エ] 法によって近似解を求める．得られた結合性軌道に電子を 2 個詰めることによって，H_2 分子の電子構造が得られる．

原子価結合法（ハイトラー・ロンドン法）では，H_2 分子のシュレーディンガー方程式（$\hat{H}\psi=E\psi$ ②）に対して，解として予想された波動関数にハミルトン演算子を作用させて期待値を求めることにより，共有結合の形成を意味する結果を得た．

a）空欄ア～エを埋めよ．ただし，アには化学式が入る．
b）シュレーディンガー方程式 ① と ② 中のハミルトン演算子では，何が共通で，また何が異なるのか？
c）分子軌道法で得られる結合性軌道の波動関数を書き下せ．ただし，規格化の必要はない．
d）c）の結合性軌道に収容された電子が，核 AB 間に化学結合をもたらすことを定性的に説明せよ．
e）原子価結合法（ハイトラー・ロンドン法）で結合状態を表す波動関数を書き下せ．ただし，規格化の必要はない．
f）下線部の内容を説明せよ．

2. N_2 と O_2 の分子軌道に関する以下の問いに答えよ．
a）両者の分子軌道のエネルギー準位を書き，基底状態の電子配置を示せ．
b）O_2 分子が常磁性を示す理由を答えよ．
c）両者をイオン化してそれぞれ N_2^+ および O_2^+ としたとき，N_2 では結合距離が伸びるのに対して，O_2 では短くなるのはなぜか？

3. $H_2O \rightarrow H_2O^+$ のイオン化において，$1b_1$ 電子がイオン化する場合と，$3a_1$ 電子がイオン化する場合について，予想される分子構造の変化を答えよ（図 5・16 参照）．

6 分子集団とその物性

前章までに，原子核，原子，分子と，物質の階層構造を駆け上がって解説した．この章では，分子同士を結び付けて凝集体とする分子間力について説明する．正電荷と負電荷が引きあう静電的相互作用は理解できるが，電荷をもたない中性の分子同士が引きあう仕組みはどのようなものだろう．さらにこの章の後半では，分子集団としての気体の性質について説明する．高校で学んだ完全気体の性質が，分子間力の存在によってどのように変化するかを紹介する．

6・1 ファンデルワールス相互作用

ファンデルワールス
(J.van der Waals, 1837〜1923)
オランダの物理学者．
分子の大きさと分子間力を考慮した気体の状態方程式を発見し，1910 年にノーベル物理学賞を受賞した．

分子間に作用する引力は**ファンデルワールス相互作用**とよばれる．分子と分子を結び付け，気体の不完全性（完全気体（6・4 節）からのずれ）をもたらし，さらに分子集合体や液体，固体を形成する力にもなる．このようなファンデルワールス相互作用を，以下の 4 種類に分類しながら説明する（図 6・1）．

(i) 双極子-点電荷相互作用　図 6・1(a) のように，距離 r だけ離れて一直線上に置かれた双極子 $\boldsymbol{\mu}_1$（長さ l，電荷 $\pm q_1$）と点電荷 q_2 間の静電エネルギーは，電荷間の相互作用を足しあわせると $V = \frac{1}{4\pi\varepsilon_0}\left(-\frac{q_1 q_2}{r-\frac{l}{2}} + \frac{q_1 q_2}{r+\frac{l}{2}}\right)$ となる．

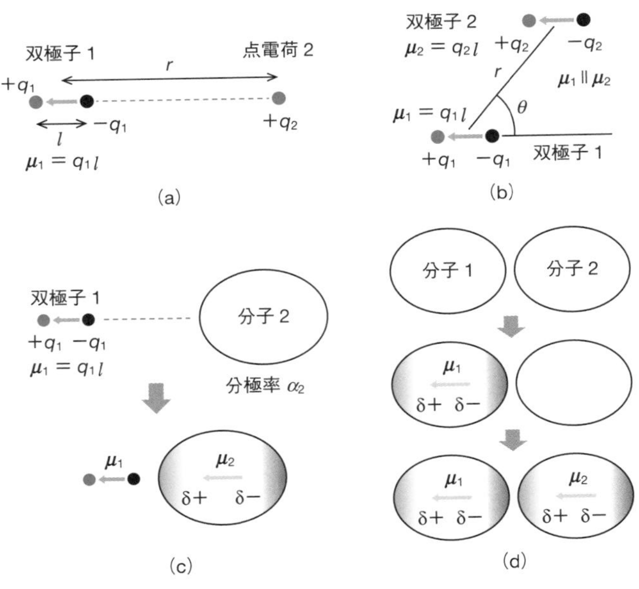

図 6・1　**さまざまな分子間力**　(a) 双極子-点電荷相互作用，(b) 双極子-双極子相互作用，(c) 双極子-誘起双極子相互作用，(d) 誘起双極子-誘起双極子相互作用

ここで $x = l/2r$ とすれば $V = \frac{q_1 q_2}{4\pi\varepsilon_0 r}\left(-\frac{1}{1-x} + \frac{1}{1+x}\right)$ のように簡単になり，また $x \ll 1$ の条件を入れると，

$$V = -\frac{\boldsymbol{\mu}_1 q_2}{4\pi\varepsilon_0 r^2} \qquad (6 \cdot 1)$$

と書ける．二つの点電荷間のポテンシャルが $1/r$ に比例するのに対して，この双極子–点電荷相互作用は $1/r^2$ に比例し，距離が伸びると急激に減衰する特徴がある．一般に，点電荷間の静電的相互作用が比較的長距離に及ぶのに対して，分子間相互作用は分子同士が近接したときには十分に作用するものの，分子間距離が大きくなると急速に減衰する．

(ii) 双極子–双極子相互作用　図6・1(b) のように，二つの双極子ベクトル $\boldsymbol{\mu}_1$ と $\boldsymbol{\mu}_2$ を平行（同じ方向を向かせる）に置いたとき，そのポテンシャルエネルギーは，

$$V = \frac{\boldsymbol{\mu}_1 \boldsymbol{\mu}_2}{4\pi\varepsilon_0 r^3}(1 - 3\cos^2\theta) \qquad (6 \cdot 2)$$

という有名な式で記される．図6・2には，特徴的な角度 θ における双極子–双極子相互作用の様子を示した．$\theta = 0$ の場合，棒磁石を縦に並べるのと同様で，二つの双極子ベクトルのエネルギーは最も安定となり，両者間には引力が作用する．一方 $\theta = 90°$ の場合, 棒磁石を真横に置くことを考えればすぐわかるように，このとき最も不安定で，斥力が生じる．また $\theta = 54.7°$ は**マジックアングル**とよばれ，ここでは $V = 0$，つまり引力と斥力がつりあって，双極子–双極子相互作用はゼロとなる．このように，二つの双極子を平行に置いた場合の相互作用は，角度によって引力にも斥力にもなるが，そのポテンシャルエネルギーは $1/r^3$ に比例して距離とともに減衰する．

(iii) 双極子–誘起双極子相互作用　図6・1(c) のように，双極子ベクトル $\boldsymbol{\mu}_1$ と，もともとは電荷の偏りのない中性分子2（分極率 α_2）の間の相互作用を考えよう．両者間の距離が遠い場合，分子2上に分極は生じないが，両者が接近すると，$\boldsymbol{\mu}_1$ がつくりだす $E = 2\boldsymbol{\mu}_1/(4\pi\varepsilon_0 r^3)$ の電場によって，分子2は $\boldsymbol{\mu}_2 = \alpha_2 E$ の誘起双極子をもつ．このとき，$\boldsymbol{\mu}_1$ と $\boldsymbol{\mu}_2$ の間の相互作用エネルギーは，

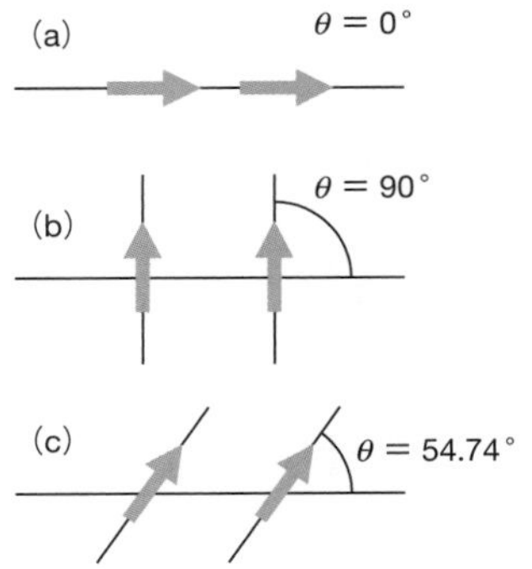

図6・2　双極子–双極子相互作用における特徴的な角度　(a) $\theta = 0°$，(b) $\theta = 90°$，(c) $\theta = 54.74°$（マジックアングル）

$$V = -\boldsymbol{\mu}_2 E = -\frac{4\boldsymbol{\mu}_1{}^2\alpha_2}{(4\pi\varepsilon_0)^2 r^6} \qquad (6\cdot3)$$

となり，双極子-誘起双極子相互作用とよばれる．Vの符号が負であることは，この相互作用によって必ず引力が生じることを示している．またそのポテンシャルエネルギーは，$1/r^6$ に比例して距離とともに急激に減衰する．

5・6節で登場したロンドンと同一人物.

(iv) 誘起双極子-誘起双極子相互作用（**ロンドンの分散力**）　2個の電荷の偏りのない中性分子にも分子間力は作用する．一方の分子の電子雲が振動し，瞬間的に ＋－ に分極して双極子モーメントが生じる．この分極のゆらぎに呼応して，2番目の分子にも双極子モーメントが誘起され，両者の間に引力が生じる（図6・1d）．この誘起双極子-誘起双極子相互作用のエネルギーは $1/r^6$ に比例し，距離とともにすぐに減衰する．

★ 第6回相談室 ★

（学生）　誘起双極子-誘起双極子相互作用，何だか火のないところに煙が立つような説明ですね．分極のゆらぎの呼応なんて，そんなに都合よく起こるものですか？

（ 私 ）　ハハハ．私も学生時代，そう思いました．また，$1/r^6$ についても，化学の教科書でまともに議論してあるものがほとんどありません．では勉強熱心なあなたのために，ちょっと発展的な内容を含みますが，この相互作用をもう少し深堀してみましょう．

（学生）　お願いします．

バネ定数は力の定数ともよばれる.

（ 私 ）　では，図6・3を見てください．固定された核 ⊕ のまわりを，電子 ⊖ がバネ定数 k で1次元単振動する二組の調和振動子を考えましょう．この振動子が中性分子のモデルになり，電子の振動が電荷のゆらぎを表現しています．まず，振動子内の静電的な相互作用は考えないこととして，調和振動子のエネルギーがどう書けるか，知っていますか？

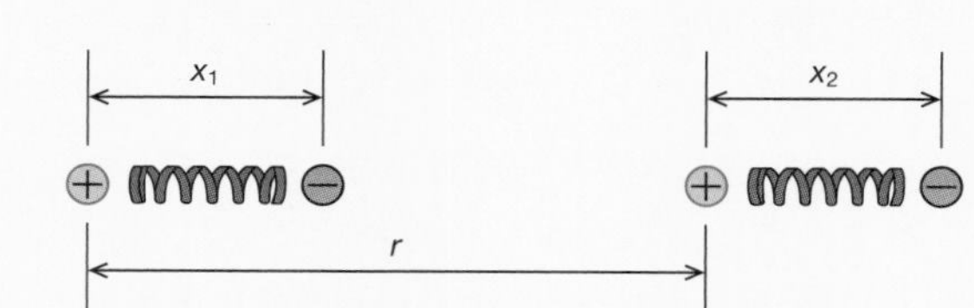

図6・3　**誘起双極子-誘起双極子相互作用のモデル**

（学生）　高校の物理では，調和振動子の全エネルギーは $E = \frac{1}{2}mv^2 + \frac{1}{2}kx^2$ であると教わりました．

（ 私 ）　はい，その通り．バネ定数を k とし，この二組の振動子にまったく相互作用がなければ，その全エネルギーは，

$$E_0 = \frac{p_1{}^2}{2m} + \frac{1}{2}kx_1{}^2 + \frac{p_2{}^2}{2m} + \frac{1}{2}kx_2{}^2 \qquad (6\cdot4)$$

と書けます．ここで m は電子の質量，p_1，p_2 は電子1，2の運動量です．そのうち量子化学の講義で必ず出てくると思いますが，この系が量子力学に従うミクロの調和振動子とすれば，そのエネルギーは，

$$E_0 = h\nu\left(n_1 + \frac{1}{2}\right) + h\nu\left(n_2 + \frac{1}{2}\right) \qquad (6 \cdot 5)$$

となります．

（学生）　信じろと言われるならそうします…．　h はプランク定数と思いますが，n_1，n_2 と ν は何ですか？

（ 私 ）　はい．ここで n_1，n_2 は**振動の量子数**とよばれるもので，n_1，$n_2 = 0, 1, 2, 3, \cdots$ であり，ν は振動数で $\nu = (1/2\pi)(\sqrt{k/m})$ となります．したがって，相互作用がない場合，系の最低エネルギーは，$n_1 = n_2 = 0$ を代入して，

$$E_0^0 = \frac{1}{2}h\nu \times 2 = \frac{h}{2\pi}\sqrt{\frac{k}{m}} \qquad (6 \cdot 6)$$

となります．

（学生）　これまでのパターンからすると，次に，いかにも分子間の相互作用を入れてきそうですね．

（ 私 ）　鋭い！　あなた，この章にたどり着くまでに随分と成長しましたね．では，図6・3から想定される静電的な相互作用を，二組の振動子間の相互作用 E' としてすべて数えあげましょう．そして $|x_1|$，$|x_2| \ll r$ の条件を加えると，

$$E' = \frac{e^2}{4\pi\varepsilon_0}\left(\frac{1}{r} + \frac{1}{r + x_1 - x_2} - \frac{1}{r + x_1} - \frac{1}{r - x_2}\right) \cong -\frac{e^2 x_1 x_2}{2\pi\varepsilon_0 r^3} \qquad (6 \cdot 7)$$

が得られます．ただし，e は電気素量です．結局，新しい全エネルギーは $E_1 = E_0 + E'$ です．ここでちょっとトリッキーな式の変換をさせてください．

$$x_s = \frac{1}{\sqrt{2}}(x_1 + x_2) \qquad x_a = \frac{1}{\sqrt{2}}(x_1 - x_2)$$
$$p_s = \frac{1}{\sqrt{2}}(p_1 + p_2) \qquad p_a = \frac{1}{\sqrt{2}}(p_1 - p_2) \qquad (6 \cdot 8)$$

という新しい座標を導入して，E_1 を書き直すと，

$$E_1 = E_0 + E' = \frac{{p_s}^2}{2m} + \frac{1}{2}\left(k - \frac{e^2}{2\pi\varepsilon_0 r^3}\right){x_s}^2 + \frac{{p_a}^2}{2m} + \frac{1}{2}\left(k + \frac{e^2}{2\pi\varepsilon_0 r^3}\right){x_a}^2 \qquad (6 \cdot 9)$$

と形よく変換できます．s と a は気にしなくて OK ですが，それぞれ対称，反対称を意味しています．

（学生）　展開が早くてよくわかりませんでしたが，先生を信じます．

（ 私 ）　ありがとう．(6・9)式の形をよく見てください．相互作用を入れた後でも，

$$E_1 = \frac{{p_s}^2}{2m} + \frac{1}{2}k_s {x_s}^2 + \frac{{p_a}^2}{2m} + \frac{1}{2}k_a {x_a}^2$$

の形をしていますね．これは，この系を異なるバネ定数 k_s と k_a をもつ二つの独立な振動子として捉えることができることを意味しています．

（学生）　ちょっと難しいですが，もともと同じバネ定数，同じ振動数で振動していた二組の調和振動子に相互作用を入れると，振動数の異なる二つの独立な調和振動子に変換されるということですか？

（私）その通りです．新しい振動数を $\nu_\pm$ とすれば，(6・9)式で k_s と k_a に相当する部分をよく見れば，

$$\nu_\pm = \frac{1}{2\pi}\sqrt{\frac{k \pm \dfrac{e^2}{2\pi\varepsilon_0 r^3}}{m}} = \frac{1}{2\pi}\sqrt{\frac{k}{m}}\left\{1 \pm \frac{1}{2}\left(\frac{e^2}{2\pi\varepsilon_0 r^3 k}\right) - \frac{1}{8}\left(\frac{e^2}{2\pi\varepsilon_0 r^3 k}\right)^2 + \cdots\right\} \quad (6\cdot10)$$

とわかります．振動数が得られれば，相互作用を入れた後の系の最低エネルギーを求めることができます．(6・6)式を参考にして，

$$E_1^0 = \frac{1}{2}h\nu_+ + \frac{1}{2}h\nu_- = \frac{1}{2\pi}\sqrt{\frac{k}{m}}\left\{1 - \frac{1}{8}\left(\frac{e^2}{2\pi\varepsilon_0 r^3 k}\right)^2 + \cdots\right\} \quad (6\cdot11)$$

となります．相互作用を入れる前と後で差をとると，

$$V = E_1^0 - E_0^0 = -\frac{1}{2\pi}\sqrt{\frac{k}{m}}\frac{1}{8}\left(\frac{e^2}{2\pi\varepsilon_0 k}\right)^2\frac{1}{r^6} \quad (6\cdot12)$$

が得られます．ただしここでは，(6・11)式の｛ ｝内の第3項目以降を無視しました．(6・12)式の V は分子間ポテンシャルに相当します．r の減少とともにより安定化し，分子間に常に引力が作用することがわかります．そしてその距離依存性が，$1/r^6$ に比例することも導出できました．

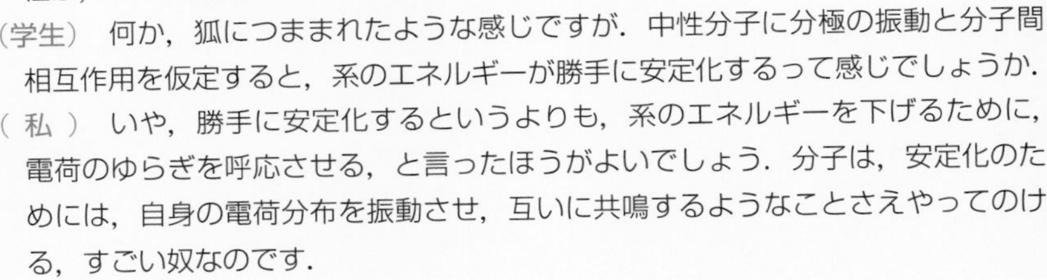

（学生）何か，狐につままれたような感じですが．中性分子に分極の振動と分子間相互作用を仮定すると，系のエネルギーが勝手に安定化するって感じでしょうか．

（私）いや，勝手に安定化するというよりも，系のエネルギーを下げるために，電荷のゆらぎを呼応させる，と言ったほうがよいでしょう．分子は，安定化のためには，自身の電荷分布を振動させ，互いに共鳴するようなことさえやってのける，すごい奴なのです．

以上，分子間に働くファンデルワールス相互作用を分類しながら説明した．二つの点電荷間のポテンシャルが $1/r$ に比例するのに対して，ファンデルワールス相互作用は $1/r^2$，$1/r^3$，あるいは $1/r^6$ のように，距離とともに急激に減衰する．双極子–点電荷相互作用を例にとり，この理由を図6・4に示したが，距離が近い場合，［＋ −］＋ のように，双極子の −電荷と ＋点電荷の距離が近く，5・1節でふれた水素分子イオン（H_2^+）のように，安定である．ところが，＋点電荷を双極子から引き離すと，＋点電荷から見れば双極子の − と ＋電荷が相殺され，これから受ける引力が急激に減少してしまう．われわれが日常的な距離において，分子間力の存在を意識する場面はまずないが，分子スケールの距離において

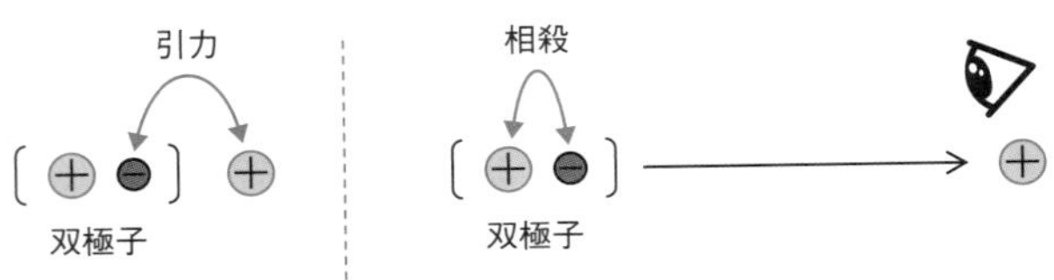

図6・4　なぜ，分子間相互作用は距離とともに急減するのか

は，分子同士は十分に互いを意識している．

6・2 レナード・ジョーンズポテンシャルと貴ガス結晶

前節では分子間の引力を説明したが，分子が接近しすぎれば，当然ながら電子雲間や核間に静電的な反発が生じる．この斥力まで考慮して分子間の全ポテンシャルエネルギーを一般的に書くと $V = (C_n/r^n) - (C_m/r^m)$ となる．第1項が斥力，第2項が引力である．斥力は引力よりもより近距離で作用するので，$n > m$ となる．このなかで，理論計算などによく用いられるのが**レナード・ジョーンズポテンシャル**

$$V = 4\varepsilon\left\{\left(\frac{\sigma}{r}\right)^{12} - \left(\frac{\sigma}{r}\right)^{6}\right\} \qquad (6 \cdot 13)$$

で（図6・5），第2項の引力ポテンシャルで r のべき数には前節でよく登場した −6 が採用されている．第1項の斥力ポテンシャルのべき数は −12 だが，−6 の2倍に設定していろいろな計算をしやすくする工夫がなされている．なお，σ と ε は**レナード・ジョーンズパラメータ**で，図6・5を見ればわかるように，σ は平衡分子間距離に比例し，ε はポテンシャルエネルギーの極小値に一致する．このレナード・ジョーンズポテンシャルは，気体から固体まで，分子集合体の性質を説明するのに広く用いられている．

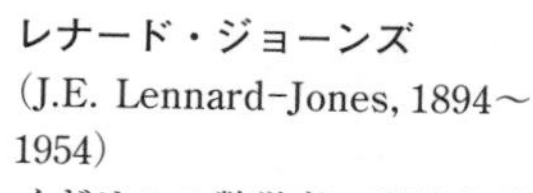

レナード・ジョーンズ
（J.E. Lennard-Jones, 1894～1954）
イギリスの数学者，理論化学者．
分子構造，原子価，分子間力に関する業績で知られている．

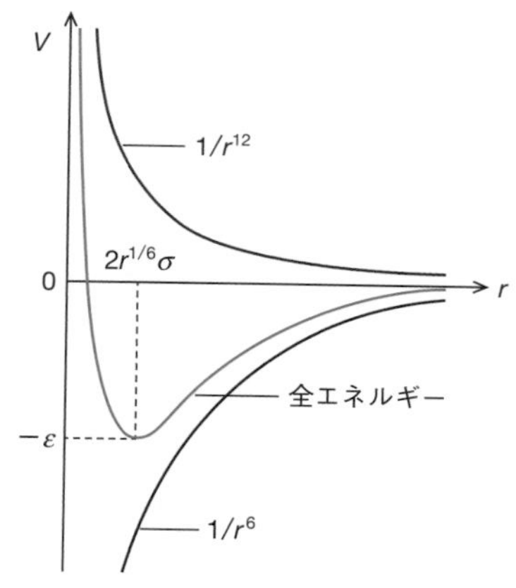

図6・5 レナード・ジョーンズポテンシャル

原子間に作用する力は $F = -\mathrm{d}V/\mathrm{d}r$ で記述されるが，この力を検出して表面構造を観察する**原子間力顕微鏡**（AFM）が，近年，大きな発展を遂げている（コラム6・1参照）．

貴ガス分子は誘起双極子–誘起双極子相互作用からできる結晶のよい例で，低温では，常圧で固化しない He を除き，立方最密充塡構造*をとる．これらの融点と最近接原子間距離 R_0，そして気体の不完全性から得られたレナード・ジョーンズパラメータを表6・1に示した．貴ガス分子からなる結晶の全体のエネルギーを，(6・13)式のレナード・ジョーンズポテンシャルから求めてみよう．すなわち，1から N 番の分子が結晶をつくるとして，i 番目の分子を中心にして，

* 原子やイオンを硬く変形しない球とみなして，これらの球を3次元空間においてできる限り密になるように並べた配列を“最密充塡構造”とよぶ．
“立方最密充塡構造”では，下図に示したようにABCABC…の3種類の層が繰返された配列をとる．ここでは，第1層の3個の球からなるすき間（くぼみ）の真上に第2層の球が位置し，第3層の球は第1層の球のすき間の真上に位置している．

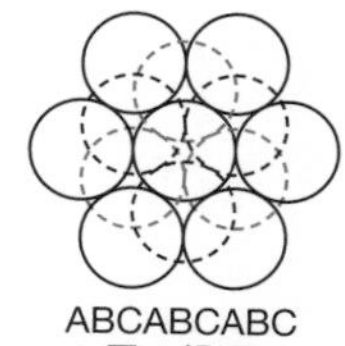

ABCABCABC
3層の繰返し

表 6・1　貴ガス結晶の融点，構造パラメータとレナード・ジョーンズパラメータ

	融点/K	結晶構造	最近接原子間距離 R_0/nm	R_0/σ	$\varepsilon/10^{-23}$ J	σ/nm
He	常圧では液体				14	0.256
Ne	24	ccp*	0.313	1.14	50	0.274
Ar	84	ccp*	0.376	1.11	167	0.340
Kr	117	ccp*	0.401	1.10	225	0.365
Xe	161	ccp*	0.435	1.09	320	0.398

*　立方最密充塡構造

$i \leftrightarrow 1, i \leftrightarrow 2, \cdots, i \leftrightarrow j, \cdots, i \leftrightarrow N$ のような 2 分子間のポテンシャルエネルギーをレナード・ジョーンズポテンシャルで表し，結晶全体のエネルギーを 2 分子間ポテンシャルの総和として求めると，

$$V_{\mathrm{solid}} = \frac{1}{2}N(4\varepsilon)\left\{\sum_{j=1}^{N}{}'\left(\frac{\sigma}{p_{ij}R}\right)^{12} - \sum_{j=1}^{N}{}'\left(\frac{\sigma}{p_{ij}R}\right)^{6}\right\} \qquad (6 \cdot 14)$$

が与えられる．ここで，R は最近接原子間距離を変数として定義したもので，

コラム 6・1　STM と AFM

走査型トンネル顕微鏡（STM）は，非常に鋭く尖った探針を導電性の物質表面や表面に吸着した分子に近づけ，トンネル電流から表面の電子状態や構造を原子レベルで観測する装置です（図 1a）．1981 年に IBM チューリッヒ研究所のビーニッヒ（G. Binnig）とローラー（H. Rohrer）によって開発され，彼らは 1986 年にノーベル物理学賞を受賞しました．これ以降，1 分子の分子構造や電子構造を直接，観測できるようになりました．さらにビーニッヒは，探針が表面と非常に近い距離に置かれたとき，有意な原子間力が働くことを発見し，原子間力顕微鏡（AFM）を 1985 年に開発しました．現在の AFM では，探針がついたカンチレバーの背にレーザーを照射し，そのたわみを精密に検出して表面像を取得しています（図 1b）．

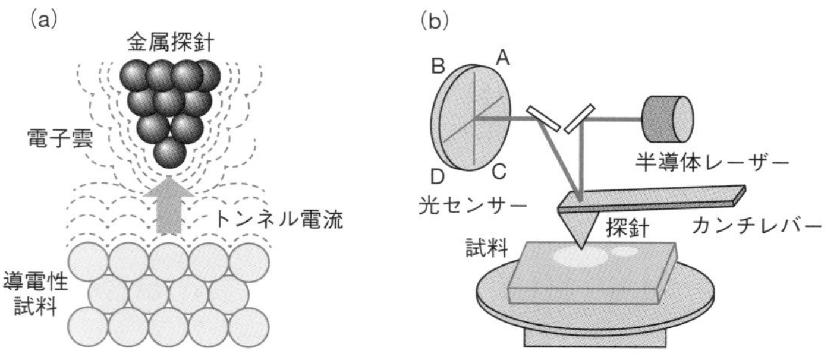

図 1　**走査型トンネル顕微鏡(a) と原子間力顕微鏡(b) の原理**

$p_{ij}R$ は i 番目と j 番目の原子の原子間距離，Σ' は $i \neq j$ 以外についての総和をとること意味している．なお，最初の 1/2 は $i \leftrightarrow j$ と $j \leftrightarrow i$ での重複を補正するためである．立方最密充塡構造の場合，計算によって以下の値が求められている．

$$\sum_j{}' \left(\frac{1}{p_{ij}}\right)^{12} = 12.13188 \quad \text{ならびに} \quad \sum_j{}' \left(\frac{1}{p_{ij}}\right)^{6} = 14.45392 \quad (6\cdot15)$$

平衡原子間距離 $R = R_0$ では，

$$\frac{\mathrm{d}V_{\text{soild}}}{\mathrm{d}R} = -2N\varepsilon\left(12.13188 \times 12\frac{\sigma^{12}}{R^{13}} - 14.45392 \times 6\frac{\sigma^{6}}{R^{7}}\right) = 0 \quad (6\cdot16)$$

であるので，

$$\frac{R_0}{\sigma} = 1.09 \quad \text{ならびに} \quad V_{\text{solid}} = -2.15 \times 4N\varepsilon \quad (6\cdot17)$$

を得る．R_0/σ の実測値を表 6・1 に示したが，大変よい一致を見せる．これは，貴ガス結晶の成り立ちをレナード・ジョーンズポテンシャルで実にうまく説明できることを示している．

6・3 水素結合とその構造

水素結合は，分子間に作用するという意味で分子間力の一つだが，これまで説明したファンデルワールス相互作用とは著しく異なる様相を見せる．地球は宇宙の中でごくありふれた星である一方，太陽系の中でおそらく生命に満ちあふれた唯一の天体であるという特殊性は，H_2O という物質が液体で存在できる地表温度をもつことに起因し，そのことは誰もが想像できる．しかし，H_2O のようなたかだか分子量 18 の小さな分子が，1 気圧で 373 K まで液体であることの異常性は，周期表における同一周期あるいは同族元素の水素化物の沸点を比較すれば明らかである（図 6・6）．こればかりでなく，H_2O は大きな熱容量や高い誘電率をもつ．このような異常性の多くは，H_2O 分子間に作用する，$H-O-H\cdots OH_2$ のような**水素結合**による．H_2O 分子間における水素結合の形成は，水素よりも酸素のほうが電気陰性度が高く，O がいくぶん負に荷電し，水素がいくぶん正に荷電しているため，O 原子と H 原子の間に静電的な引力が働くことによる．

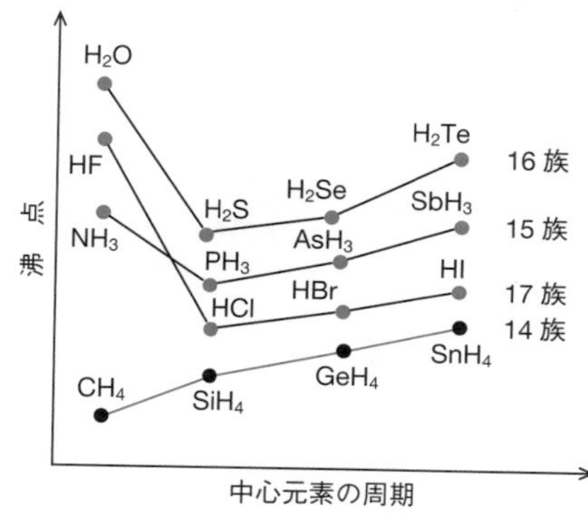

図 6・6 14 族～17 族の元素の水素化物の沸点

水素結合の構造単位は，一般に X−H…Y（X, Y = F, N, O）のような化学構造をもち，X−H 間の共有結合と H…Y 間の水素結合を含む．この構造の水素結合では，∠X−H…Y は 180° 程度であることが多く，X…Y の距離が X と Y 原子のファンデルワールス半径の和より短いとき，水素結合の形成が可能である．また X…Y 中の H 原子の位置については，きわめて強い水素結合の場合，H 原子は X と Y 原子の中間に位置する場合もあるが，通常は X−H 共有結合は H…Y の水素結合に比べて著しく短い．このように，水素結合には明確な方向性があり，これが強誘電性などの特性を生みだす．また，H…Y の水素結合の結合エネルギーは 10〜30 kJ mol^{-1} 程度で，室温（$T = 300$）の熱エネルギー $k_BT = 2.5$ kJ mol^{-1} より一桁大きい．つまり，室温の熱エネルギーで水素結合を完全に断ち切ることはできないが，ちょっとした温度や環境の変化で大きな変化を与えることができる．生命は，この絶妙なバランスを巧みに利用して進化したと考えられる．先にもふれたように水素結合のおもな結合力は，X−H$^{\delta+}$…Y$^{\delta-}$ のように H と Y 原子間の静電的な相互作用だが，これを定量的に議論しようとすると，かなり厄介である．[X−H…Y] ↔ [X− −H$^+$…Y] ↔ [X−H$^+$…Y$^-$] ↔ [X$^-$…H$^+$−Y] ↔ … のように，H の電荷が Y 原子側に移動した H$^+$ のような電荷移動状態との共鳴までも考慮に入れる必要がある．

ファンデルワールス半径とは，原子の大きさを表す尺度の一つで，ファンデルワールス相互作用によってつくられる単体結晶について，隣接する原子間距離を 2 で割ることで算出される．

物質中で電気双極子（電荷の微妙な偏り）の向きが整列しており，外部電場によってその向きを変えることのできる性質を“強誘電性”という．

水素結合は，分子結晶や生体分子の構造を決定するのにきわめて重要な役割を果たしている．水の結晶である氷をつくるのも水素結合であり，圧力や温度の違いによってさまざまな結晶形が知られている．通常の氷はダイヤモンドと同形で，ダイヤモンドの C 原子を O 原子で置き換えた構造をしている（図 6・7a）．この氷の結晶はきわめてすき間の多い構造であり，温度の上昇によって氷が融解して水になると体積は減少する．

一方，生体分子系において，水素結合がその構造を決める代表例が，タンパク質の α ヘリックス構造である（図 6・7b）．ここでは，アミノ酸残基がペプチド

タンパク質はアミノ酸が多数結合してできた巨大な分子である．アミノ酸はアミノ基 NH_2 とカルボキシ基 COOH をもち，この二つの基の間で水がとれてできた結合を“ペプチド結合”という．水素結合はアミノ基とカルボキシ基の間で N−H…O=C の形でつくられる．

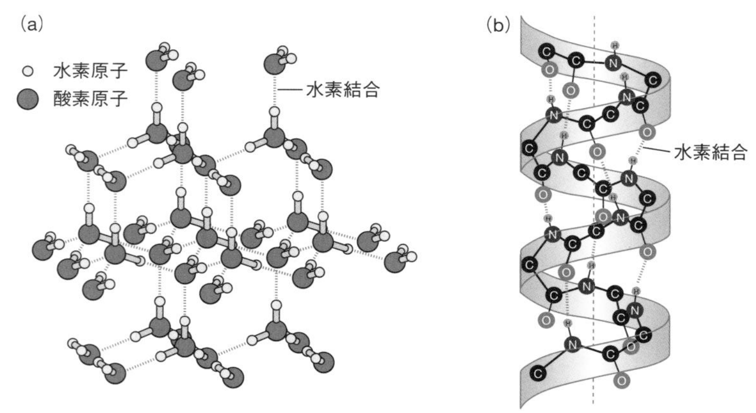

図 6・7　**水素結合が決定する結晶構造**　(a) 氷の構造，(b) タンパク質の α ヘリックス構造（側鎖は省略）

コラム6・2　コンピュータの中で凍った氷

水を冷却すると氷になることは誰でも知っていますし，また経験することもできます．でも，コンピュータの中で初めて氷が凍ったのは，日本であることを知っていますか？　この氷の結晶化がコンピュータ・シミュレーションによって再現されたのは，今世紀に入ってからです．分子動力学法とは，原子間や分子間に適当な相互作用を導入しながら，原子や分子集団の微視的な運動を再現するシミュレーションによる手法です．単純な液体の凍結とは異なり，水分子の間の水素結合が，無秩序かつ局所的な3次元の水素結合ネットワークを多数形成してしまうため，系全体を一つの結晶構造に落とし込む氷化を再現できませんでした．図1に示すように大峯巌博士らは粘り強くシミュレーションを繰返し，比較的寿命の長い水素結合が同じ場所で自発的に形成されることによってコンパクトな初期核ができ，そしてその初期核がゆっくりと形や大きさを変えた後に，急速に膨張して系全体が結晶化することを発見しました（*Nature*, 416, 409 (2002)）．

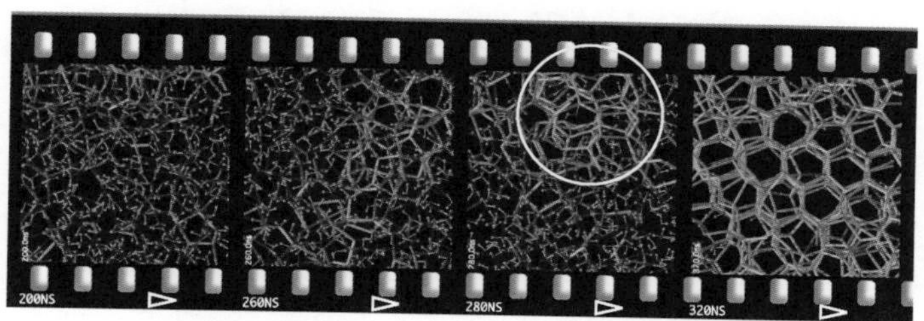

図1　**コンピュータ・シミュレーションによる氷の結晶化**　白い円は初期核を示している．岡山大学 松本正和准教授より提供

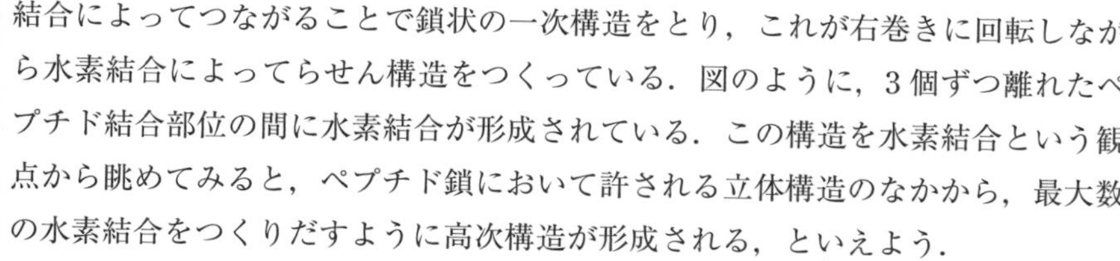

結合によってつながることで鎖状の一次構造をとり，これが右巻きに回転しながら水素結合によってらせん構造をつくっている．図のように，3個ずつ離れたペプチド結合部位の間に水素結合が形成されている．この構造を水素結合という観点から眺めてみると，ペプチド鎖において許される立体構造のなかから，最大数の水素結合をつくりだすように高次構造が形成される，といえよう．

6・4　分子集合体としての実在気体

ここで話題を変えて，分子集合体としての気体の性質について説明しよう．気体の体積を V，圧力を p，温度を T，気体定数を R とすると，**完全気体**は $pV = nRT$ の状態方程式に従うことは，高校化学にも登場している．完全気体では，分子間力と分子の体積が無視されている．**実在気体**においても，圧力 $p \to 0$ の極限では，分子間に働く分子間力や分子の大きさが無視できるため，その性質は完全気体に近づく．ここで，1 mol の気体について，**圧縮因子 Z** を

$$Z = \frac{pV}{RT} \tag{6・18}$$

分子間に働くファンデルワールス相互作用は，分子が大きいほど強くなる．このため，H_2よりも大きなCH_4やC_2H_4同士のほうがその相互作用は強くなる．また，NH_3においてZが直線的に減少するのは，水素結合が働いているためである．水素結合はファンデルワールス力よりも10倍ほど強い結合である．

ボイル
(R. Boyle, 1627～1691)
イギリスの自然哲学者，化学者，物理学者．神学に関する著書もある．
ボイルの法則を発見し，近代化学の祖とされる．

と定義すると，$Z=1$が完全気体で，$Z>1$ならば分子間反発，$Z<1$ならば分子間引力が優勢というように，気体の状態を簡単に区分することができる．図6・8(a) はいくつかの物質について，圧縮因子と圧力の関係を示したもので，たとえば分子間力の強いCH_4分子では，$p=0$から圧力を上げると，分子間引力のためにZは減少して$Z<1$の領域に入る．さらに高圧にすると分子間距離が近づいて反発が優勢になり，Zは増加に転じて$Z>1$の領域に入り込む．分子間力の小さなH_2分子では，Zは最初から単調増加する．このような物質による違いを，温度の変化によってもひき出すことができる（図6・8b）．低温でのZは，分子間力の強い系のように，圧力pの増加とともにいったん$Z<1$となった後，反転して$Z>1$となる．一方高温では，分子間引力が無視できるほど分子は活発に運動しているので，Zは単調に増加する．この境界で，$p=0$での傾きdZ/dpがちょうどゼロとなる温度を**ボイル温度**とよぶ．

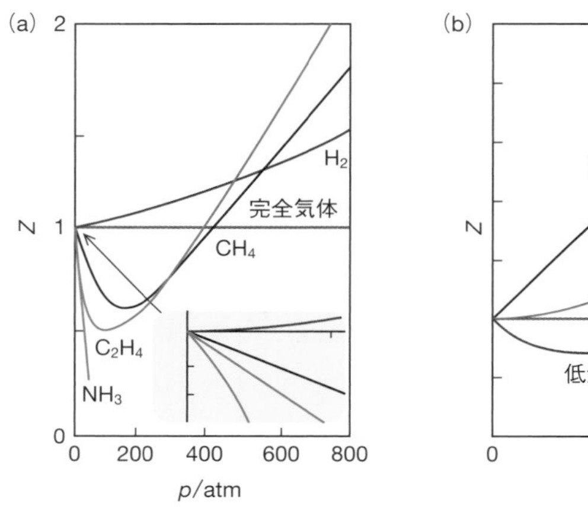

図6・8　**圧縮因子Zの圧力による変化**　(a) 物質依存性，(b) 温度依存性

気体の温度を下げると，分子間力の存在のため，気体は凝縮して液体となり，さらに温度を下げると凝固して固体となる．これらも，完全気体には想定されていない性質である．図6・9(a) が一般的な物質の**相図**（縦軸が圧力，横軸が温度）である．**蒸気圧曲線**，**融解曲線**，**昇華曲線**によって固体，液体，気体に区分されることは，もちろん皆さんご存知だろう．なお，三つの曲線の交点は**三重点**とよばれる．図中の**超臨界状態**とは，気体と液体の区別がつかない状態であり，この間に線を引くことはできない．このような超臨界状態の入り口が**臨界点**で，この温度を**臨界温度**T_cという．図中の2本の両矢印は，温度一定で圧力を変化させる等温変化を表している．温度$T=T_1$（$<T_c$）では，低圧から圧力を上げると，系は気体から液体に相転移する．ところが$T\geqq T_c$では，気体と液体を区別できないので，圧力を変えても明確な相転移は存在しない．

図6・9(b) は，（実在気体の）**等温線**とよばれる．縦軸が圧力p，横軸が体積Vで，温度Tが一定のときの変化を表している．図6・9(a) で説明した$T=T_1$

の等温線を見てみよう．この曲線のA点で系は気体状態にある．これから体積を縮めると，もちろん圧力は上昇してB点に達し，ここから気体の凝縮が始まる．C点がその途中で，D点で凝縮が完了する．このB→C→Dの気液共存状態では，体積が一方的に減少するだけで，圧力は一定（飽和蒸気圧）に保たれる．D点以降は，液体の体積を減少させる変化で，圧力は急増する．図6・9(b)にもA～E点を書いておいたので，注意してほしい．$T \geqq T_c$では，体積を変えても圧力が一定となる領域は存在せず，圧力は体積の減少とともに単調に増加する．この等温線によって，このp-V図における気体領域，気体と液体の共存領域，液体領域，臨界点，超臨界状態の領域を区分できる．

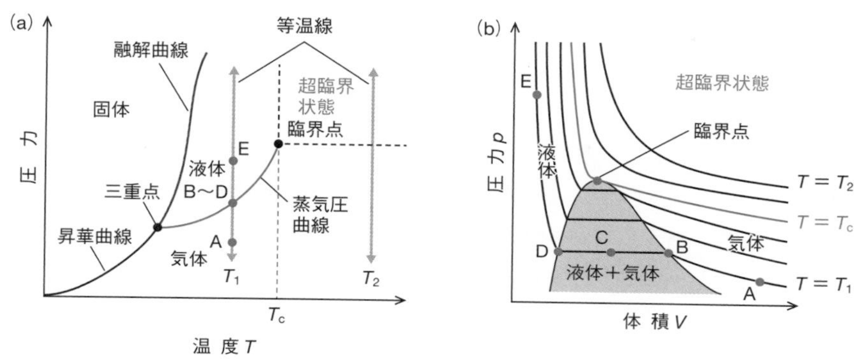

図6・9　**物質の相図(a)と等温線の温度依存性(b)**

6・5 ファンデルワールスの状態方程式

前節で紹介したような実在気体の性質を表すため，さまざまな状態方程式が提案されている．そのなかで，最もよく知られているのが**ファンデルワールスの状態方程式**である．

$$\left(p + a\frac{n^2}{V^2}\right)(V - nb) = nRT \qquad (6 \cdot 19)$$

この式中で圧力pと体積Vには，実在気体の値が代入されることに注意してほしい．完全気体の状態方程式$pV = nRT$と比べてみると，実在気体の圧力と体積にそれぞれ補正項が加えられている．圧力に対する補正を見ると，p(完全気体)＝p(実在気体)＋$a(n/V)^2$の形式をしている．これは，実在気体では，壁と衝突して圧力を与えようとする分子が，他の分子から分子間引力を受けるため，その圧力は完全気体のものに比べて小さくなることを補正している（図6・10a）．他の分子から受ける力は，濃度（つまりn/V）に比例し，また衝突回数そのものもn/Vに比例するという理由で，補正項$a(n/V)^2$が加算されている．いい加減な説明だと思うなら，後づけの解釈と考えてもよい．1章で話したように，物理法則に数学的証明があるわけではない．実験事実を説明できるかどうかが大事で，ファンデルワールスの状態方程式は，気体のいろいろな性質を実にう

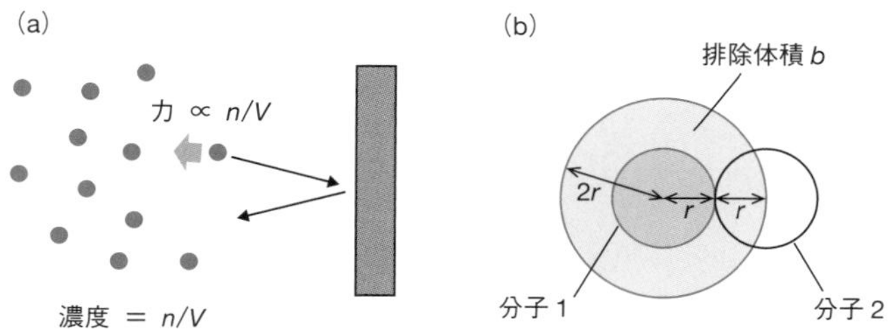

図6・10　**実在気体に必要な圧力の補正**(a)**と体積の補正**(b)

まく説明する．次に，体積に対する補正を見てみよう．V(完全気体) = V(実在気体) $- nb$ の形式をしており，実在気体分子が運動できる空間の体積が，自身の体積によって狭くなることを補正している．図6・10(b) に示したように，分子1の存在によって，分子2が侵入できない体積（水色の部分）が生じている．これを**排除体積**といい，1分子当たりの体積は，原子の半径を r とすると，$\frac{1}{2}\times\frac{4}{3}\pi(2r)^3$ となる．この式の 1/2 は，二つの分子がこの領域をつくるためである．定数 a と b は**ファンデルワールスパラメータ**とよばれ，さまざまな気体の値を表6・2にあげた．一般に，分子が大きくなると，a，b とも大きな値になる．

表6・2　**さまざまな気体のファンデルワールスパラメータ**

物　質	a (atm L^2 mol^{-2})	b (L mol^{-1})	物　質	a (atm L^2 mol^{-2})	b (L mol^{-1})
He	0.0341	0.02370	O_2	1.36	0.0318
Ne	0.211	0.0171	Cl_2	6.49	0.0562
Ar	1.34	0.0322	H_2O	5.46	0.0305
Kr	2.32	0.0398	CH_4	2.25	0.0428
Xe	4.19	0.0510	CO_2	3.59	0.0427
H_2	0.244	0.0266	CCl_4	20.4	0.1383
N_2	1.39	0.0391			

ファンデルワールスの状態方程式のすぐれた点を紹介しよう．まず一つ目は，この方程式が図6・9(b) の等温線の温度変化をほぼ定量的に再現できることである．図6・11(a) の曲線は，ファンデルワールスの状態方程式において，さまざまな温度 T（一定）で p と V の関係をプロットしたものである．低温では，V の増加とともに p は減少し，極小値を通った後に増加に転じ，今度は極大点を通った後に減少している．つまり極小値と極大値をもつのが特徴である．高温では，p は V の増加とともに単調に減少するだけだが，中間温度では変曲点をもつ挙動をとる．さて，低温を仮定した場合に生じる極小点と極大点をもつ挙動は，この2点の間では，体積 V の増加とともに圧力 p も増加するという，物理的にありえない変化を示す．ファンデルワールスの状態方程式の欠点とでもいうべき性質だが，これを補うため，極小と極大を示す部分について，二つの水色の領域

いわば，ファンデルワールス状態方程式の等温線である．

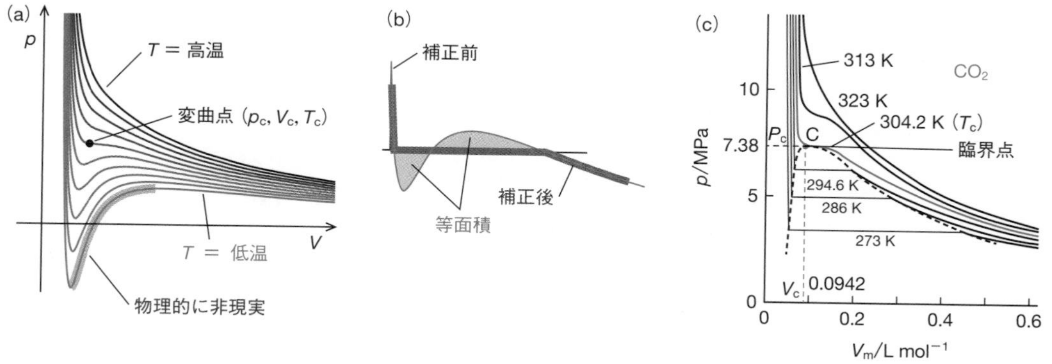

図 6・11 ファンデルワールスの状態方程式の温度変化(a), ファンデルワールスの状態方程式に対する補正(b), CO_2 の等温線(c)

の面積が等しくなるように圧力一定の横線を引き，実測の等温線と対応させる（図 6・11b）．また，図 6・9(c) に示した等温線上の臨界点は，ファンデルワールスの状態方程式上の変曲点に対応させる．変曲点では，

$$\frac{\partial^2 p}{\partial V^2} = 0 \qquad \frac{\partial p}{\partial V} = 0 \tag{6・20}$$

が満たされる．この連立方程式を解くと，臨界点における圧力 p_c，体積 V_c，温度 T_c を，それぞれ a および b の関数として書くことができる．

$$p_c = \frac{a}{27b^2} \qquad T_c = \frac{8a}{27Rb} \qquad V_c = 3b \tag{6・21}$$

逆にいえば，臨界点の p_c，V_c，T_c から，ファンデルワールスパラメータ a，b を計算できる．さらに，臨界点における圧縮因子 $Z_c = p_cV_c/(RT_c)$ は 3/8 と求められる．

図 6・11(c) は，さまざまな温度における CO_2 の等温線である．図 6・9(b) の模式図と比べながら，気体領域，気体と液体の共存領域，液体領域，臨界点，超臨界状態の領域が，それぞれどこに相当するか確認してほしい．そして，補正後のファンデルワールスの状態方程式が，CO_2 の等温線を，すべての温度域で非常にうまく再現することを理解してほしい．補正は必要だが，ファンデルワールスの状態方程式は，実在気体の性質を説明するだけでなく，気体から液体への相転移や超臨界状態への転移を，定量的に説明することができる．

ファンデルワールスの状態方程式以外にも，実在気体において p，V，T，n の関係を表す状態方程式として，いくつもの式が提案されている．次式は**ビリアル方程式**とよばれる状態方程式である．

> ビリアル方程式は，オランダの物理学者であるカマリン・オンネス(K. Onnes, 1853〜1926) により提案された．ヘリウムの液化や超伝導の発見などで知られる．
> ビリアルは “力” という意味のラテン語に由来する．

$$pV_m = RT\left(1 + \frac{B}{V_m} + \frac{C}{{V_m}^2} + \cdots\right) \tag{6・22}$$

ただし $V_m = V/n$ で，また B および C は，それぞれ第 2 および第 3 ビリアル係数とよばれる物質に固有の定数である．この式の形が決まれば，たとえばボイル温度など，さまざまな物理量を推定できる．

この章で確実におさえておきたい事項

- 双極子–双極子相互作用
- 双極子–誘起双極子相互作用
- 誘起双極子–誘起双極子相互作用（ロンドンの分散力）
- レナード・ジョーンズポテンシャル
- 貴ガス結晶
- 水素結合
- ファンデルワールスの状態方程式
- 物質の相図と等温線

章末問題

問題 A

1. 双極子–双極子相互作用の距離依存性は？
① r^{-1}，② r^{-2}，③ r^{-3}，④ r^{-4}，⑤ r^{-6}

2. 双極子–双極子相互作用の角度依存性は？
① $\cos\theta$，② $\cos^2\theta$，③ $1-\cos^2\theta$，④ $1-2\cos^2\theta$，⑤ $1-3\cos^2\theta$

3. 誘起双極子–誘起双極子相互作用の距離依存性は？
① r^{-1}，② r^{-2}，③ r^{-3}，④ r^{-4}，⑤ r^{-6}

4. レナード・ジョーンズポテンシャルの引力項の距離依存性は？
① r^{-1}，② r^{-3}，③ r^{-6}，④ r^{-9}，⑤ r^{-12}

5. レナード・ジョーンズポテンシャルの斥力項の距離依存性は？
① r^{-1}，② r^{-3}，③ r^{-6}，④ r^{-9}，⑤ r^{-12}

6. 通常の氷の結晶中では，1 個の O 原子は 4 個の H 原子と結合している．四つの結合において，共有結合と水素結合の数の比は？（アイスルール）
① 0：4，② 1：3，③ 2：2，④ 3：1，⑤ 4：0

7. 実在気体の圧縮因子 Z の圧力依存性において，完全気体の値 $Z=1$ から外れるおもな理由は？
① 分子間力，② 分子の並進運動，③ 分子回転，④ 分子振動，
⑤ 分子の排除体積

8. ファンデルワールスの状態方程式

$$\left(p + a\frac{n^2}{V^2}\right)(V - nb) = nRT$$

において，a 項と b 項の補正の由来はそれぞれ何か？
① 分子間力，② 分子の並進運動，③ 分子回転，④ 分子振動，
⑤ 分子の排除体積

9. 問題 8 におけるファンデルワールスの状態方程式から，臨界点を求めるための条件を選べ．答えは一つとは限らない．
① $p=0$，② $\dfrac{\partial p}{\partial V}=0$，③ $\dfrac{\partial^2 p}{\partial V^2}=0$，④ $\dfrac{\partial^3 p}{\partial V^3}=0$，⑤ $\dfrac{\partial^4 p}{\partial V^4}=0$

問題 B

1．粒子間にレナード・ジョーンズポテンシャルを仮定した場合，固体全体の凝集エネルギーは，

$$V_{\mathrm{solid}} = \frac{1}{2}N(4\varepsilon)\left\{\sum_j{}' \left(\frac{\sigma}{p_{ij}R}\right)^{12} - \sum_j{}' \left(\frac{\sigma}{p_{ij}R}\right)^{6}\right\}$$

となる．ただし，N は総原子数，R は最近接原子間距離，σ と ε はこのポテンシャルのパラメータである．

a）Σ' の意味は何か．

b）2 粒子間（粒子間距離 R）のレナード・ジョーンズポテンシャルそのものを，R, σ, ε を用いて書き下せ．このポテンシャルを R の関数として図示し，σ と ε がそれぞれどのような物理的意味をもつか示せ．

c）ある結晶格子に対する格子和が，$\Sigma' p_{ij}{}^{12} = a$，$\Sigma' p_{ij}{}^{6} = b$ で与えられるとする．平衡距離を R_0 とした場合，(R_0/σ) を与える式を求めよ．

2．CO_2 の等温線（図 1）に関する問に答えよ．

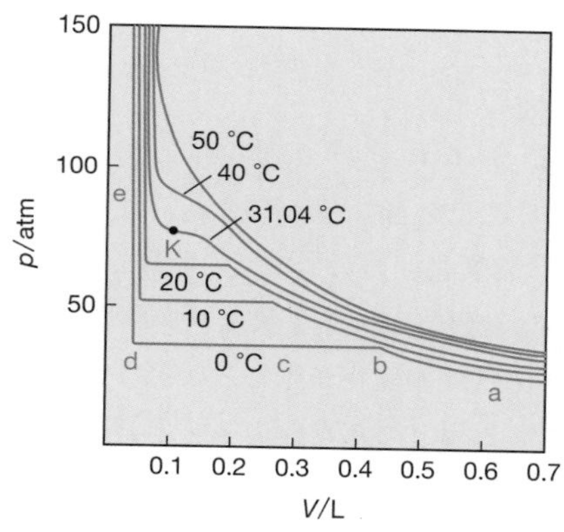

図 1

a）0 °C の等温線上の点 a, b, c, d, e 上における CO_2 の状態や変化をそれぞれ記せ．

b）ファンデルワールスの状態方程式を変形して p を V の関数として描くと，ある温度領域では図 2 のような概形になり，図 1 の 0 °C の等温線を説明できない．どのような操作を図 2 の曲線に与え，図 1 の等温線と一致させるのか，説明せよ．

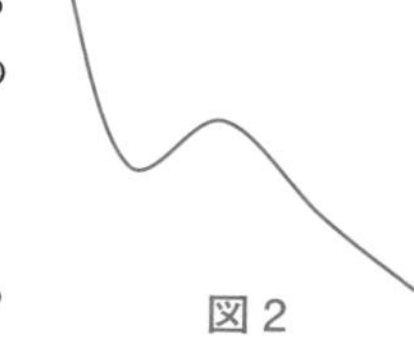

図 2

c）K 点の名称を答えよ．

3．メタンの臨界定数は，$p_c = 45.6$ atm，$V_c = 98.7\ \mathrm{cm^3\ mol^{-1}}$，$T_c = 190.6$ K である．メタンのファンデルワールス定数を計算し，分子の半径を見積もれ．

7 はじめての熱力学

大学の化学において，量子化学と熱力学はとっつきにくさにおいては双璧だろう．熱力学では，エンタルピー，エントロピーとか，耳慣れない用語が頻繁に登場して相互の関係が理解されないうちに学期が終わってしまい，結局，熱力学はわれわれにいったい何を教えてくれる学問なのかをなかなかつかみきれない．しかし実際の熱力学は，きわめて精緻でありながら実用性も高く，また学問としての完成度が高い．その理解のためには，互いに結び付き，また数式で表現されている多くの法則を，一つ一つ積み上げていくプロセスを通らなければならない．あたかも高い山を一歩一歩登る感じで，頂上までたどりつけば視界が開けて気分爽快だが，登っている最中はさほど楽しいものではないかもしれない．この章では，「化学変化はなぜ起こるのかを理解する」を山頂として明確にイメージをもちながら，役に立つ熱力学を重視し，あまり寄り道せずに山頂までの道のりを一気に案内したい．

7・1 熱力学ポテンシャルとその変数

熱力学とは！

熱力学が教えてくれることをきちんと書けば，

(i) ある物質あるいは物質集団の最も安定な状態

(ii) ある物質あるいは物質集団のある状態が，最も安定となる外的条件

(iii) 化学反応や物理的状態の変化が生じるかどうか，生じるための条件

(iv) 変化がひき起こす外界との相互作用

となる．そのなかで，化学反応や相転移など，自発変化の方向を教えてくれるのが，**熱力学ポテンシャル**である．この説明をする前に，高校から学んできた力学ポテンシャルが何を教えてくれるか，復習してみよう．地球の重力に起因する重力場のポテンシャルエネルギーは $V = mgh$ と表される．ここで m は質量，g は重力加速度，h は高さ（地球の中心からの距離）である．図7・1のAとBの状態で，どちらのポテンシャルエネルギーが高いかは一目瞭然で，高い位置にあるAのほうが高い．したがって，自然に生じる変化の方向はA→Bとなる．つまり，木の枝に引っかかったボールは，いずれ木から地面に落ちるが，一方で地面に転がっているボールが自分で木を駆け上がることはない．しかしながら，この地面に落ちる変化は，いつ起こるかは誰にもわからない．これと同様に，熱力学は，互いに変換可能な熱力学的な二つの状態AとBがあるとき，もし両者の“熱力学ポテンシャル”の値が異なるとすれば，自発変化の方向がA→BあるいはB→Aなのかを教えてくれる．熱力学に反した変化が自発的に起こることは決してない．また，これも力学ポテンシャルと同様で，仮に熱力学が支持する自発変化であっても，その変化がいつ起こるかは教えてくれない．熱力学の限界は平衡状態しか扱えないことで，熱力学的に起こると判定された反応や変化が，どのような速度で進行するかとか，どのような中間状態を経由するかなどにはまった

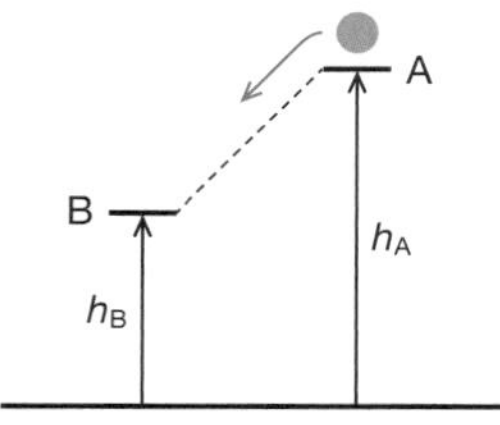

図7・1 重力場のポテンシャルと自然に起こる変化の方向

く情報を与えてくれない．

重力場と熱力学ポテンシャルの比較をもう少し続けてみよう．最も大きな違いは，ポテンシャルというよりは，その変数の数にある．地上の重力場の場合，その変数は高さ h のみである．一方，物質の状態を表すための**熱力学変数**としては，たとえば気体では，圧力 p，体積 V，温度 T があげられる．もちろん，これらは独立に決められるわけではない．ともかく熱力学は，互いに相関した多変数の世界であることは明らかだ．この多変数の存在からすぐに帰結されることは，複数の熱力学ポテンシャルの存在である．つまり，A→Bの変化が起こるかどうかを判定するとき，定圧とか，定温とか，どのような条件を設定してAとBを比較するかで，使うべき熱力学ポテンシャルが異なってくる．図7・2に，熱力学で登場する熱力学変数と熱力学ポテンシャルを示した．いま，個々の名称を覚える必要はまったくない．熱力学変数には，n（物質量）以外に p, V, T と S があり，一方，熱力学ポテンシャルには，S, U, H, A, G の５種類がある．もうお気づきと思うが，後述するエントロピー S は，熱力学変数にも熱力学ポテンシャルにも入っている．重力場ポテンシャルでは V は h の関数だったが，h が V の関数とみなすこともできる（陰関数という）．つまり，多変数，多ポテンシャルの熱力学の世界では，登場人物（S, U, H, A, G, p, V, T, n）が相互にからみあっており，S はある条件では熱力学ポテンシャルとなりうる一方，他の熱力学ポテンシャルの変数にもなる．この登場人物の多さと，相互の関係の複雑さが，熱力学のとっつきにくさの一因であると思う．ただし，これらの熱力学ポテンシャルは決して曖昧なものはなく，それぞれの熱力学変数が決まると一義的にその値が定まる状態関数である．また，われわれの日常は定圧・定温の世界だが，この場合は，後述するギブズエネルギー G が使うべき熱力学ポテンシャルとなり，ひたすらAとBの状態における G の大小を比較すれば，変化の方向を予測することができる．

また，過冷却などの準安定状態も熱力学の守備範囲外である．

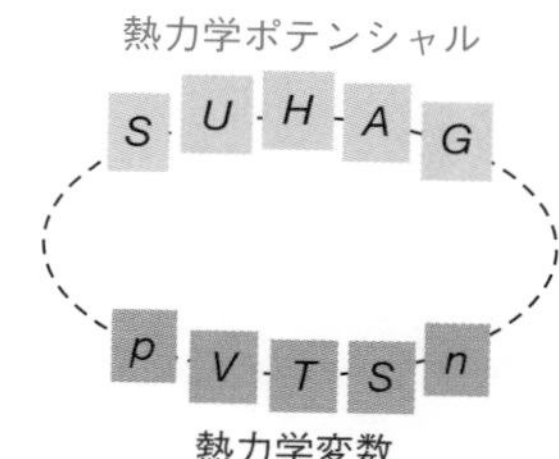

図7・2　**熱力学変数と熱力学ポテンシャル**

熱力学は，一般論としては複雑だが，実際に使ってみると明快で，かつ実用性も高い．

7・2 系と外界

熱力学には，「**系**」という用語がよく登場する．具体例としては，ある反応が生じる反応容器の中を想像してほしい．そして，系の外側には必ず「**外界**」が存在する．さらに，「**宇宙全体**」を「宇宙全体 = 系＋外界」として定義しよう．ここで注意してほしいのは，たとえば「圧力」が，系あるいは外界のものなのかを常に意識することだ．本書では，系の圧力を p，外界の圧力を p_{ex} として区別するが，この区別を曖昧にすると熱力学がわからなくなる．また，法則についてもそうで，たとえば熱力学第二法則の一つの表現方法は「エントロピーは増加する」だが，これは正確にいうと「宇宙全体のエントロピーは増加する」で，「系」のエントロピーが減少する物理・化学現象はいくらでもある．

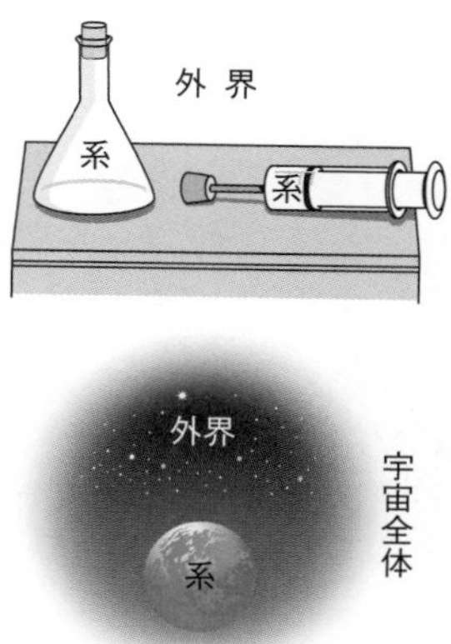

系は，物質とエネルギーの移動があるかないかで，“開放系”，“閉鎖系”，“孤立系”に分類される．それぞれの性質は，図7・3を見ていただきたい．**開放系**

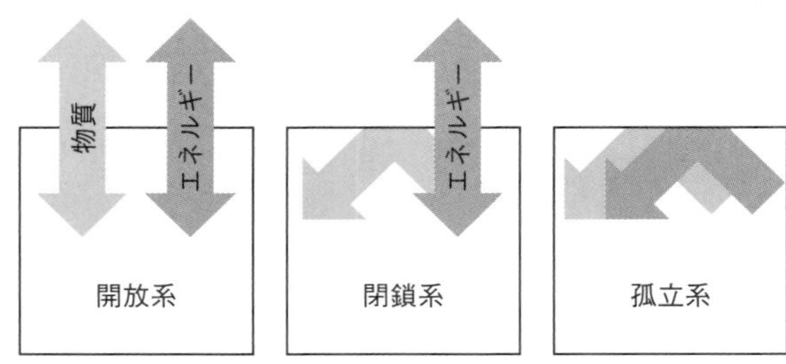

図7・3　**熱力学に登場する開放系，閉鎖系，孤立系の定義**

では外界との間で物質とエネルギーの移動がある一方，**閉鎖系**では質量保存則が成立し，**孤立系**では質量保存則に加えてエネルギー保存則と，後述するエントロピー増大則が成立する．

ここで，仕事，エネルギー，熱移動を定義しておこう．**仕事**は「ある物体が，力に逆らってする運動」，そして**エネルギー**は「仕事をする能力」とする．そして**熱移動**は，「系と外界の温度差の結果としてのエネルギー移動」とする．また，系と外界との間の熱移動については，**断熱的**と**伝熱的**に分類できる（図7・4）．系と外界が断熱的な界面で区切られている場合，系内で**発熱**あるいは**吸熱**変化があれば，系内の温度はそれぞれ上昇もしくは低下することになる．一方，伝熱的な界面の場合，系と外界の温度差をなくすように，系内で発熱があれば外界に熱が放出され，吸熱があれば外界から熱が流入する．

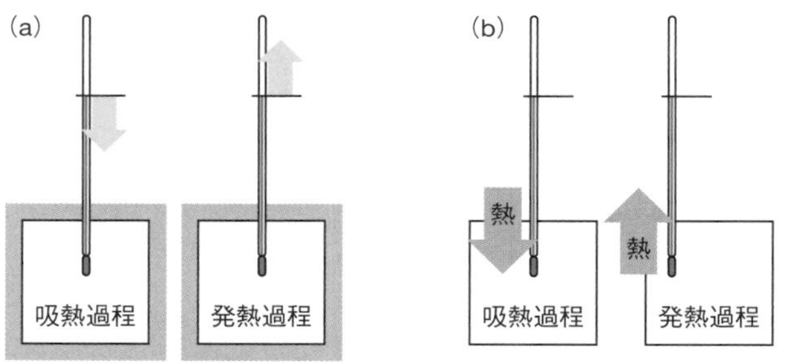

図7・4　**系と外界間との熱移動による分類**　(a) 断熱的，(b) 伝熱的

7・3　エネルギー保存と熱力学第一法則

力学系において，運動エネルギーとポテンシャルエネルギーの総和が保存されたように，熱力学の系においてもエネルギー保存則が成立する．これを**熱力学第一法則**とよぶ．

熱力学第一法則：エネルギーは保存する

この法則は，仕事とエネルギーが変換できること，そして**内部エネルギー**という物理量を導入すれば，仕事，熱，内部エネルギーの三者の間でエネルギー保存則が成立すること示している．すなわち，ΔU を内部エネルギーの変化量，q を熱として系に移動したエネルギー，w を系になされた仕事とすれば，

$$\Delta U = q + w \qquad (7 \cdot 1)$$

が成立する．ここで内部エネルギー U は**状態関数**であり，ΔU は変化の道筋に依存しない一方，次節で示すように，q と w は変化の道筋に依存し，状態量ではない．

q と w の符号について，仕事あるいは熱として，エネルギーが系内に流入して増加する場合は正（プラス）とし，逆に系からエネルギーが失われるときは負（マイナス）とすることに注意してほしい．

さて内部エネルギー U の意味については，系が液体や固体の場合に分子間相互作用も考える必要があって面倒だが，系が気体の場合は単純明快である．気体1分子がもつ全エネルギーは，並進運動，回転運動，振動運動，そして電子系のエネルギーの総和となる．これらのエネルギーは量子化されており，それぞれの分子はいずれかのエネルギーをもっている．そして系の内部エネルギーは，各分子の全エネルギーを，全分子について総和したものとなる．この量は，量子化学と統計熱力学の知識があれば，理論的に計算することもできる．固体，液体，気体にかかわらず，U は，q と w を蓄積したり放出したりできる物質内部のエネルギーの銀行のように考えられる．

“統計熱力学”は巨視的立場の熱力学を微視的立場（統計力学）から基礎づける学問．

7・4 気体膨張の仕事と可逆過程

ちょっと話が脱線してしまうが，ここで気体の膨張による仕事について説明しよう．このような系として，気体を挟んだピストンの例がよく取上げられるが，熱力学で重要な**可逆過程**の意味合いを知るうえで有用である．

ただし，この気体を挟んだピストンの例が将来の研究に役立つかといえば，たぶんそうはならない．

仕事の一般式は簡単に書ける．系が，ある物体を大きさ $|F|$ の力に逆らって距離 $\mathrm{d}z$ だけ動かしたとすると，その仕事は $-|F|\,\mathrm{d}z$ となる．このマイナスの符号は，系が仕事をし，自らのエネルギーを失ったためである．気体の膨張が，外界の圧力（外圧）p_{ex} に逆らって断面積 A のピストンを押したとすると，その力は $|F| = p_{\mathrm{ex}} A$ となる．体積が V_{i} から V_{f} へと膨張したとすると，その仕事 w は，

$$w = -\int_{V_{\mathrm{i}}}^{V_{\mathrm{f}}} p_{\mathrm{ex}} A\,\mathrm{d}z = -\int_{V_{\mathrm{i}}}^{V_{\mathrm{f}}} p_{\mathrm{ex}}\,\mathrm{d}V \qquad (7 \cdot 2)$$

となる．w は変化の道筋に依存するので，いくつかの具体例を示そう．

(i) 一定圧力に逆らう仕事　$p_{\mathrm{ex}} =$ 一定だから，$w = -p_{\mathrm{ex}}(V_{\mathrm{f}} - V_{\mathrm{i}})$ と簡単に書ける．したがって，**自由膨張**（真空に向かっての膨張）では $p_{\mathrm{ex}} = 0$ だから，その仕事 w はゼロとなる．

(ii) 可逆膨張　図7・5(a) にその様子を示すが，$p = p_{\mathrm{ex}}$ と力がつりあったままピストンが移動する．これは，系の圧力 p が外界の圧力 p_{ex} を無限小だけ上回ってピストンを押すと考える仮想的な変化過程で，**可逆膨張**とよぶ．一般に可逆変化は，ある変数の無限小の変化に対して方向を逆転できる変化をさし，平衡にある系は，いつでも可逆変化を行っていると考えてよい．

★ 第 7 回相談室 ★

（学生）　可逆過程は高校でもでてきました．よく知っています．

（ 私 ）　はい．でもこの可逆過程，結構くせ者です．注意してくださいね．ともかく，可逆膨張する際の仕事を計算してみましょう．内圧と外圧がつりあっているのですから，$p = p_{ex}$ で，これを仕事の定義式に代入すれば，

$$w = -\int_{V_i}^{V_f} p_{ex}\, dV = -\int_{V_i}^{V_f} p\, dV \qquad (7 \cdot 3)$$

となります．

（学生）　はい．当然です．

（ 私 ）　さらに，等温（T は一定）という条件をつけ加えてみましょう（等温可逆膨張）．そしてここで，完全気体を仮定すると，(7・3)式を（7・4)式まで一気に変形することができます．

$$w = -\int_{V_i}^{V_f} p\, dV = -\int_{V_i}^{V_f} \frac{nRT}{V}\, dV = -nRT \ln \frac{V_f}{V_i} \qquad (7 \cdot 4)$$

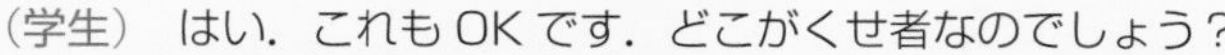

（学生）　はい．これも OK です．どこがくせ者なのでしょう？

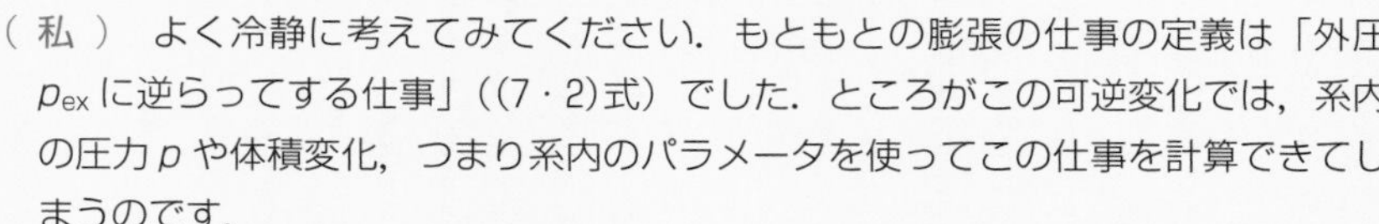

（ 私 ）　よく冷静に考えてみてください．もともとの膨張の仕事の定義は「外圧 p_{ex} に逆らってする仕事」（(7・2)式）でした．ところがこの可逆変化では，系内の圧力 p や体積変化，つまり系内のパラメータを使ってこの仕事を計算できてしまうのです．

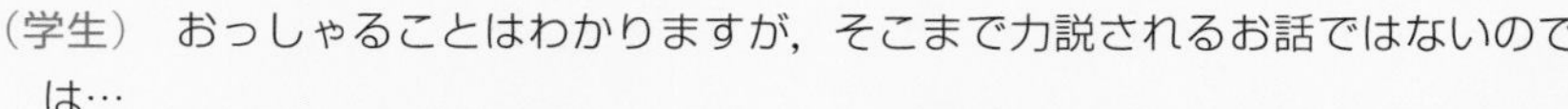

（学生）　おっしゃることはわかりますが，そこまで力説されるお話ではないのでは…

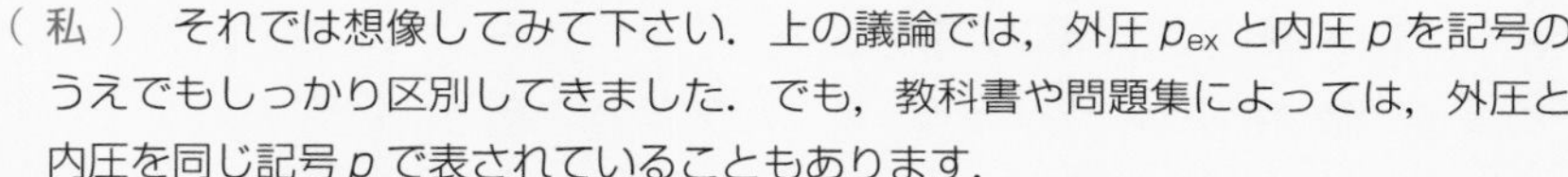

（ 私 ）　それでは想像してみて下さい．上の議論では，外圧 p_{ex} と内圧 p を記号のうえでもしっかり区別してきました．でも，教科書や問題集によっては，外圧と内圧を同じ記号 p で表されていることもあります．

（学生）　それはきっと混乱しますね．可逆過程，つまり $p_{ex} = p$ があってこその $p_{ex} = nRT/V$ ですから，この前提を忘れてこの式を使うと，とんでもないことになりそうです．

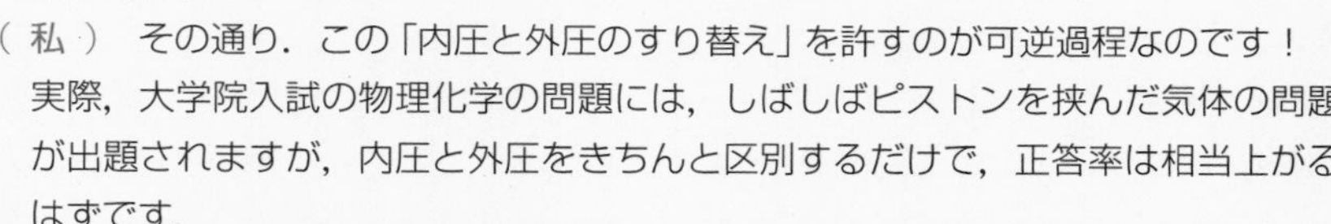

（ 私 ）　その通り．この「内圧と外圧のすり替え」を許すのが可逆過程なのです！実際，大学院入試の物理化学の問題には，しばしばピストンを挟んだ気体の問題が出題されますが，内圧と外圧をきちんと区別するだけで，正答率は相当上がるはずです．

（学生）　了解です．大学院入試の前に，期末試験を頑張ります．でも先生の試験では，p_{ex} と p をしっかり区別して書いておいてくださいね．

さて上記（i）と（ii）の過程について，系がなした仕事を比較してみよう．図 7・5(b) の実曲線は，完全気体の等温可逆膨張における体積増加（$V_i \rightarrow V_f$）と圧力（$p_i \rightarrow p_f$）の関係を示している．曲線の下の面積が，系がなした仕事を表す．一方，一定圧力に逆らう不可逆過程の仕事の場合，可逆膨張の内圧 p に対してピストンが右に動くための外圧の条件は $p_{ex} \leq p$ だから，たとえば $p_{ex} = p_f$ として一定圧力に逆らう仕事の最大値を計算すれば，図 7・5(b) の破線で囲った部分となる．これから，可逆過程で系がなす仕事を w_{rev}，一般の仕事を w とすれば，$|w_{rev}| \geq |w|$ がすぐわかる．もちろん等号は，可逆変化の場合である．膨

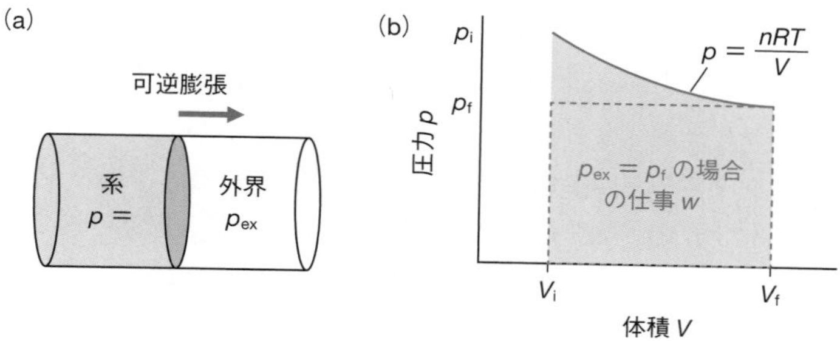

図7・5 **可逆膨張と系がなした仕事** (a) 可逆膨張の例．$p = p_{ex}$ と力がつりあったままピストンが移動する仮想的なプロセス，(b) 実曲線は，完全気体の等温可逆膨張における体積増加（$V_i \to V_f$）と圧力の関係で，曲線の下の面積は系がなした仕事を表す．破線は，外圧が $p_{ex} = p_f$ で一定を仮定した不可逆過程でなされる仕事を表している．

張における可逆過程とは，「系からひき出しうる最大仕事のプロセス」と結論することができる．なお，収縮の場合，上記の議論とはまったく逆で，収縮のための外圧の条件は $p_{ex} \geq p$ だから，収縮における可逆過程とは，「系に与えうる最小仕事のプロセス」となる．

7・5 エンタルピーと熱化学

ここでは話を熱力学第一法則 $\Delta U = q + w$ に戻して，系に熱が加えられ，その体積が膨張する変化を考えよう．系としては，気体，液体，固体，あるいはそれらの混合物でも構わない．もし，定容条件下で熱が加えられれば，体積変化はないので $w = 0$ となる．よって，$\Delta U = q + w$ は，

$$\Delta U = q_V \qquad (7 \cdot 5)$$

と変形される．なお q_V は，定容条件下で加えられた熱であることを示している．この条件下での熱流入は系の内部エネルギーのみを押し上げ，エネルギー保存則は熱と内部エネルギーの総和で成立する．それでは，定圧条件下で膨張する場合はどうだろう．系も外界もその圧力が p に保たれたまま，系の体積が V_i から V_f に膨張すると考えればよい．この場合，仕事は $w = -p(V_f - V_i)$ となる．もちろん，液体や固体の場合では体積変化は小さく，なされる仕事も小さいが，それでも仕事はこの式で記述される．定圧条件下の熱流入を q_p，内部エネルギーの変化を U_i から U_f とすれば，$\Delta U = q + w$ から，

$$U_f - U_i = q_p - p(V_f - V_i)$$
$$q_p = (U_f + pV_f) - (U_i + pV_i) \qquad (7 \cdot 6)$$

が得られる．この式は，q_p が，初期状態 i と最終状態 f の（$U + pV$）値の差として蓄積されることを意味している．そこで新しい関数として，**エンタルピー** H を

$$H = U + pV \qquad (7 \cdot 7)$$

と定義すれば，

"エンタルピー" は暖かさや熱という意味をもつギリシャ語に由来する．

$$q_p = H_f - H_i = \Delta H \quad (7\cdot8)$$

となる．つまり，圧力が一定で起こる変化に対しては，熱とエンタルピーの総和においてエネルギーが保存される．

実はこのエンタルピーの変化量，高校の熱化学ででてきた反応熱や転移熱に相当している．化学反応の大半は，定圧下で進行することが想定されている．(7・9)式は，大気圧 273 K において氷が水に融解する熱化学方程式だが，この過程では熱が吸収される．

$$H_2O(s) = H_2O(l) - 6.01\ kJ \quad (7\cdot9)$$

この熱量が ΔH に一致するが，ΔH の符号は，q_p と同様で系のエネルギーを高めるときが正，その逆が負となる．つまり，吸熱過程の ΔH の符号は正，発熱過程では負となる．(7・9)式の場合は $\Delta_{fus}H^\ominus(273\ K) = 6.01\ kJ\ mol^{-1}$ となる．ここで H の上付き ⊖ の記号は，「指定された温度における 1 bar の圧力で最も安定な状態」と定義された**標準状態**でのエンタルピー変化を意味している．

Δの下付き fus は fusion，つまり融解過程の変化であることを示す．

上記のような単純な相転移ばかりでなく，複数の化合物から構成される化学反応においても，その**反応エンタルピー**は，生成系の総エンタルピーから反応系の総エンタルピーを差し引いた値となり，これは触媒や中間生成物の有無には依存しない．したがって，複数の反応を組合わせることによって，未知の反応の反応熱を計算できる．高校化学の復習になるが，以下の三つの項目を説明しよう．

ヘス（G. Hess，1802～1850）スイス生まれのロシアの化学者．
ヘスの法則は，熱力学第一法則の提唱以前に発見されている．

(i) **ヘスの法則**　たとえば，炭素を直接水素と反応させて CH_4 を合成する反応からその反応エンタルピーを実測することは難しいが，各成分の燃焼熱からその値を計算できる．(7・10)式は C，H_2，CH_4 の燃焼反応で，$\Delta_rH^\ominus$ はそれぞれの反応の**標準反応エンタルピー**である．この絶対値が燃焼熱となるが，これらは発熱反応なので，反応エンタルピーの符号は負となる．

(a)　$C(s) + O_2(g) \longrightarrow CO_2(g) \qquad \Delta_rH^\ominus = -393.5\ kJ\ mol^{-1}$

(b)　$H_2(g) + \frac{1}{2}O_2(g) \longrightarrow H_2O(l) \qquad \Delta_rH^\ominus = -285.8\ kJ\ mol^{-1}$

(c)　$CH_4(g) + 2O_2(g) \longrightarrow CO_2(g) + 2H_2O(l) \qquad \Delta_rH^\ominus = -890.4\ kJ\ mol^{-1}$

(7・10)

(a)式＋2×(b)式－(c)式をとると，

(d)　$C(s) + 2H_2(g) \longrightarrow CH_4(g)$　　(7・11)

を得る．反応式(d) の標準反応エンタルピーも同様に，$\Delta_rH^\ominus = -393.5 + 2 \times (-285.8) - (-890.4) = -74.8\ kJ\ mol^{-1}$ と求めることができる．

(ii) **標準生成エンタルピー**（$\Delta_fH^\ominus$）　生成熱に相当する．この定義は，化合物が標準状態にある構成元素から生成するときの標準反応エンタルピーである．以下は，炭素と水素を原料とするベンゼンの生成反応である．

$$6C(s, graphite) + 3H_2(g) \longrightarrow C_6H_6(l) \qquad \Delta_fH^\ominus = 49.0\ kJ\ mol^{-1}$$

(7・12)

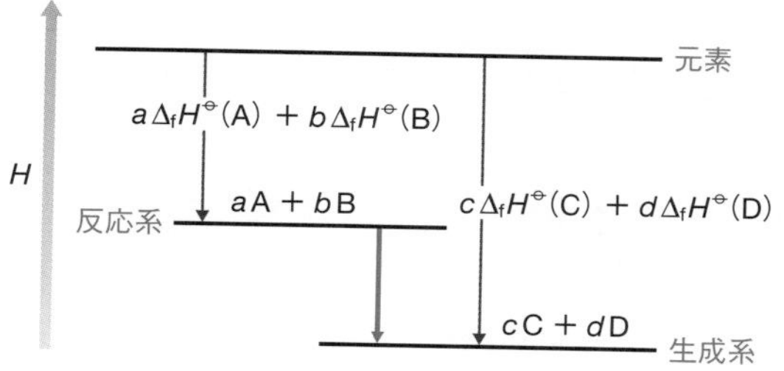

図7・6 反応 $aA+bB \rightarrow cC+dD$ における生成エンタルピーと反応エンタルピー

後述するが，1 bar，室温でグラファイトはダイヤモンドより安定なので，Cとしてはグラファイトが選択されている．図7・6に示した $aA+bB \rightarrow cC+dD$（A, B, C, Dは分子）のような反応で生成エンタルピーと反応エンタルピーの関係を考えると，各分子の標準生成エンタルピーをそれぞれ $\Delta_f H^\ominus(A)$，$\Delta_f H^\ominus(B)$，$\Delta_f H^\ominus(C)$，$\Delta_f H^\ominus(D)$ とすれば，標準反応エンタルピーは，

$$\Delta_r H^\ominus = \{c\Delta_f H^\ominus(C) + d\Delta_f H^\ominus(D)\} - \{a\Delta_f H^\ominus(A) + b\Delta_f H^\ominus(B)\} \tag{7・13}$$

のように生成系と反応系のエンタルピー差として表すことができる．

グラファイトとダイヤモンドは炭素原子のみからなるが結晶構造が異なる．これらの安定性についてはコラム7・3（p.124）でふれる．

(iii) **ボルン・ハーバーサイクル** 実測が難しいイオン結晶の格子エンタルピーを見積もるために考案された．図7・7はKClに関するボルン・ハーバーサイクルである．KClの格子エンタルピー $\Delta_L H^\ominus(KCl)$ とは，標準状態においてKCl結晶が K^+ と Cl^- に解離する反応（$KCl(s) \rightarrow K^+(g) + Cl^-(g)$）のエンタルピー変化に相当する．$\Delta_L H^\ominus(KCl)$ は，図中の五つのプロセスにおける反応熱やエネルギー変化である，KClの生成エンタルピー $\Delta_f H^\ominus(KCl)$，Kの昇華エンタルピー $\Delta_{sub} H^\ominus(K)$，$Cl_2$ の解離エンタルピー $\Delta_d H^\ominus(Cl_2)$，Kのイオン化エネルギー $I_p(K)$，Clの電子親和力 $A(Cl)$ を用いて，下式で与えられる．

ボルン
(M. Born，1882～1970)
ドイツの理論物理学者．

ハーバー
(F. Haber，1868～1934)
ドイツの物理化学者．

$$\Delta_L H^\ominus(KCl) = -\Delta_f H^\ominus(KCl) + \Delta_{sub} H^\ominus(K) + \frac{1}{2}\Delta_d H^\ominus(Cl_2) + I_p(K) - A(Cl) \tag{7・14}$$

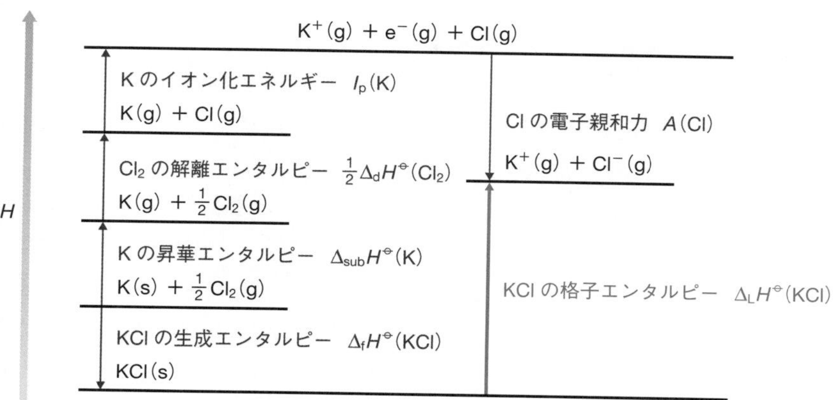

図7・7 KClに関するボルン・ハーバーサイクル

7・6　熱力学第二法則とエントロピー

前節において，日常的な定圧条件下では，熱の出入りと系のエンタルピー変化でエネルギー保存則が成立することを学んだ．この ΔH の符号は正にも負にもなり，吸熱過程と発熱過程のいずれもが存在する．逆説的な言い方だが，少なくとも日常的な条件下では，エンタルピーが，7・1節で述べた「自発変化の指標となる熱力学ポテンシャル」ではなさそうだ．それでは，何が変化の方向をさし示す熱力学ポテンシャルなのだろう？ これにヒントを与えてくれそうな日常的な事象を図7・8に示した．

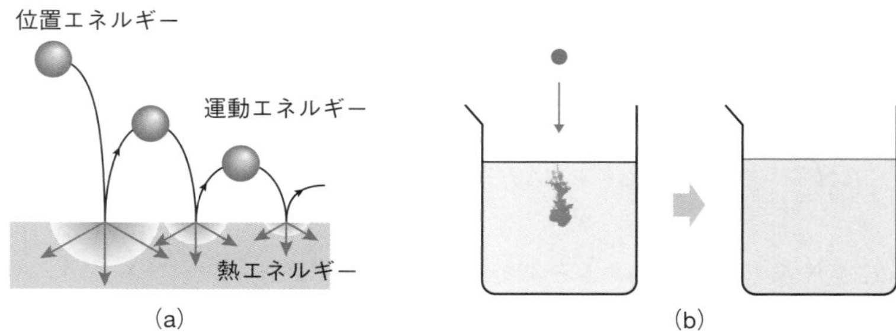

図7・8　**自然に生じる変化の方向**　(a) エネルギーの拡散，(b) 物質の拡散

(a) バウンドするボール　もともと高い位置にあったボールが，バウンドしながら転がっていく．落下する前のボールは，重力場のポテンシャルエネルギーだけをもつエネルギーの塊だったはずだが，バウンドする過程で，運動エネルギーや地面の熱エネルギーに変換されていく．エネルギーは保存されているが，地面に転がっているボールが，地面から熱エネルギーをかき集めてバウンドしはじめ，高い地点に到達することは決してない．

(b) 水に落ちたインク　青インク一滴を水に落とせば，時間とともに拡散し，最後は薄い青色の均一溶液になるだろう．この薄い青色の溶液を放置したら，インクと水に分離したという話は聞いたことがない．このように，エネルギーや物質の「拡散」が，変化の方向の指標のように見える．

“エントロピー”は「変化する」という意味をもつギリシャ語に由来する．

このような変化の方向を教えてくれるのが**熱力学第二法則**であり，この法則に深く関わるのが熱力学ポテンシャル，つまり**エントロピー** S である．内部エネルギー U，エンタルピー H に次ぐ，3番目の登場人物だが，エントロピーは「乱雑さ」などともいわれ，つかみどころがない印象を受けるかもしれない．しかしながら，S は U, H とともに状態関数であり，熱力学変数が定まれば S の値は一義的に決まり，決して曖昧なものではない．さらに，後述するように，熱測定をするとほとんど一番初めに決めることができる物理量であると同時に，統計力学的にもきちんと定義されていて，マクロ（熱測定）とミクロ（量子論，統計論）をつなぐきわめて重要な物理量である．

まず，エントロピーの熱力学的な定義である

$$\mathrm{d}S = \frac{\mathrm{d}q_{\mathrm{rev}}}{T} \qquad (7\cdot 15)$$

について説明する．一般に，熱量 q が変化の道筋に依存することはすでに説明した．そのなかで可逆過程における熱量 $\mathrm{d}q_{\mathrm{rev}}$ に道筋を限定して，上式のようにエントロピーを定義する．ある系において経路を可逆過程に限定して積分すれば，

$$\Delta S = \int_{\mathrm{i}}^{\mathrm{f}} \frac{\mathrm{d}q_{\mathrm{rev}}}{T} \quad \text{i から f は可逆過程} \qquad (7\cdot 16)$$

と書けて，ΔS が系内のエントロピー変化として得られる．

エントロピー変化に関しては，系内のエントロピー変化 ΔS，外界のエントロピー変化 ΔS_{sur}，そして宇宙（系＋外界）のエントロピー変化 ΔS_{tot} を区別して考える必要があるが，外界のエントロピー変化を考える際にも（7・15)式を用いることができる．ここで，系から外界への微小な熱 $\mathrm{d}q_{\mathrm{sur}}$ が移動したとしよう．外界は，系の変化に左右されない「体積と温度が一定の巨大な熱だめ」とみなせるので，その体積 V は一定だから，$\mathrm{d}q_{\mathrm{sur}}$ は外界の内部エネルギー変化 $\mathrm{d}U_{\mathrm{sur}}$ に一致する（(7・5)式参照）．$\mathrm{d}U_{\mathrm{sur}}$ は状態関数で変化の道筋によらないため，この変化が可逆か不可逆であるかに依存しない．これは $\mathrm{d}q_{\mathrm{sur}}$ についても同様であり，可逆・不可逆の区別なく，外界の一定温度を T_{sur} とすれば，

$$\mathrm{d}S_{\mathrm{sur}} = \frac{\mathrm{d}q_{\mathrm{sur,\,rev}}}{T_{\mathrm{sur}}} = \frac{\mathrm{d}q_{\mathrm{sur}}}{T_{\mathrm{sur}}}$$

$$\Delta S_{\mathrm{sur}} = \frac{q_{\mathrm{sur}}}{T_{\mathrm{sur}}} \qquad (7\cdot 17)$$

が常に成立する．つまり，系の変化が可逆か不可逆であるかにかかわらず，外界に移動した熱量だけで外界のエントロピー変化が定まる．

ここで，エントロピーと熱力学第二法則の関係を表す**クラウジウスの不等式**を紹介しよう．内部エネルギー U は状態関数なので，変化が可逆でも不可逆でも $\mathrm{d}U = \mathrm{d}q + \mathrm{d}w = \mathrm{d}q_{\mathrm{rev}} + \mathrm{d}w_{\mathrm{rev}}$ だから，$\mathrm{d}q_{\mathrm{rev}} - \mathrm{d}q = \mathrm{d}w - \mathrm{d}w_{\mathrm{rev}}$ を得る．また7・4節において，気体の膨張における可逆過程とは「系からひき出しうる最大仕事のプロセス」で，収縮における可逆過程とは「系に与えうる最小仕事のプロセス」と結論した．つまり，膨張では $\mathrm{d}w_{\mathrm{rev}} \leq \mathrm{d}w < 0$，圧縮では $\mathrm{d}w \geq \mathrm{d}w_{\mathrm{rev}} > 0$ となり，これから常に $\mathrm{d}q_{\mathrm{rev}} - \mathrm{d}q \geq 0$ が得られる．両辺を温度 T で割ることによって，以下のクラウジウスの不等式を導くことができる．

クラウジウス
(R. Clausius，1822〜1888)
ドイツの理論物理学者．熱力学第一法則・第二法則の定式化，エントロピーの概念の導入など，熱力学の重要な基礎を築いた．

$$\mathrm{d}S \geq \frac{\mathrm{d}q}{T} \qquad (7\cdot 18)$$

なお，等号は可逆過程の場合である．

熱移動を例にとり，クラウジウスの不等式の意味するところを説明しよう．この図7・9は，熱 $|\mathrm{d}q|$ が温度 T_{h} の高温熱源から温度 T_{l} の低温シンクに移動する様子を示している．高温熱源からは熱が流れ出すので $\mathrm{d}q$ の値は負であり，クラウジウスの不等式は $\mathrm{d}S_{\mathrm{h}} \geq -\mathrm{d}q/T_{\mathrm{h}}$ となる．一方，熱が流入する低温シンクで

図7・9　**高温熱源から低温シンクへの熱移動**

は，$dS_l \geq dq/T_l$ が成立する．この二つの式の辺々を足しあわせると，

$$dS = dS_h + dS_l \geq \left(\frac{1}{T_l} - \frac{1}{T_h}\right)dq > 0 \qquad (7\cdot19)$$

となる．これは，高温熱源と低温シンクの組合わせを一つの系と考え，この系内では熱移動があるものの，系外には熱移動がない孤立系と考えれば，「孤立系のエントロピーは自発変化過程で増大する（$dS \geq 0$）」という，熱力学第二法則の一つの表現に帰結する．それと同時に，熱力学第二法則についての別の表現である「低温の物体から高温の物体へ，自発的な熱移動はない」とも整合している．さらに，系と外界の間で熱移動がある場合でも，宇宙 = 系+外界とすれば，宇宙を超える熱移動はないので，宇宙のエントロピー S_{tot}，系のエントロピー S，外界のエントロピー S_{sur} に関して，

$$dS_{tot} = dS + dS_{sur} \geq 0 \qquad (7\cdot20)$$

が成立する．これから，

熱力学第二法則：宇宙のエントロピーは，あらゆる変化の過程で増大する

と記述することができる．以上のように熱力学第二法則にはさまざまな表現があるが，すべて整合する．

すべて整合

7・7　エントロピーの実測

エントロピーは，変化の方向を与える熱力学第二法則と深く関わる熱力学ポテンシャルである．それではこのエントロピーは，どのように実測されるのであろうか．まず，われわれの日常である定圧条件下におけるエントロピーの温度変化について考えてみよう．定圧条件下での熱の流入や放出はエンタルピー変化に一致し（(7・8)式：$q_p = \Delta H$），また定圧熱容量は $C_p = (\partial H/\partial T)_p$ と書ける．そこで，熱平衡が保たれるように熱容量が実測されるなら，$T\,dS = dq_{rev} = C_p\,dT$ が得られる．これから，定圧条件下で温度を T_i から T_f に変化させれば，(7・16)式から，

$$S(T_f) = S(T_i) + \int_{T_i}^{T_f} \frac{C_p}{T}\,dT \qquad (7\cdot21)$$

が得られる．この式はとても重要で，エントロピーを実験的に決定する際に用いられる．$T_i = 0$ および $T_f = T$ とすれば $S(T) = S(0) + \int_0^T \frac{C_p}{T}\,dT$ が得られ，熱容

量の温度変化を絶対零度から測定し，C_p/T の値を積分すれば，任意の温度の $S(T)$ を求められることがわかる．

しかしながら，熱容量を実測してこの積分をしようとすると，“ちょっと困った”事態にいくつか遭遇する．融解などの1次相転移では，温度一定でも発熱や吸熱があり，このとき C_p は発散して積分できない．そこでこのような1次相転移では，定圧条件において転移温度 T_{trs} と転移熱 $q = \Delta_{trs}H$ を実測し，系のエントロピー変化を

$$\Delta_{trs}S = \frac{\Delta_{trs}H}{T_{trs}} \qquad (7\cdot22)$$

として求める．エンタルピー変化の符号は7・5節で説明したが，発熱の場合は負，吸熱の場合は正となる．したがって，前者では $\Delta_{trs}S < 0$ となりエントロピーは減少する．発熱は気体 → 液体や液体 → 固体の相転移に見られるが，直感的にも系のエントロピーは減少しているのがわかる．なお，この発熱という相転移の場合，転移熱は外界に放出されて外界のエントロピーを増加させる．系の温度と外界の温度が同一なら，$\Delta S_{sur} = -\Delta_{trs}S$ だから，宇宙全体のエントロピー変化は $\Delta S_{tot} = 0$ となり，可逆変化であること意味している．吸熱過程の場合は，$\Delta_{trs}H$ と $\Delta_{trs}S$ の符号はともに正となるが，もちろん $\Delta S_{sur} = -\Delta_{trs}S$ で，$\Delta S_{tot} = 0$ が成立する．

ここで，(7・21)式と (7・22)式を組合わせて，熱測定からエントロピーを実験的に求めるための表式をつくることができる．(7・23)式は気体のエントロピーを一般的に表した式で，

$$S(T) = S(0) + \int_0^{T_f} \frac{C_p(\mathrm{s},T)}{T}\mathrm{d}T + \frac{\Delta_{fus}H}{T_f} + \int_{T_f}^{T_b} \frac{C_p(\mathrm{l},T)}{T}\mathrm{d}T + \frac{\Delta_{vap}H}{T_b} + \int_{T_b}^{T} \frac{C_p(\mathrm{g},T)}{T}\mathrm{d}T \qquad (7\cdot23)$$

となる．ここで，T_f，T_b は融点と沸点，$C_p(\mathrm{s},T)$，$C_p(\mathrm{l},T)$，$C_p(\mathrm{g},T)$ は固体，液体，気体の定圧熱容量である．この式では，融解と蒸発以外の相転移がないことを仮定している．また $S(0)$ は絶対零度におけるエントロピーで，これに関しては次節でふれる．この式からわかるように，ある温度 T におけるエントロピー $S(T)$ を求めたいなら，$T=0$ からその温度までの定圧熱容量や転移熱の測定をすればよい．

図7・10(a) は，C_p/T の典型的な温度依存性を示している．固体↔液体↔気体の相転移の際に，C_p/T の値は大きくジャンプしている．固体において温度を下げて $T \to 0$ とすると，ほとんどすべての物質の C_p/T 値はゼロに近づくが，もちろん $T=0$ まで熱容量の測定ができるわけではない．このような極低温では，固体の定圧熱容量は，一般に温度の3乗に比例することが知られている（デバイの T^3 則：$C_p \propto T^3$）．そこでこの関係を仮定して，$T=0$ における $C_p/T=0$ と低温域のデータを補間して C_p/T の温度依存性を推定する．図7・10(b) は，

デバイ
(P. Debye，1884～1966)
オランダ生まれの化学者・物理学者．1936年，ノーベル化学賞を受賞．

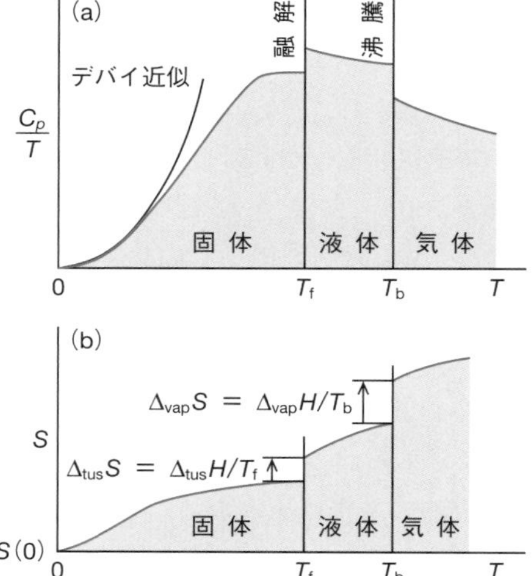

図7・10　定圧熱容量 (C_p/T) (a) とエントロピー(b) の温度依存性　融点 T_f や沸点 T_b などの1次相転移点でジャンプしている．

(7・23)式によって求めたエントロピーの温度変化を表している．$T = 0$ から温度を上げると，エントロピーは $S(0)$ から増加し，1次相転移のたびにジャンプする．このように，エントロピーは決して曖昧な物理量ではなく，熱測定を通じて直接的に決定できる熱力学ポテンシャルであることを理解してほしい．

7・8　エントロピーの統計力学的定義と熱力学第三法則

エントロピーのすぐれたところは，前節の (7・15)式のように熱力学的に定義してそれを実験で確定できる一方，ミクロの視点に立つ統計力学的定義から理論計算できる点である．もちろん両者はぴたりと一致する．次式は，エントロピーの統計的定義である**ボルツマンの関係式**である．

ボルツマン
(L. Boltzmann，1844～1906) オーストリア出身の物理学者．統計力学の端緒を開いた功績のほか，電磁気学，熱力学，数学の研究でも知られる．

$$S = k_B \ln W \qquad (7 \cdot 24)$$

k_B はボルツマン定数，そして W が微視的状態数で，場合の数ともよぶ．7・3節において，気体の内部エネルギー U は各分子の並進運動，回転運動，振動運動そして電子系のエネルギーの総和となることにふれた．本書の範ちゅうを超えるが，各エネルギー自由度からの寄与の総和として，エントロピーの表式を書き下すことができる．

それでは**熱力学第三法則**を説明しよう．これは，絶対零度におけるエントロピーに関する法則で，

熱力学第三法則：完全結晶のエントロピーは $T = 0$ において $S(0) = 0$

と記述できる．ここで“完全結晶”という見慣れない用語があるが，結晶の中に不純物や格子欠陥を含まない理想的な規則性をもつ結晶をさす．これに対をなす用語が“ランダム結晶”であり，その一例が重水素化メタン結晶 (CDH_3) である．この結晶中では各分子の C−D 軸方向がまったくランダムであり，その配向には4通りある．このランダムさが絶対零度では完全に凍結されるので，この結

本来原子が存在する位置に原子がなかったり，本来原子が存在しない位置に原子が存在するなど，結晶における原子配列の幾何学的な乱雑さを“格子欠陥”とよぶ．

晶がアボガドロ数 N_0 個の分子から形成されているとすれば，そのエントロピーは，

$$S = k_B \ln(4)^{N_0} = 2R\ln 2 \qquad (7\cdot25)$$

となる．そして，この乱雑さにもとづいて絶対零度でも残るエントロピーを**残留エントロピー**とよぶ．

同一物質がランダム結晶と完全結晶をつくった場合のエントロピーの温度変化を，図7・11で模式的に比較した．$T=0$ でランダム結晶は残留エントロピーをもつ一方，完全結晶ではもちろん $S=0$ である．しかし気体状態では，もちろん両者のエントロピーに差はない．気体状態において，分子振動や分子回転の分光学データにもとづき理論計算されたエントロピーを**分光学的エントロピー**とよ

コラム7・1　氷の残留エントロピー

氷の結晶も残留エントロピーをもちます．氷にはいくつかの結晶構造が知られていますが，典型的な構造は，前章の図6・7(a) で示したように，O 原子がダイヤモンド構造をとるものです．そしてこの構造には，“アイスルール” とよばれる規則が存在します（図1a)．

(i) O 原子は，隣接した4個のO 原子がつくる正四面体の重心に位置する．

(ii) 各O 原子のまわりには4個のH 原子があり，2個とは共有結合し，2個とは水素結合する．

(iii) (ii) のパターンに周期性はなく，各O 原子サイトによってランダム．

それではこの構造に従って，場合の数 W を計算しましょう．H 原子は $2N$ 個あり，O−O 原子をつなぐ線上においてH 原子の位置は2通りあるので（図1b)，場合の数として 2^{2N} がでてきます．しかしこの完全にランダムを仮定した数には，O 原子が4個のH 原子がすべて近い（共有結合）などといったアイスルールに従わない構造も含まれるので，それを補正する必要があります．1個のO 原子まわりのH 原子の配置において，アイスルールが満たされる割合は ${}_4C_2/2^4$ であり，それがO 原子は N 個あるので，

$$W = 2^{2N} \times \left(\frac{{}_4C_2}{2^4}\right)^N = \left(\frac{3}{2}\right)^N$$

$$S = k_B \ln\left(\frac{3}{2}\right)^N = R\ln\left(\frac{3}{2}\right) = 3.37\,\mathrm{J\,K^{-1}\,mol^{-1}}$$

と氷の残留エントロピーを計算でき，実測値 $3.4\,\mathrm{J\,K^{-1}\,mol^{-1}}$ ともよく一致します．

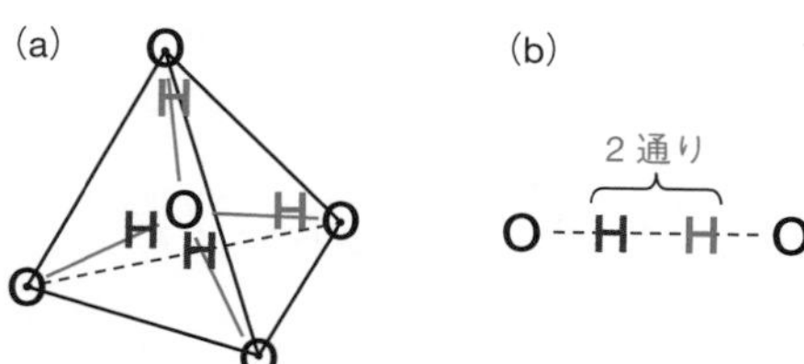

図1　氷の結晶中でO 原子がつくる正四面体(a) とH 原子の位置(b)

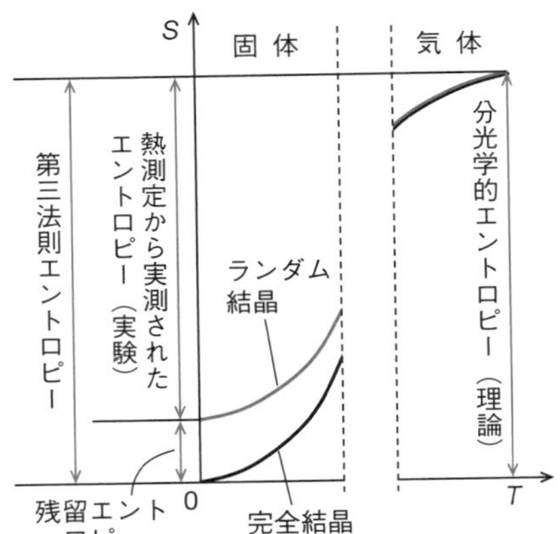

図7・11　**ランダム結晶と完全結晶のエントロピーの温度依存性**

ぶ．そして，熱力学第三法則を仮定し，極低温からの熱測定によって求められたエントロピーを**第三法則エントロピー**とよぶ．図7・11に示したように，残留エントロピーは，理論と実験値の差として定めることができる．

7・9　変化の方向を与える熱力学ポテンシャル

物質のエントロピーは状態関数であり，熱力学変数によって一義的に決定される．ここでは反応におけるエントロピー変化を定義しておこう．**反応エントロピー**とは，化学反応において，反応系と生成系のエントロピー総和の差となる．その算出方法は，7・5節で紹介した反応エンタルピーの計算方法と同様で，$a\mathrm{A}+b\mathrm{B} \rightarrow c\mathrm{C}+d\mathrm{D}$（A, B, C, D は分子）のモデル反応を考えると，各分子の1 mol当たりの標準モルエントロピーをそれぞれ $S^{\ominus}(\mathrm{A})$，$S^{\ominus}(\mathrm{B})$，$S^{\ominus}(\mathrm{C})$，$S^{\ominus}(\mathrm{D})$ とすれば，標準反応エントロピーは，

$$\Delta_{\mathrm{r}}S^{\ominus} = \{cS_{\mathrm{m}}^{\ominus}(\mathrm{C}) + dS_{\mathrm{m}}^{\ominus}(\mathrm{D})\} - \{aS_{\mathrm{m}}^{\ominus}(\mathrm{A}) + bS_{\mathrm{m}}^{\ominus}(\mathrm{B})\} \qquad (7\cdot 26)$$

と簡単に計算できる．エントロピーとエンタルピーは，ともに状態関数であり，足し算，引き算ができることを理解してほしい．

★ 第8回相談室 ★

（私）　化学反応のエントロピー変化を計算できることがわかったので，これが変化の方向を与える熱力学第二法則とどのように関わるのか，具体例を見てみましょう．

（学生）　お願いします．

（私）　次式を見てください．これは鉄が酸化されて発熱する反応です．鉄がさびる反応というか，使いすてカイロの反応といったほうが通りがよいかもしれませんね．

$$4\,\mathrm{Fe(s)} + 3\mathrm{O_2(g)} \longrightarrow 2\,\mathrm{Fe_2O_3(s)} \qquad \Delta_{\mathrm{r}}H^{\ominus}(298\ \mathrm{K}) = -1648.4\ \mathrm{kJ\ mol^{-1}} \qquad (7\cdot 27)$$

（学生）　知っていますが，ちょっと質問が．発熱反応なので $\Delta_{\mathrm{r}}H^{\ominus}$ の値は負になるのは教えていただきましたが，この $\mathrm{mol^{-1}}$ にちょっと混乱しています．$\mathrm{Fe_2O_3}$ 1 mol が生成するときの値ですか？

（私） いいえ，これはよくある間違いです．この mol^{-1} の意味ですが，(7・27)式に書いてある通り，4 mol の Fe(s) と 3 mol の O_2(g) が反応して 2 mol の Fe_2O_3(s) が生成するときのエンタルピー変化となります．

（学生） わかりました．高校以来の疑問で，いま確認できてよかったです．さて，使いすてカイロを袋から取出して空気に触れさすと発熱が始まりますから，先生はきっと，298 K，標準状態で自発的に反応が進行する例として，この反応をあげられたのですね．

（私） 素晴らしい！ さすがに 7 章まで読み進められてきた皆さん，阿吽の呼吸で，私が言いたいことを察してくれるようになりましたね．来年は私の講義の TA でもやってくれませんか．

（学生） 時給次第で考えてもいいですよ．

（私） …．話を戻しましょう．図 7・12 にこの反応のイメージを描きました．大きな体積を占めていた気体の O_2 が固体の Fe と反応してこれに取込まれ，それと同時に熱が発せられます．さて，各物質の標準モルエントロピー S_m° は，298 K において (7・28)式のように実測されています．これらを用いて，標準反応エントロピー $\Delta_r S^\circ$ を計算してみてください．

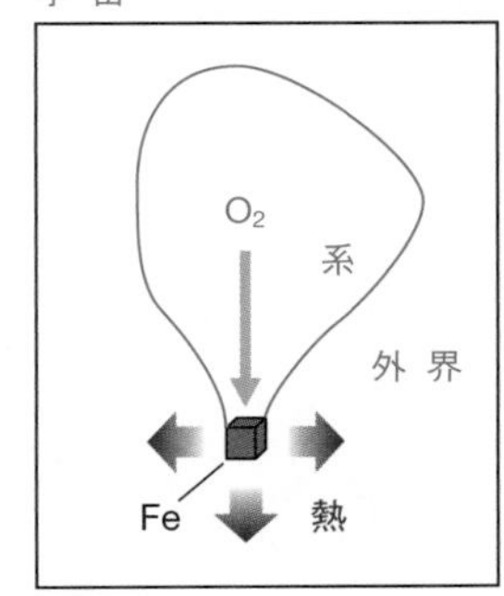

図 7・12 **Fe の酸化反応のイメージ** 大きく拡散していた O_2 分子が Fe に閉じ込められる一方，系から外界へと熱が発せられる．

$$\begin{aligned} \mathrm{Fe(s)} &: S_m^\circ = 27.3\ \mathrm{J\ K^{-1}\ mol^{-1}} \\ \mathrm{O_2(g)} &: S_m^\circ = 205.0\ \mathrm{J\ K^{-1}\ mol^{-1}} \\ \mathrm{Fe_2O_3(s)} &: S_m^\circ = 87.4\ \mathrm{J\ K^{-1}\ mol^{-1}} \end{aligned} \quad (7\cdot 28)$$

（学生） カンタンです．(7・26)式から考えれば，

$$\Delta_r S^\circ = 2 \times S_m^\circ(\mathrm{Fe_2O_3}) - 4 \times S_m^\circ(\mathrm{Fe}) - 3 \times S_m^\circ(\mathrm{O_2}) = -549.4\ \mathrm{J\ K^{-1}\ mol^{-1}} \quad (7\cdot 29)$$

となり，エントロピーは減少します．あれれ・・・．(7・20)式あたりで，自発変化ではエントロピー増大と教えていただいたような？

（私） いえいえ．$\Delta_r S^\circ$ ですが，これで正解です．これはあくまで系内のエントロピー変化で，これが減少したにすぎません．確かに，反応の前は大きく拡散していた O_2 気体が，反応後には小さな Fe_2O_3 固体中にキュッと閉じ込められのですから，エントロピーを乱雑さと観念的にとらえれば，系のエントロピー減少も当然でしょう．

（学生） なるほど．図 7・12 の青色の線の内側を系と考えればよいのですね．

（私） そうです，そうです．さて，ここからが本題です．系内のエントロピーは減少する一方，この反応では外界に熱が発せられており，外界のエントロピーは増大するはずです．外界と系の温度は同一（T_{sur} = 298 K）と仮定して，外界のエントロピー変化を計算してみてください．

（学生） はい．外界に放出される熱は 1648.4 kJ mol^{-1} ですから，(7・17)式をそのまま使って，外界のエントロピーは 1648.4 kJ mol^{-1}/298 K = 5530 J K^{-1} mol^{-1} だけ増える，と計算できます．

（私） 正解です．「宇宙 = 系＋外界」として，この反応にともなう宇宙全体のエントロピーを求めると，

$$\Delta S_{tot}^\circ = \Delta_r S^\circ + \Delta S_{sur}^\circ = -549 + 5530 = 4980\ \mathrm{J\ K^{-1}\ mol^{-1}} \quad (7\cdot 30)$$

となり，この化学反応のエントロピーは宇宙全体では確かに増大しています．熱

力学第二法則は，この反応が自発的に進行することを説明しています．

（学生）　第二法則って本当に成立しているのですね．

（ 私 ）　この反応についてまとめてみましょう．反応前は，大きく広がっていた O_2 気体が Fe_2O_3 固体内にキュッと凝縮されるのですから，系のエントロピー減少は当然です．でもこれと同時に系から外界に熱がボワッと発せられて外界のエントロピーは大きく増大し，トータルでもエントロピーは増大するのです．

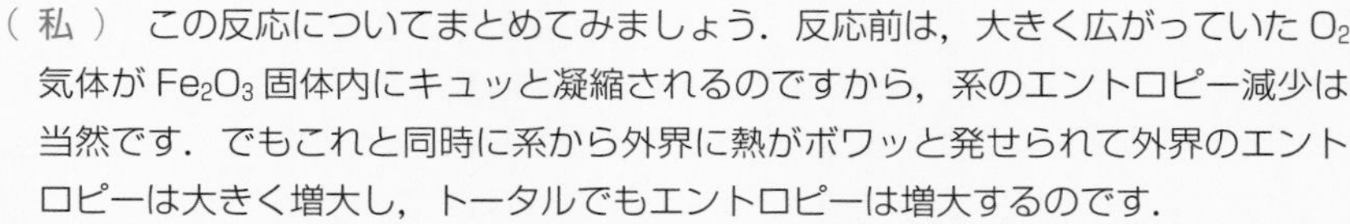

（学生）　なるほど．「キュッ」vs「ボワッ」で，後者が勝つのがこの化学反応の本質ですね．なんだかこの反応が，生き生きして見えてきました．

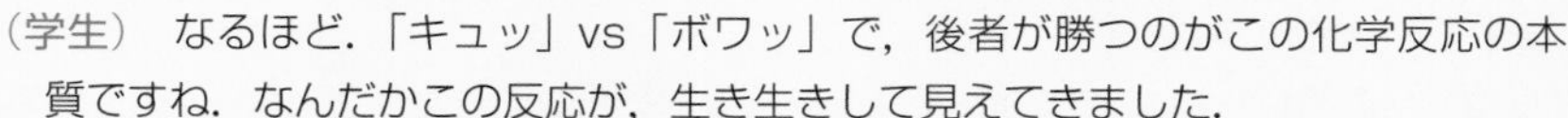

（ 私 ）　ハハハ．「キュッ」vs「ボワッ」をコラム 7・2 に整理しておきました．このまま読み進めてみてください．

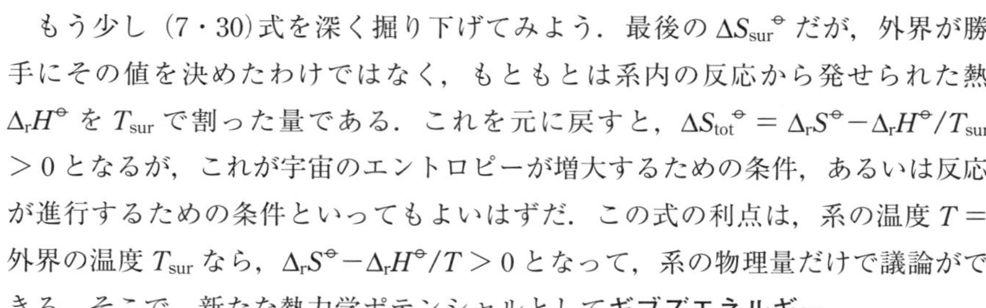

もう少し（7・30）式を深く掘り下げてみよう．最後の $\Delta S_{\mathrm{sur}}{}^{\ominus}$ だが，外界が勝手にその値を決めたわけではなく，もともとは系内の反応から発せられた熱 $\Delta_{\mathrm{r}}H^{\ominus}$ を T_{sur} で割った量である．これを元に戻すと，$\Delta S_{\mathrm{tot}}{}^{\ominus} = \Delta_{\mathrm{r}}S^{\ominus} - \Delta_{\mathrm{r}}H^{\ominus}/T_{\mathrm{sur}} > 0$ となるが，これが宇宙のエントロピーが増大するための条件，あるいは反応が進行するための条件といってもよいはずだ．この式の利点は，系の温度 $T =$ 外界の温度 T_{sur} なら，$\Delta_{\mathrm{r}}S^{\ominus} - \Delta_{\mathrm{r}}H^{\ominus}/T > 0$ となって，系の物理量だけで議論ができる．そこで，新たな熱力学ポテンシャルとして**ギブズエネルギー**

ギブズ
（J. Gibbs，1839～1903）
アメリカの物理学者・物理化学者．
熱力学ポテンシャルや化学ポテンシャルの概念を導入し，今日の化学熱力学の基礎を築いた．統計力学の確立にも貢献している．

$$G = H - TS \tag{7・31}$$

を導入すると，温度一定ならば $\Delta_{\mathrm{r}}G = \Delta_{\mathrm{r}}H - T\Delta_{\mathrm{r}}S$ だから，反応が進む条件は $\Delta_{\mathrm{r}}G < 0$ となる．このように，定温・定圧下で進行する日常的な化学反応については，ギブズエネルギーが変化の方向を定める熱力学ポテンシャルとなる．

上記の具体例を，クラウジウスの不等式 $\mathrm{d}S \geq \mathrm{d}q/T$（(7・18)式）から一般化してみよう．まず定容条件下では $w = 0$ だから，$\mathrm{d}q_V = \mathrm{d}U$ となる．これをクラウジウスの不等式に代入すれば，$\mathrm{d}U - T\,\mathrm{d}S \leq 0$ となる．ここで，新しい熱力学的ポテンシャルとして，**ヘルムホルツエネルギー**を

ヘルムホルツ
（H. Helmholtz，1821～1894）
ドイツの物理学者・生理学者．

$$A = U - TS \tag{7・32}$$

と定義すれば，温度一定で $\mathrm{d}A = \mathrm{d}U - T\,\mathrm{d}S$ より，自発変化は $\mathrm{d}A_{T,V} \leq 0$ のときに起こる．等号は，可逆変化の場合である．つまり定容条件下では，自発変化の方向を定める熱力学ポテンシャルはヘルムホルツエネルギー A である．

次に定圧条件を考えると，熱移動 = エンタルピー変化であるから（$\mathrm{d}q_p = \mathrm{d}H$），クラウジウスの不等式は $\mathrm{d}H - T\,\mathrm{d}S \leq 0$ と書き直すことができる．(7・31)式より温度一定では $\mathrm{d}G = \mathrm{d}H - T\,\mathrm{d}S$ だから，自発変化は $\mathrm{d}G_{T,p} \leq 0$（等号は可逆過程）のときに起こる．日常的な定圧条件下では，ギブズエネルギーが自発変化の方向を定める熱力学ポテンシャルである．

7・10　熱力学ポテンシャルの重要な性質

熱力学ポテンシャルが，熱力学変数の変化に対してどのように変化するのかを知ることはきわめて重要で，これがわかれば変化の方向を制御することもでき

る．熱力学第一法則と第二法則を結び付けて，各熱力学ポテンシャルと熱力学変数の関係式を改めて求めてみよう．まず，内部エネルギーの微小変化は，$\mathrm{d}U = \mathrm{d}q + \mathrm{d}w = \mathrm{d}q_{\mathrm{rev}} + \mathrm{d}w_{\mathrm{rev}}$ と書ける．可逆条件下では，$\mathrm{d}q_{\mathrm{rev}} = T\,\mathrm{d}S$ および $\mathrm{d}w_{\mathrm{rev}} = -p\,\mathrm{d}V$（可逆過程なので，この p は内圧であることに注意）であり，これらを代入すると，**熱力学基本式**とよばれる

$$\mathrm{d}U = T\,\mathrm{d}S - p\,\mathrm{d}V \tag{7・33}$$

が得られる．これを見ればわかるように，U は S と V の関数として定義するのが自然であり，この 2 変数を U の**共役変数**とよぶ．もちろん U をその他の変数の関数として書くこともできるが，より複雑な表式となってしまう．(7・33)式

コラム 7・2　エンタルピーとエントロピーの戦い

吸熱反応と発熱反応が自発的に起こる条件を，$\Delta_{\mathrm{r}}G = \Delta_{\mathrm{r}}H - T\Delta_{\mathrm{r}}S \leq 0$ から考えてみましょう（図 1）．吸熱反応では $\Delta_{\mathrm{r}}H > 0$ ですから，エンタルピー変化は G を増加する方向に寄与します．したがって吸熱反応が自発的に起こるためには，つまり $\Delta_{\mathrm{r}}G$ が負の値になるためには，必ずエントロピーが増え（$\Delta_{\mathrm{r}}S > 0$），しかもその変化 $T\Delta_{\mathrm{r}}S$ が，$\Delta_{\mathrm{r}}H$ に勝る必要があります．確かに，蒸発や融解は吸熱過程ですが，吸熱とともに気体 → 液体や液体 → 気体のように，いかにもエントロピーが増大しそうな変化がともなっていますよね．一方，発熱反応では $\Delta_{\mathrm{r}}H < 0$ で，これ自身が G を減少させます．このとき，もしエントロピーが増加する（$\Delta_{\mathrm{r}}S > 0$）のであれば，これはエンタルピー項もエントロピー項も G を減少させるので，自発変化は容易に起こるだろうと推察されます．しかし，もしエントロピーが減少するなら（$\Delta_{\mathrm{r}}S < 0$），先ほどとは逆で，$|\Delta_{\mathrm{r}}H|$ が $|T\Delta_{\mathrm{r}}S|$ に勝る必要があります．実はこれが，本文で紹介した鉄の酸化反応です．この例ように，エントロピーとエンタルピーが競合し，その結果としてギブズエネルギー $\Delta G < 0$（つまり自発変化）がもたらされる場面は，化学反応や物理現象によく登場します．おそらく生命科学においても．読者の皆さんも，さまざまな吸熱反応や発熱反応をもとにして，エンタルピーとエントロピーの戦いを想像してみてはどうですか．

戦いのポイント！

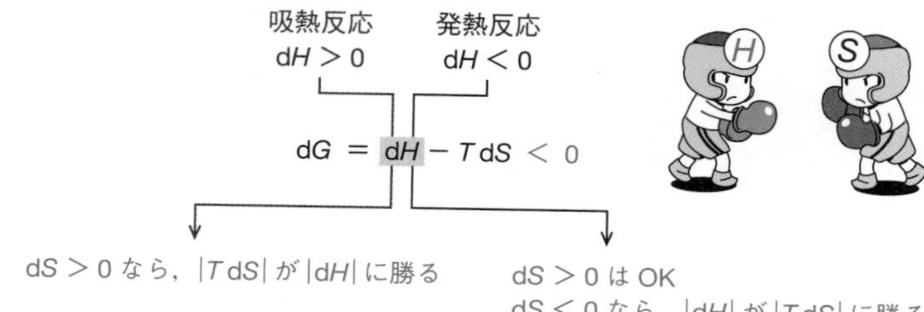

図 1　エンタルピーとエントロピーの戦い

より，

$$\left(\frac{\partial U}{\partial S}\right)_V = T \qquad \left(\frac{\partial U}{\partial V}\right)_S = -p \tag{7・34}$$

が得られる．これらは $U(S, V)$ として，変数の変化に対してどのように振舞うかを教えてくれる．さらにこの二つの式から，**マクスウェルの関係式**とよばれる一連の式を導出することができる．一般に，$f(x, y)$ という関数があったとき，$\frac{\partial}{\partial y}\left[\left(\frac{\partial f}{\partial x}\right)_y\right]_x = \frac{\partial}{\partial x}\left[\left(\frac{\partial f}{\partial y}\right)_x\right]_y$ が成立するので，

$$\left(\frac{\partial T}{\partial V}\right)_S = -\left(\frac{\partial p}{\partial S}\right)_V \tag{7・35}$$

を導くことができる．

マクスウェル
(J. Maxwell，1831～1879)
イギリス・スコットランドの理論物理学者．
1864 年にマクスウェルの方程式を導いて古典電磁気学を確立したほか，電磁波を理論的に予想し，その伝播速度が光の速度と同じであることを示した．また，土星の環や気体分子運動論・熱力学・統計力学などの研究でも知られている．

以下，式の導出が続くが，エンタルピー $H = U+pV$ は，$\mathrm{d}H = \mathrm{d}U+V\,\mathrm{d}p+p\,\mathrm{d}V = T\,\mathrm{d}S-p\,\mathrm{d}V+V\,\mathrm{d}p+p\,\mathrm{d}V$ より，

$$\mathrm{d}H = T\,\mathrm{d}S + V\,\mathrm{d}p \tag{7・36}$$

が得られ，ヘルムホルツエネルギー $A = U-TS$ は，$\mathrm{d}A = \mathrm{d}U-T\,\mathrm{d}S-S\,\mathrm{d}T = T\,\mathrm{d}S-p\,\mathrm{d}V-T\,\mathrm{d}S-S\,\mathrm{d}T$ より，

$$\mathrm{d}A = -p\,\mathrm{d}V - S\,\mathrm{d}T \tag{7・37}$$

が得られ，ギブズエネルギー $G = H-TS$ は，$\mathrm{d}G = \mathrm{d}H-T\,\mathrm{d}S-S\,\mathrm{d}T = T\,\mathrm{d}S+V\,\mathrm{d}p-T\,\mathrm{d}S-S\,\mathrm{d}T$ より，

$$\mathrm{d}G = V\,\mathrm{d}p - S\,\mathrm{d}T \tag{7・38}$$

が得られる．(7・38)式は，日常的な定圧条件下での変化の方向の指標となるギブズエネルギーに関するもので，化学反応が自発的に進行するかどうかを判定する式であり，化学熱力学の基本方程式ともいえる．

表 7・1　熱力学ポテンシャルの表式と性質

	エントロピー S	内部エネルギー U	エンタルピー H	ヘルムホルツエネルギー A	ギブズエネルギー G
共役変数		$S,\ V$	$S,\ p$	$V,\ T$	$p,\ T$
表　式		$\mathrm{d}U = T\,\mathrm{d}S - p\,\mathrm{d}V$	$\mathrm{d}H = T\,\mathrm{d}S + V\,\mathrm{d}p$	$\mathrm{d}A = -p\,\mathrm{d}V - S\,\mathrm{d}T$	$\mathrm{d}G = V\,\mathrm{d}p - S\,\mathrm{d}T$
性　質		$\left(\frac{\partial U}{\partial S}\right)_V = T$ $\left(\frac{\partial U}{\partial V}\right)_S = -p$	$\left(\frac{\partial H}{\partial S}\right)_p = T$ $\left(\frac{\partial H}{\partial p}\right)_S = V$	$\left(\frac{\partial A}{\partial V}\right)_T = -p$ $\left(\frac{\partial A}{\partial T}\right)_V = -S$	$\left(\frac{\partial G}{\partial p}\right)_T = V$ $\left(\frac{\partial G}{\partial T}\right)_p = -S$
マクスウェルの関係式		$\left(\frac{\partial T}{\partial V}\right)_S = -\left(\frac{\partial p}{\partial S}\right)_V$	$\left(\frac{\partial T}{\partial p}\right)_S = \left(\frac{\partial V}{\partial S}\right)_p$	$\left(\frac{\partial p}{\partial T}\right)_V = \left(\frac{\partial S}{\partial V}\right)_T$	$\left(\frac{\partial V}{\partial T}\right)_p = -\left(\frac{\partial S}{\partial p}\right)_T$
自発変化の方向を与えるポテンシャルとなるための条件と，変化の方向	断熱過程 $\mathrm{d}S \geq 0$	S と V 一定 $\mathrm{d}U \leq 0$	S と p 一定 $\mathrm{d}H \leq 0$	V と T 一定 $\mathrm{d}A \leq 0$	p と T 一定 $\mathrm{d}G \leq 0$

それぞれ熱力学ポテンシャルの共役変数，表式，性質，マクスウェルの関係式を表7・1にまとめた．最後の行は，各熱力学ポテンシャルが自然に起こる変化の方向を決める指標となるときの条件と，その変化の方向を示している．7・1節で述べたように，熱力学的状態間でA→Bという変化が起こるかどうかを判定するとき，どのような条件を設定してAとBを比較するかで使うべき熱力学ポテンシャルが異なってくる．たとえばギブズエネルギーGの場合，圧力と温度が一定の条件ではこれが自発変化の方向を定める指標となり，しかも$\mathrm{d}G \leq 0$となるように系は変化する．

7・11 ギブズエネルギーの性質と相転移

前節の内容は単なる式の変形にすぎないかもしれないが，表7・1の結果は非常に重要というか，有用である．「減少（安定化）」が自発変化の方向となるギブズエネルギーに関する二つの式

$$\left(\frac{\partial G}{\partial p}\right)_T = V \qquad (7\cdot39)$$

$$\left(\frac{\partial G}{\partial T}\right)_p = -S \qquad (7\cdot40)$$

が得られる．

★ 第9回相談室 ★

（学生） 先生．式の羅列ばかりで，嫌になってきました．(7・38)式から(7・39)式と(7・40)式が導かれるのはわかります．カンタンな微分です．でも，こんな式までいちいち覚える必要がありますか？

（ 私 ） 「いちいち覚える必要があるか」は典型的な大学1年生の質問ですね．受験が大変だったのでしょう．まあともかく，暗記の必要はありません．でもこの式の意味するところを，是非，体得していただきたいと思います．

（学生） (7・39)式なら，「温度T一定で，Gを圧力pで微分すると体積Vとなる．」でしょう．それ以上の意味合いがありますか？

（ 私 ） いやいや，あなたのその理解では体得したことになりません．この式は，あなたの解釈に加えて，「体積Vは常に正の物理量だから，温度T一定で圧力pを上げると，系のギブズエネルギーGは必ず増加して不安定化する．そしてその傾きは，その系の体積Vに一致する．」と行間まで読んでほしいのです．

（学生） わかりました．圧力を上げるとGは，Vを傾きとして必ず増加する，はその通りだと思います．でもこれ，何かの役に立ちますか？

（ 私 ） 「何かの役に立つか」も，典型的な1年生の質問ですね…．まあまあ，具体的に(7・39)式の使い方をお教えしましょう．たとえば，同一物質の気体，液体，固体の体積を比べれば，一般的には$V(\mathrm{g}) > V(\mathrm{l}) > V(\mathrm{s})\,(>0)$です．また，地上で発生できる程度の圧力なら，$V(\mathrm{l})$と$V(\mathrm{s})$は圧力によらずほぼ一定でしょうから，液体や固体の$G$は圧力とともに線形に増加すると予想できます．

（学生） なるほど．$V(\mathrm{l}) > V(\mathrm{s})$だから，きっと$G$の傾きは液体のほうが大きいですね．

（ 私 ） 素晴らしい．あなた，冴えています．一方，気体のGはどうでしょう．そ

の体積は，完全気体を仮定すれば $V \propto 1/p$ です．ですから，圧力 p の増加とともに G は増加するものの，その傾きは圧力増加とともにどんどん減少すると予想できます．結局，同一温度における気体，液体，固体のギブズエネルギー G の圧力依存性は図 7・13(a) のようになると考えられます．

（学生）なるほど，なるほど．圧力変化に由来する物質 3 相の G の変化が簡単に予想できるわけですね．

（ 私 ）はい．ここで重要なことは，最も低い G を与える状態が系の最も安定な状態となることです．圧力増加とともに，青色の矢印で示したように，気体 → 液体 → 固体と相転移する様子がよくわかりますね．

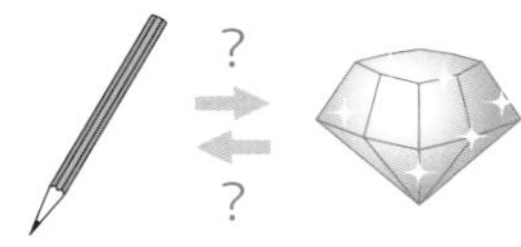

（学生）(7・39)式だけ見ると無味乾燥ですが，ここまで役に立つ，いや現実の系を説明できるとは思いませんでした．

（ 私 ）もっと役に立つかどうかわかりませんが，グラファイトをダイヤモンドに変換する話をコラム 7・3 に書いておきました．あとで読んでみてください．

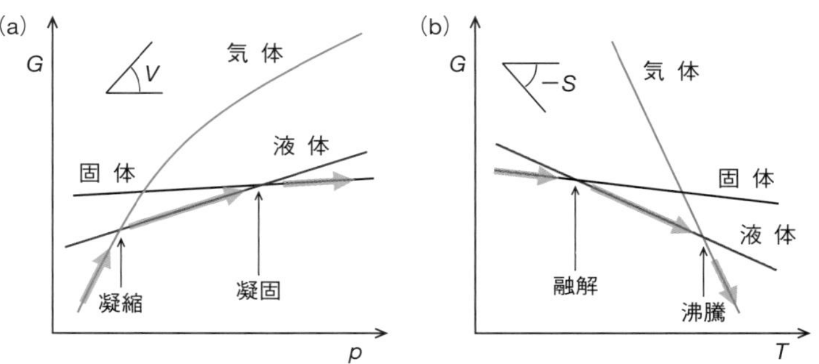

図 7・13　**気体，液体，固体のギブズエネルギーと状態変化**
(a) 圧力依存性，(b) 温度依存性

次に (7・40)式の意味するところを，「圧力 p 一定で，G を温度 T で微分すると系のマイナス・エントロピー $-S$」では不十分で，「エントロピー S は常に正の物理量だから，圧力 p 一定で温度 T を上げると，傾きをその温度の $-S$ としながら，系のギブズエネルギー G は必ず減少して安定化する.」と行間まで読んでほしい．一般に，気体，液体，固体のエントロピーを同一温度で比較すれば，$S(\mathrm{g}) > S(\mathrm{l}) > S(\mathrm{s})$ であるから，圧力一定下における気体，液体，固体のギブズエネルギー G の温度依存性は図 7・13(b) のように予想される．G 対 T プロットにおいても，温度を上げると，青色の矢印で示したように，固体 → 液体 → 気体に相転移していく様子を説明できる．

このように (7・39)式と (7・40)式から，物質の相変化を説明できるばかりでなく，相変化を人為的に起こす方法論さえ教えてくれる（コラム 7・3 も参照のこと）．

上記のように，ギブズエネルギーによって，どの相が最も安定となるか，また，その間の相転移（2 相が平衡となる温度と圧力）を説明できることがわかった．さらにここでは，水と水蒸気の間の平衡を例にとって，両者の平衡を保ったまま，温度あるいは圧力を変化させる操作を考えてみよう．1 atm，100 °C では，両者には平衡状態が存在し，$G(\mathrm{l}) = G(\mathrm{g})$ である．いま，温度を 100 °C に保ったまま，圧力を微小量 $\mathrm{d}p$ だけ増加させると，液体と気体のギブズエネルギーも，それぞれ，

$$\mathrm{d}G(\mathrm{l}) = V(\mathrm{l})\,\mathrm{d}p \qquad \text{および} \qquad \mathrm{d}G(\mathrm{g}) = V(\mathrm{g})\,\mathrm{d}p \tag{7・41}$$

だけ変化するが，$V(\mathrm{g}) > V(\mathrm{l})$ より平衡がくずれる（図 7・14a）．このとき，水のギブズエネルギーのほうが $\mathrm{d}G(\mathrm{g}) - \mathrm{d}G(\mathrm{l})$ だけ小さくなる．図 7・14(b) は，この圧力下（$1+\mathrm{d}p$ atm）における，水と水蒸気のギブズエネルギーの温度変化を示している．$S(\mathrm{g}) > S(\mathrm{l})$ だから，温度を上げれば，水と水蒸気のギブズエネルギー曲線は再び交差し，平衡を取戻すことが可能である．圧力一定で温度を

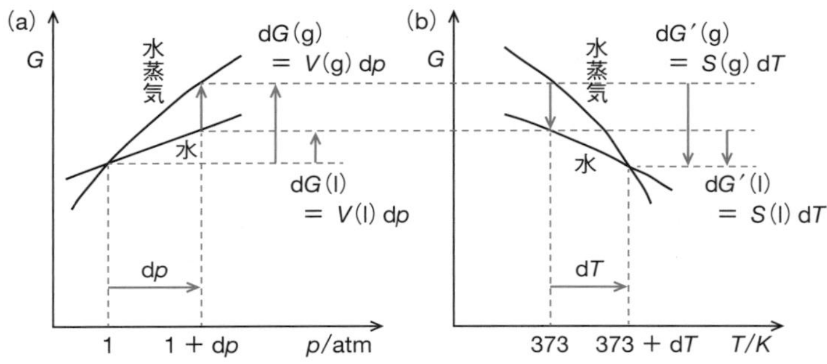

図 7・14 **水蒸気と水のギブズエネルギー** (a) 圧力依存性，(b) 温度依存性

$\mathrm{d}T$ だけ上げるとすると，ギブズエネルギーの変化量は，

$$\mathrm{d}G'(\mathrm{l}) = -S(\mathrm{l})\,\mathrm{d}T \qquad \text{および} \qquad \mathrm{d}G'(\mathrm{g}) = -S(\mathrm{g})\,\mathrm{d}T \tag{7・42}$$

と書けるので，圧力変化によって一度くずれた平衡が，温度変化によってもとに戻る条件は $\mathrm{d}G(\mathrm{g}) - \mathrm{d}G(\mathrm{l}) = -(\mathrm{d}G'(\mathrm{g}) - \mathrm{d}G'(\mathrm{l}))$ だから，$(V(\mathrm{g}) - V(\mathrm{l}))\,\mathrm{d}p = -(S(\mathrm{g}) - S(\mathrm{l}))\mathrm{d}T$ が得られる．$\Delta V = V(\mathrm{g}) - V(\mathrm{l})$ および $\Delta S = S(\mathrm{g}) - S(\mathrm{l})$ とし，さらに沸点 T_{vap} と蒸発熱 $\Delta_{\mathrm{vap}}H$ を用いれば，

$$\frac{\mathrm{d}p}{\mathrm{d}T} = \frac{\Delta S}{\Delta V} = \frac{\Delta_{\mathrm{vap}}H}{T_{\mathrm{vap}}\Delta V} \tag{7・43}$$

が得られる．これが，圧力と温度を同時に変化させて気相と液相を平衡に保つための条件である．この式は，相転移で隔てられる 2 相に拡張することができ，転移温度を T_{tr}，転移熱を $\Delta_{\mathrm{tr}}H$，2 相間の体積差を ΔV とすれば，

$$\frac{\mathrm{d}p}{\mathrm{d}T} = \frac{\Delta S}{\Delta V} = \frac{\Delta_{\mathrm{tr}}H}{T_{\mathrm{tr}}\Delta V} \tag{7・44}$$

と一般化することができる．これを**クラペイロン・クラウジウスの式**とよび，相平衡を保ったまま，圧力と温度を変化させる条件を与える．

クラペイロン
(B. Clapeyron，1799〜1864)
フランスの工学者．
クラウジウスについては 7・6 節でふれた．

コラム7・3　人工ダイヤモンド

これまで何度も強調してきたように，熱力学は実際に使ってみると実に有用で，応用にも十分に役立ちます．それでは，人工ダイヤモンドの合成についてお話しましょう．う～ん，お金のにおいがしてきました．図1(a) は，温度一定（298 K）の条件下で，グラファイトとダイヤモンドのギブズエネルギーの圧力変化を示したものです．大気圧 1.01×10^5 Pa で両者を比較してください．この条件ではダイヤモンドのギブズエネルギー G_D はグラファイトの G_G よりも 2830 J mol^{-1} 高く，グラファイトはダイヤモンドよりも熱力学的に安定です．グラファイトを放っておいてもダイヤモンドに自発変化することは決してありませんが，逆は…．さあ大変，たんすのダイヤモンドの運命やいかに…．大丈夫です．熱力学は，この変化がいつ起こるかを予言しません．ダイヤモンドがたんすの中で自然とグラファイトになったという話は聞いたことがありませんから，間違いなくダイヤモンドの寿命は，人類の歴史よりも長いでしょう．たんすに保管しておいても大丈夫です．さて温度一定のまま，グラファイトとダイヤモンドに圧力を加えるとどうなるでしょう．7・10 節で議論したように，両者のギブズエネルギーは，傾きをそれぞれの体積としながら，必ず増加します．グラファイトとダイヤモンドの密度はそれぞれ，$\rho_G = 2.26$ g cm^{-3} および $\rho_D = 3.51$ g cm^{-3} ですから，1 mol 当たりの体積を比べれば $V_G = 5.31$ cm^3 mol^{-1} および $V_D = 3.42$ cm^3 mol^{-1} となり，G 対 p プロットの傾きは，グラファイトのほうが大きくなります．つまり，圧力を高めると，G_D と G_G は線形に増加していずれ交差するはずです．$p-1.01\times10^5 = 2830/(5.31-3.42)\times10^{-6}$ より $p = 1.5\times10^9$ Pa（1.5×10^5 atm）と見積もることができます．この圧力以上では，グラファイトがダイヤモンドに変換される可能性があります．

今度は，大気圧のまま，温度を上げる変化を考えましょう（図 1b）．この変化によって，グラファイトとダイヤモンドのエントロピーは，傾き $-S_G$ と $-S_D$ でそれぞれ減少します．298 K における両者の標準エントロピーは，$S_G = 5.74$ J K^{-1} mol^{-1} および $S_D = 2.38$ J K^{-1} mol^{-1} だから，温度を上げると，図のように両者のギブズエネルギー曲線は，交わるどころかますます差が広がります．つまり 1 atm の圧力下では，温度を上げることによって，グラファイトをダイヤモンドに変換することはできません．熱力学は教えてくれます．あなたが，グラファイトからダイヤモンドを合成して大儲けしたいなら，高圧・低温下にグラファイトをおいて，あとは運を天に任せましょう．

では，実際の人工ダイヤモンドの合成について紹介しましょう．その合成法には何種類かありますが，上記の熱力学を利用したのが高温高圧法です．高圧プレス機によって数万トンもの加重を与えます．図 2 は実際に圧力がかかる部分の拡大図ですが，2000 °C という高温にして，原材料であるグラファイトを鉄やコバルトやニッケルなどの金属溶媒に溶かし，下部の低温部におかれた小さなダイヤモンド種結晶の上で，溶解した炭素がダイヤモンドとして成長していきます．グラファイトをダイヤモン

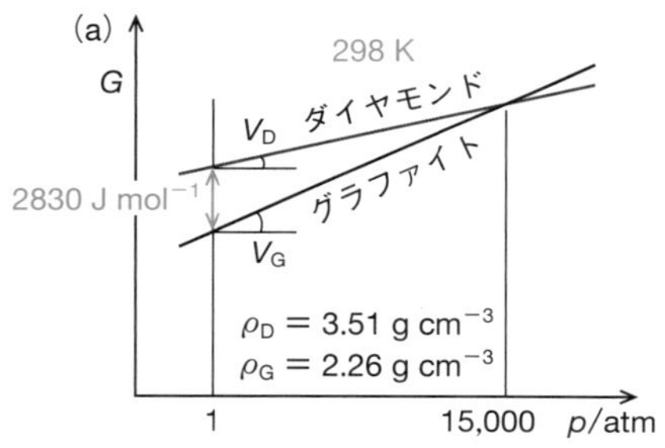

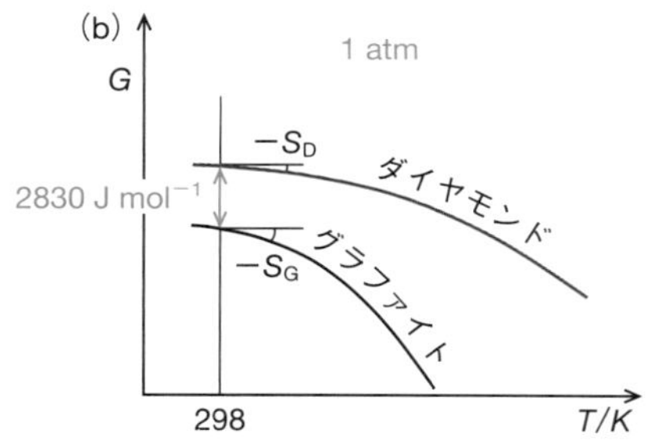

図 1　**ダイヤモンドとグラファイトのギブズエネルギー**　(a) 圧力依存性，(b) 温度依存性

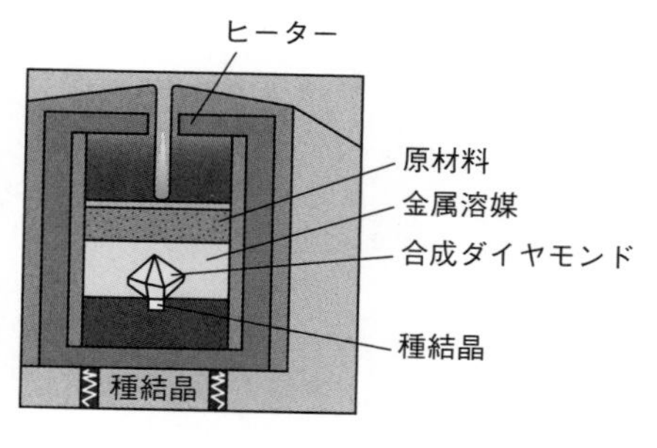

図2　人工ダイヤモンド合成のための高圧セルの内部

ドに直接変換するわけではありませんが，$G_D < G_G$ の条件下におき，溶け込んだ炭素からより安定なダイヤモンドの成長を待ちます．効率は悪いですが，グラファイトに直接高圧をかけてダイヤモンドに変換することも可能です．この場合も，$G_D < G_G$ が保たれる範囲ですが，反応速度を高めるため系を高温にします．グラファイトからダイヤモンドをつくってお金持ちになるのはいいですが，1万年先の話ではしょうがないですよね．

この章で確実におさえておきたい事項

- 熱力学ポテンシャル
- 熱力学変数
- 系と外界
- 内部エネルギー
- 熱力学第一法則
- エンタルピー
- エントロピー
- 熱力学第二法則
- 熱力学第三法則
- ヘルムホルツエネルギー
- ギブズエネルギー

章 末 問 題

問題 A

1. 仲間外れを選べ．
   ① H，② S，③ V，④ A，⑤ G
2. 仲間外れを選べ．
   ① H，② S，③ V，④ p，⑤ T
3. 熱力学第一法則は？
   ① $pV = nRT$，② $w = \int_{V_i}^{V_f} p_{ex}\,dV$，③ $\Delta U = q + w$，④ $S = k_B \ln W$，
   ⑤ $\Delta S = \int_i^f \frac{dq_{rev}}{T}$
4. エンタルピー H の定義は？
   ① $U + TV$，② $U + pV$，③ $U + pT$，④ $U + SV$，⑤ $U + TS$
5. 以下の条件で，完全気体が温度 T 一定で V_i から V_f に膨張する際の (i)～(iii) について対応する仕事は？
   (i) 自由膨張，(ii) 一定外圧 p_{ex}，(iii) 可逆膨張
   ① $-p_{ex}(V_f - V_i)$，② $-p_{ex}(V_f - V_i)/T$，③ $-nR\ln\frac{V_f}{V_i}$，④ $-nRT\ln\frac{V_f}{V_i}$，
   ⑤ 0
6. クラウジウスの不等式は？

① $\mathrm{d}S \geq 0$, ② $\mathrm{d}S \geq \dfrac{\mathrm{d}q}{T}$, ③ $\mathrm{d}S \geq \dfrac{\mathrm{d}q_{\mathrm{rev}}}{T}$, ④ $\mathrm{d}S \geq \dfrac{\mathrm{d}q_{\mathrm{sur}}}{T}$, ⑤ $\mathrm{d}S \geq \dfrac{\mathrm{d}q_{\mathrm{total}}}{T}$

7.　圧力一定で，温度が T_{i} から T_{f} に変化した際のエントロピー変化 ΔS は？

① $\int_{T_{\mathrm{i}}}^{T_{\mathrm{f}}} C_V\,\mathrm{d}T$, ② $\int_{T_{\mathrm{i}}}^{T_{\mathrm{f}}} C_p\,\mathrm{d}T$, ③ $\int_{T_{\mathrm{i}}}^{T_{\mathrm{f}}} \dfrac{C_V}{T}\,\mathrm{d}T$, ④ $\int_{T_{\mathrm{i}}}^{T_{\mathrm{f}}} \dfrac{C_p}{T}\,\mathrm{d}T$, ⑤ $\int_{T_{\mathrm{i}}}^{T_{\mathrm{f}}} \dfrac{C_p - C_V}{T}\,\mathrm{d}T$

8.　氷の残留エントロピーは？

① $R\ln\left(\dfrac{3}{2}\right)$, ② $R\ln 2$, ③ $R\ln\left(\dfrac{5}{2}\right)$, ④ $R\ln 3$, ⑤ $R\ln\left(\dfrac{7}{2}\right)$

9.　ギブズエネルギー G の定義は？

① $H-TS$, ② $H-pS$, ③ $H-VS$, ④ $H-pV$, ⑤ $H-pT$

10.　ヘルムホルツエネルギー A の定義は？

① $U-TS$, ② $U-pS$, ③ $U-VS$, ④ $U-pV$, ⑤ $U-pT$

11.　熱力学ポテンシャル S, U, H, A, G が，変化の方向を与えるポテンシャルとなるのは，それぞれどの条件か？

① p と T が一定，② V と T が一定，③ S と p が一定，④ S と V が一定，
⑤ 断熱過程

12.　ギブズエネルギー G の性質として，正しいものはどれか？

① $\left(\dfrac{\partial G}{\partial S}\right)_V = T \quad \left(\dfrac{\partial G}{\partial V}\right)_S = -p$, ② $\left(\dfrac{\partial G}{\partial S}\right)_p = T \quad \left(\dfrac{\partial G}{\partial p}\right)_S = V$,

③ $\left(\dfrac{\partial G}{\partial V}\right)_T = -p \quad \left(\dfrac{\partial G}{\partial T}\right)_V = -S$, ④ $\left(\dfrac{\partial G}{\partial p}\right)_T = -S \quad \left(\dfrac{\partial G}{\partial T}\right)_p = V$,

⑤ $\left(\dfrac{\partial G}{\partial p}\right)_T = V \quad \left(\dfrac{\partial G}{\partial T}\right)_p = -S$

問題 B

1.　ファンデルワールスの状態方程式に従う実在気体 n mol を，体積 V_1 から V_2 へ等温可逆的に圧縮するときの仕事を表す式を導け．

2.　以下の反応（i）と（ii）は 298 K におけるデータである．この温度における反応（iii）の $\Delta_{\mathrm{r}}H^\ominus$ と $\Delta_{\mathrm{r}}U^\ominus$ を計算せよ．気体は完全気体とする．

（i）$H_2(g) + Cl_2(g) \longrightarrow 2HCl(g)$　　$\Delta_{\mathrm{r}}H^\ominus = -184.62\ \mathrm{kJ\ mol^{-1}}$

（ii）$2H_2(g) + O_2(g) \longrightarrow 2H_2O(g)$　　$\Delta_{\mathrm{r}}H^\ominus = -483.64\ \mathrm{kJ\ mol^{-1}}$

（iii）$4HCl(g) + O_2(g) \longrightarrow 2Cl_2(g) + 2H_2O(g)$

3.　反応熱の温度変化は，$(\partial \Delta_{\mathrm{r}}H^\ominus/\partial T)_p = \Delta_{\mathrm{r}}C_p$（キルヒホッフの法則）から知ることができる．水素ガスの工業的な製法である水性ガスシフト反応（$CO(g) + H_2O(g) \rightarrow H_2(g) + CO_2(g)$）について，以下の情報をもとに，標準状態，1500 K における反応エンタルピーを求めよ．

情報 1　$\Delta_{\mathrm{r}}H^\ominus(298\ \mathrm{K}) = -41.17\ \mathrm{kJ\ mol^{-1}}$

情報 2　CO, H_2O, H_2, CO_2 の標準状態におけるモル熱容量は，広い温度範囲で，$C_p = a + bT + c/T^2$ で与えられる．ただし，a, b, c の値は次表に記載した．

	$a/\mathrm{J\ K^{-1}\ mol^{-1}}$	$b/10^{-3}\ \mathrm{J\ K^{-2}\ mol^{-1}}$	$c/10^5\ \mathrm{J\ K\ mol^{-1}}$
$CO(g)$	28.41	4.10	−0.46
$H_2O(g)$	30.54	10.29	0
$CO_2(g)$	44.22	8.79	−8.62
$H_2(g)$	27.28	3.26	0.50

4. 極低温では，固体の定圧熱容量は温度の 3 乗に比例する．熱力学第三法則を仮定して，エントロピーを温度の関数として求めよ．

5. 以下の情報から，$4Al(s)+3O_2(g) \longrightarrow 2Al_2O_3(s)$ の室温（298 K）における標準反応エンタルピーおよび標準反応エントロピーを求め，この反応が室温で自発的に進行するがどうかを議論せよ．

(i) 室温における $Al_2O_3(s)$ の生成熱は 1676 kJ mol^{-1} である．

(ii) 室温における各成分の標準エントロピーは次表の通りである．

	Al(s)	O_2(g)	Al_2O_3(s)
$S^{\ominus}$/J K^{-1} mol^{-1}	28.33	205.14	50.92

6. a) 蒸発や昇華の場合，液体や固体の体積は気体の体積に比べて無視できるぐらい小さいので，気体を完全気体として扱うことによって，クラペイロン・クラウジウスの式は，

$$\frac{\mathrm{d}\ln p}{\mathrm{d}T} = \frac{\Delta_{\mathrm{tr}}H}{RT_{\mathrm{tr}}^{2}}$$

と変形できることを示せ．

b) ドライアイスの 1 atm における昇華温度は 195 K で，その昇華熱は $\Delta_{\mathrm{sub}}H =$ 25.7 kJ mol^{-1} である．また，ドライアイスの三重点は 217 K である．a)の式を用いて，CO_2 液体を得るために必要な圧力を計算せよ．ただし，昇華熱は一定とせよ．

これで，物理化学に関する講義をひとまず終えることにしよう．本書では，原子核から始まり，原子，分子，分子集合体，そして分子集合体の性質として熱力学の初歩（熱力学第一法則から第三法則まで）までを駆け足で概説した．大学の物理化学として，量子化学については，分子の振動や回転，さらには時間に依存する系へと発展する一方，熱力学については，混合物や溶液の性質，化学平衡の話に発展し，最後に，量子化学と熱力学が量子統計熱力学によって橋渡しされることになる．本書では，大学の物理化学において，その入り口で迷子にならないように，その基本的な考え方から理解できるように解説した．

読者の皆さんが，この物理化学の講義を足掛かりとして，化学のみならず，あらゆる自然科学の領域で勉学を継続されて学問を究め，それを活かしたそれぞれの道を歩まれることを切に希望します．

章末問題の解答

1章

問題A

1. ①, 2. ④, 3. ②

2章

問題A

1. ③, 2. ③, 3. ②, 4. ③, 5. ②, 6. ④, 7. ①, 8. ④, 9. ③, 10. ⑤

問題B

1. 結合エネルギーをB, 質量欠損をΔM, 光速度をcとすれば, $B = \Delta Mc^2$の関係がある.

2. ア. 235, イ. 中性子, ウ. 連鎖, エ. 臨界, オ. 制御, カ. 減速, キ. 水

3. 樹木の死以降, $^{14}C/^{12}C$の比率は1.2×10^{-12}から1.5×10^{-13}に減衰した. ^{14}Cの半減期は5700年だから,

$$1.5 \times 10^{-13} = 1.2 \times 10^{-12} \exp\left(-\frac{\ln 2}{5700}t\right)$$

が成り立つ. これを解いて, $t = 5700\times3 \approx 17{,}000$年前となる.

3章

問題A

1. ①,③,⑤, 2. ①,③,⑤, 3. ①, 4. ④, 5. ②, 6. ③, 7. ⑤, 8. ①, 9. ②, 10. ③

問題B

1. a) $E = h\nu = \dfrac{hc}{\lambda} = \dfrac{6.63\times10^{-34}\times3.00\times10^{8}}{250\times10^{-9}}$

$$= 8.0 \times 10^{-19}\,\mathrm{J}$$

b) a)のエネルギーの光が照射されて3.5×10^{-19} Jの電子が放出されたので, イオン化に要する最低のエネルギーは, $8.0\times10^{-19}-3.5\times10^{-19} = 4.5\times10^{-19}$ Jとなる.

2. ド・ブロイの式から,

$$\lambda = \frac{h}{mv} = \frac{6.63\times10^{-34}}{60\times(100/10)} = 1.1\times10^{-36}\,\mathrm{m}$$

となる.

3. a) 解法は本文に記した通りで, エネルギーは$E = h^2n^2/(8ma^2)$ ($n = 1, 2, 3, \cdots$), 波動関数は,

$$\psi = \sqrt{\frac{2}{a}}\sin\frac{n\pi}{a}x \quad (0 \le x \le a)$$

$$\psi = 0 \quad (x < 0 \text{ あるいは } a < x)$$

となる.

b) 波動関数は$\psi = \sqrt{\dfrac{2}{a}}\sin\dfrac{\pi}{a}x$だから, 題意の確率は,

$$\begin{aligned} P &= \int_{(a-1)/2}^{(a+1)/2}\psi^2\,\mathrm{d}x = \frac{2}{a}\int_{(a-1)/2}^{(a+1)/2}\sin^2\frac{\pi}{a}x\,\mathrm{d}x \\ &= \frac{1}{a}\int_{(a-1)/2}^{(a+1)/2}\left(1-\cos\frac{2\pi}{a}x\right)\mathrm{d}x \\ &= \frac{1}{a} - \frac{1}{2\pi}\left\{\sin\frac{\pi(a+1)}{a} - \sin\frac{\pi(a-1)}{a}\right\} \\ &= \frac{1}{a} + \frac{1}{\pi}\sin\frac{\pi}{a} \end{aligned}$$

と計算される.

c) π電子数は$2k$個だから, $n = k$の状態まで電子で満たされる. π共役系の長さは$2kl$で, 第一励起状態とのエネルギー差は,

$$\Delta E = \frac{h^2}{8m(2kl)^2}\{(k+1)^2 - k^2\} = \frac{h^2}{32ml^2}\frac{2k+1}{k^2}$$

となる.

4. a) 円環上では$V = 0$なので,

$$-\frac{\hbar^2}{2m}\frac{\mathrm{d}^2\psi}{\mathrm{d}x^2} = E\psi$$

ここで$E \geqq 0$としてよく ($E < 0$の場合は以下の境界条件を満たせない),

$$\frac{\mathrm{d}^2\psi}{\mathrm{d}x^2} = -k^2\psi \quad ただし\ k = \frac{\sqrt{2mE}}{\hbar}$$

となる. この一般解は, $\psi = Ae^{ikx}+Be^{-ikx}$であり, 境界条件は$\psi(x+a) = \psi(x)$ (1周すると同じ値になる (波動関数の一価性)) だから,

$$Ae^{ik(x+a)} + Be^{-ik(x+a)} = Ae^{ikx} + Be^{-ikx}$$

を得る．これを満たすのは，$k = 2n\pi/a$（$n = 0, \pm1, \pm2, \pm3, \cdots$）である．1次元の井戸型ポテンシャルの問題では許されなかった0や負の値が許される理由は，以下の波動関数の導出を見ていただきたい．この k を用いて，エネルギーは，

$$E = \frac{h^2n^2}{2ma^2}$$

となる．一方，波動関数は，

$$\psi = Ae^{i\frac{2n\pi}{a}x} + Be^{-i\frac{2n\pi}{a}x}$$

と書ける．ここで，$n = 0$ のとき，$\psi = A+B = C$ であり，規格化条件 $\int_0^a |\psi|^2\,dx = 1$ から $C^2a = 1$ となり，$\psi = \sqrt{1/a}$ を得る．これは，波動関数は円周に沿って一定である状態を示している（図1）．1次元の井戸型ポテンシャルの問題では，両端で $\psi(0) = \psi(a) = 0$ で，このため $n = 0$ では常に $\psi(x) = 0$ となり，$n = 0$ の状態が許されなかったが，この円環モデルとは，$\psi =$ 一定という状態が許されることに注意してほしい．

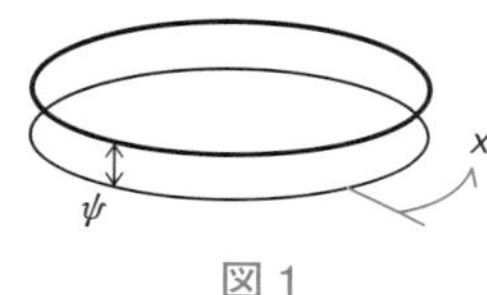

図1

一方，$n = \pm k$ の状態は縮重（4・2節参照）しているので，二つの波動関数が直交するように，$\psi = Ae^{\pm i\frac{2n\pi}{a}x}$ とおけばよい．先ほどと同様に規格化することによって，

$$\psi = \sqrt{\frac{1}{a}}\,e^{\pm i\frac{2n\pi}{a}x} \quad (n = 0, \pm1, \pm2, \pm3, \cdots)$$

を得る．4章の**問題B**の1．で示すように，この $\pm k$ の状態は運動量 $\pm k\hbar$ をもつ．つまりこれらは，円環上を逆向きに進む進行波を表している．1次元の井戸型ポテンシャルの問題では，$\pm k$ のうち，負の k は独立な解ではないとして許されなかったが，円環モデルでは許される．

b）ベンゼンの π 電子数は6個だから，基底状態の電子配置は図2の通りで，$n = 0$ および $n = \pm1$ の状態が電子で満たされている．第一励起状態への励起エネルギーは，$n = \pm2$ と $n = \pm1$ との間のエネルギー差だから，

$$h\frac{c}{\lambda} = \Delta E = \frac{h^2}{2ma^2}(4-1)$$

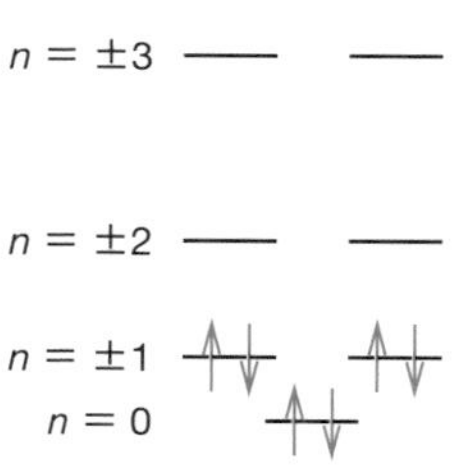

$n = \pm3$

$n = \pm2$

$n = \pm1$

$n = 0$

図2

となる．$a = 2\pi \times 0.14 \times 10^{-9}$ などを代入して，$\lambda = 210$ nm を得る．実際のベンゼンは 255 nm に強い吸収をもつが，これは紫外線なのでベンゼンは無色の物質である．

ベンゼンの基底状態の電子配置をもう一度見ていただきたい．$n = \pm1$ の状態までぴったり詰まっており，切りがよい．実際，これによってベンゼンは非常に安定な分子だが，電子数が5でも7でも，あるいは8個でも中途半端で，切りがよい数字は 6, 10, 14, 18, … つまり，$4I+2$ 個（I は自然数）であることがわかる．これは，芳香族化合物の π 電子数におけるマジックナンバーで，円環上を運動する電子系が安定となる電子数である．

4章

問題A

1．②，2．③，3．②，4．①，5．①，6．②，7．②，8．③，9．②，10．②，11．③，12．④，13．⑤

問題B

1．a）3章の**問題B**の4．における別解であり，角度 ϕ を変数としている．周期的境界条件より $e^{ik\phi} = e^{ik(\phi+2\pi)}$ だから，$k = 0, \pm1, \pm2, \pm3, \cdots$ が条件となる．

b）規格化条件より，$A^2\int_0^{2\pi} e^{-ik\phi}e^{ik\phi}\,d\phi = 1$．これより $A = 1/\sqrt{2\pi}$ を得る．

c）角運動量の演算子は $\hat{l}_z \equiv -i\hbar(\partial/\partial\phi)$ だから，

$$l_z = \int_0^{2\pi}\psi^*\left(-i\hbar\frac{\partial}{\partial\phi}\right)\psi\,d\phi$$

$$= \frac{1}{2\pi}\int_0^{2\pi}e^{-ik\phi}\left(-i\hbar\frac{\partial}{\partial\phi}\right)e^{ik\phi}\,d\phi = k\hbar$$

2．題意より発光波長は，

$$\frac{1}{\lambda} = R\left(\frac{1}{2^2} - \frac{1}{6^2}\right)$$

と書ける．よって，$\lambda = 410$ nm．

3. a) $D(r) = 4\pi r^2|\psi_{1s}|^2 = (4/a_0{}^3)r^2\,\mathrm{e}^{-2r/a_0}$ だから，

$$\frac{\mathrm{d}D(r)}{\mathrm{d}r} = \frac{4}{a_0{}^3}\left(2r\,\mathrm{e}^{-2r/a_0} - \frac{2r}{a_0}\mathrm{e}^{-2r/a_0}\right) = 0$$

より，$r = a_0$．

b) 矛盾しない．$D(r)$ は半径 r，厚さ dr の球殻中の電子数を表す．$r = 0$ で ψ_{1s} は最大だが，$r \to 0$ ではこの球殻の体積自身がゼロに近づくため，$D(r) \to 0$ となる．

c) 題意の確率は，

$$P = \int_0^{a_0} D(r)\,\mathrm{d}r = \int_0^{a_0}\frac{4}{a_0{}^3}r^2\,\mathrm{e}^{-2r/a_0}\,\mathrm{d}r$$

$$= \frac{4}{a_0{}^3}\left[-\mathrm{e}^{-\frac{2r}{a_0}}\left(\frac{a_0}{2}r^2 + \frac{a_0{}^2}{2}r + \frac{a_0{}^3}{4}\right)\right]_0^{a_0} = 1 - \frac{5}{\mathrm{e}^2}$$

と計算できる．

d) 期待値は，

$$<r> = \int_{r=0}^{\infty}\int_{\theta=0}^{\pi}\int_{\phi=0}^{2\pi}\psi_{1s}{}^* r\psi_{1s}\cdot r^2\sin\theta\,\mathrm{d}r\mathrm{d}\theta\mathrm{d}\phi$$

$$= \frac{1}{\pi a_0{}^3}\int_{\theta=0}^{\pi}\sin\theta\,\mathrm{d}\theta\int_{\phi=0}^{2\pi}\mathrm{d}\phi\int_{r=0}^{\infty}r^3\,\mathrm{e}^{-\frac{2r}{a_0}}\,\mathrm{d}r$$

$$= \frac{4\pi}{\pi a_0{}^3}\left[\mathrm{e}^{-\frac{2r}{a_0}}\left(\frac{a_0}{2}r^3 + \frac{3a_0{}^2}{4}r^2 + \frac{3a_0{}^3}{4}r + \frac{3a_0{}^4}{8}\right)\right]_0^{\infty}$$

$$= \frac{3a_0}{2}$$

と計算できる．

4. a) 2s 軌道の量子数は $(n, l, m) = (2, 0, 0)$ だから，

$$\psi_{2s}(r,\theta,\phi) = R_{20}(r)\Theta_{00}(\theta)\Phi_0(\phi) = \frac{1}{4\sqrt{2\pi a_0{}^3}}\left(2 - \frac{r}{a_0}\right)\mathrm{e}^{-\frac{r}{2a_0}}$$

となる．

b) $\psi_{2s} = 0$ より，節面は半径 $r = 2a_0$ の球面．

c) 2s 軌道の動径分布関数は，

$$D(r) = 4\pi r^2|\psi_{2s}|^2 = \frac{1}{16a_0{}^3}r^2\left(2 - \frac{r}{a_0}\right)^2\mathrm{e}^{-\frac{r}{a_0}}$$

である．これを r で微分して極値を求めると，

$$\frac{\mathrm{d}D(r)}{\mathrm{d}r} = \frac{1}{16a_0{}^3}\left(-\frac{r^4}{a_0{}^3} + \frac{8r^3}{a_0{}^2} - \frac{16r}{a_0} + 8r\right)\mathrm{e}^{-\frac{r}{a_0}} = 0$$

$$r(r - 2a_0)(r^2 - 6a_0r + 4a_0{}^2) = 0$$

$$r = 0,\ 2a_0,\ (3 \pm \sqrt{5})a_0$$

このうち，極大となるのは，$r = (3 \pm \sqrt{5})a_0$ である．

5. 原子中の電子軌道エネルギーは，

$$E_i = -\frac{m\bar{Z}_i{}^2e^4}{8\varepsilon_0{}^2h^2n^2}$$

で与えられ，そのイオン化エネルギーは，$I_\mathrm{p} = -E_i$ と書ける．Li と K の最外殻電子は，それぞれその内側の電子によって核を遮蔽されているため，両者が感じる有効核電荷はともに +1 に近い．したがって，両者のイオン化エネルギーはほぼ等しい．

5章

問題 A

1. ①，2. ②，3. ⑤，4. ②，5. ⑤，6. ③，7. ②，8. ③，9. ④，10. ③，11. ④，12. ③

問題 B

1. a) ア：$H_2{}^+$，イ：試験，ウ：LCAO，エ：変分

b) ① $$\hat{H} \equiv -\frac{\hbar}{2m}\left(\frac{\partial^2}{\partial x^2} + \frac{\partial^2}{\partial y^2} + \frac{\partial^2}{\partial z^2}\right) - \frac{e^2}{4\pi\varepsilon_0}\left(\frac{1}{r_\mathrm{A}} + \frac{1}{r_\mathrm{B}} - \frac{1}{R}\right)$$

② $$\hat{H} \equiv -\frac{\hbar}{2m}(\varDelta_1 + \varDelta_2) - \frac{e^2}{4\pi\varepsilon_0}\left(\frac{1}{r_\mathrm{A1}} + \frac{1}{r_\mathrm{B1}} + \frac{1}{r_\mathrm{A2}} + \frac{1}{r_\mathrm{B2}} - \frac{1}{R} - \frac{1}{r_{12}}\right)$$

運動エネルギーをもつ電子と固定された（運動エネルギーをもたない）二つの原子核から構成され，それらの間の静電的相互作用がポテンシャルエネルギーとして考慮されていることは共通しているが，① は 1 電子系であるのに対して，② では 2 電子が考慮されている．

c) $\phi_\mathrm{A} + \phi_\mathrm{B}$

d) 結合性軌道は核間に多くの電子密度をもつため，⊕ ⊖ ⊕のような静電的相互作用によって核間に結合が生じる．

e) $\phi_\mathrm{A}(1)\phi_\mathrm{B}(2) + \phi_\mathrm{A}(2)\phi_\mathrm{B}(1)$

f) e)の波動関数は，電子 1 が核 A に電子 2 が核 B の 1s 軌道に収容された状態と，電子 1 が核 B に電子 2 が核 A の 1s 軌道に収容された状態の足しあわせになっており，2 電子が二つの原子核に共有された状態を表している．この状態のエネルギーの核間距離 R への依存性には極小点が存在し，つまりこの距離で二つの原子核が安定に保たれることが示された．

2. a)

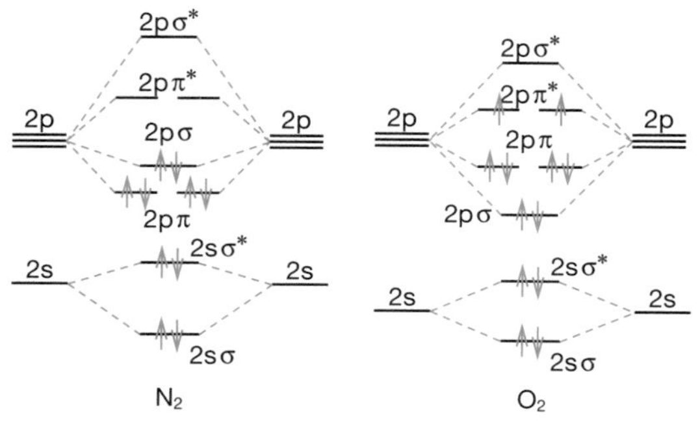

b) 縮重したHOMOに2電子が配され，不対電子をもつため.

c) N_2^+ では N_2 の結合性軌道から電子が抜かれるので結合距離が伸びるが，O_2^+ では O_2 の反結合性軌道から電子が抜かれるので結合距離が縮む.

3. $1b_1$ 電子は結合にほとんど関与しないので，この電子がイオン化しても分子構造はほとんど変化しない．$3a_1$ 電子は H_2O の結合角を曲げるほうに寄与している．したがって，この電子がイオン化すれば，結合角は広がると予想される.

6章

問題A

1. ③，2. ⑤，3. ⑤，4. ③，5. ⑤，6. ③，7. ①，8. a項①，b項⑤，9. ②かつ③

問題B

1. a) $j=i$ 以外の j について和をとる.

b) 省略

c) $\dfrac{dV_{\rm soild}}{dR} = -2N\varepsilon\left(a\times 12\dfrac{\sigma^{12}}{{R_0}^{13}} - b\times 6\dfrac{\sigma^6}{{R_0}^7}\right) = 0$

より，

$$\frac{\sigma}{R_0} = \sqrt[6]{\frac{b}{6a}}$$

2. a) 体積 V の減少に伴い，a：気体，b：液化の始まり，c：気体と液体の共存，d：液化の終わり，e：液体

b) 省略，c) 臨界点

3. ファンデルワールス定数は，

$b = V_c/3 = 98.7/3 = 32.9\ \mathrm{cm^3\,mol^{-1}}$
$\quad = 32.9\times 10^{-3}\ \mathrm{L\,mol^{-1}}$

$a = 27b^2p_c = 27\times(32.9\times10^{-3})^2\times 45.6$
$\quad = 1.33\ \mathrm{atm\,L^2\,mol^{-2}}$

を得る.

メタン分子の半径は $b/N_A = \frac{1}{2}\times\frac{4}{3}\pi(2r)^3$ より，

$$r = \sqrt[3]{\frac{3b/N_A}{16\pi}} = 1.48\times10^{-10}\ \mathrm{m} = 0.148\ \mathrm{nm}$$

7章

問題A

1. ③，2. ①，3. ③，4. ②，5. (i) ⑤，(ii) ①，(iii) ④，6. ②，7. ④，8. ①，9. ①，10. ①，11. S①，U④，H③，G①，A②，12. ⑤

問題B

1. 可逆変化だから，$p_{\rm ex} = p$ としてよい．また，

$$\left(p + a\frac{n^2}{V^2}\right)(V-nb) = nRT$$

で等温変化だから，

$$W = \int_{V_1}^{V_2} p\,dV = \int_{V_1}^{V_2}\left(\frac{nRT}{V-nb} - \frac{n^2a}{V^2}\right)dV$$
$$= nRT\int_{V_1}^{V_2}\frac{dV}{V-nb} - n^2a\int_{V_1}^{V_2}\frac{dV}{V^2}$$
$$= nRT\ln\frac{V_2-nb}{V_1-nb} + n^2a\frac{V_1-V_2}{V_1V_2}$$

と計算できる.

2. (iii)式 = (ii)式−(i)式×2だから，エンタルピーも同様に計算して，

$$\Delta_r H^{\ominus} = -483.64 - (-184.62)\times 2$$
$$= -114.40\ \mathrm{kJ\,mol^{-1}}$$

を得る．また，$H = U + pV$ で，反応の各成分はすべて気体だから，

$$\Delta_r U^{\ominus} = \Delta_r H^{\ominus} - \Delta(pV) = \Delta_r H^{\ominus} - \Delta nRT$$

と書ける．反応(iii)では，五つの物質量が四つの物質量に変化するので $\Delta n = -1$．したがって，

$$\Delta_r U^{\ominus} = -114.40 - (-1)\times 8.314\times 298\times 10^{-3}$$
$$= -111.92\ \mathrm{kJ\,mol^{-1}}$$

を得る.

3. $CO(g) + H_2O(g) \longrightarrow H_2(g) + CO_2(g)$ においては，

$\Delta a = 12.55\ \mathrm{J\,K^{-1}\,mol^{-1}}$
$\Delta b = -2.34\times10^{-3}\ \mathrm{J\,K^{-1}\,mol^{-1}}$
$\Delta c = -7.66\times10^{5}\ \mathrm{J\,K^{-1}\,mol^{-1}}$

だから，$\Delta C_p = 12.55 - 2.34\times10^{-3}\,T - 7.66\times10^5/T^2$

となる．したがって，

$$\Delta_r H^\ominus(1500) = \Delta_r H^\ominus(298) + \int_{298}^{1500} \Delta_r C_p \, dT$$

$$= \Delta_r H^\ominus(298) + \int_{298}^{1500} \left(12.55 - 2.34\times10^{-3}\,T - \frac{7.66\times10^5}{T^2}\right) dT$$

$$= -41.17\times10^3 + \left[12.55T - \frac{2.34\times10^{-3}}{2}T^2 + \frac{7.66\times10^5}{T}\right]_{298}^{1500}$$

$$= -3.07\times10^4\ \mathrm{J\,K^{-1}\,mol^{-1}}$$

となる．

4. $C_p = aT^3$ とすれば，

$$S(T) = S(0) + \int_0^T \frac{C_p}{T} dT = S(0) + \int_0^T aT^2 \, dT$$

$$= S(0) + \left[\frac{a}{3}T^3\right]_0^T = \frac{a}{3}T^3$$

となる．

5. $4\mathrm{Al(s)} + 3\mathrm{O_2(g)} \longrightarrow 2\mathrm{Al_2O_3(s)}$ において，

$$\Delta_r H^\ominus = -1676\times2- \quad = -3352\ \mathrm{kJ\,mol^{-1}}$$

$$\Delta_r S^\ominus = 50.92\times2 - 28.33\times4 - 205.14\times3$$

$$= -626.9\ \mathrm{J\,mol^{-1}}$$

$$\Delta_r G^\ominus = \Delta_r H^\ominus - T\Delta_r S^\ominus$$

$$= -3352 + 626.9\times298\times10^{-3}$$

$$= -3165\ \mathrm{kJ\,mol^{-1}} < 0$$

であり，反応は自発的に進行する．

6. a)

$$\frac{dp}{dT} = \frac{\Delta S}{\Delta V} = \frac{\Delta_{tr}H}{T_{tr}\Delta V} = \frac{\Delta_{tr}H}{T_{tr}\left(\dfrac{RT_{tr}}{p}\right)} = \frac{p\Delta_{tr}H}{RT_{tr}{}^2}$$

$$\frac{dp}{dT}\Big/ p = \frac{d\ln p}{dT}$$

より，題意が示された．

b) $\Delta_{sub}H$ 一定として，a)の式を T で積分すると，

$$\ln p = -\frac{\Delta_{sub}H}{RT} + 定数$$

したがって，昇華曲線上の点 (p, T) は，

$$\ln\frac{p}{1} = -\frac{\Delta_{sub}H}{R}\left(\frac{1}{T} - \frac{1}{195}\right)$$

と表すことができる．CO_2 の液体を得るためには，圧力を加えて温度を三重点（217 K）以上にすればよい．三重点の圧力を p_T とすれば，

$$\ln\frac{p_T}{1} = -\frac{\Delta_{sub}H}{R}\left(\frac{1}{217} - \frac{1}{195}\right)$$

$$= -\frac{25.7\times10^3}{8.314}\left(\frac{1}{217} - \frac{1}{195}\right)$$

より $p_T = 4.99$ atm となり，これ以上の圧力を加えればよいことがわかる．

索　引

あ 行

か 行

さ　行

た　行

な　行

は　行

ま　行

や　行

ら行，わ

阿波賀邦夫（あわがくにお）

1959年 金沢に生まれる
1985年 東京大学大学院理学系研究科修士課程 修了
東京大学大学院総合文化研究科助教授などを経て
現 名古屋大学大学院理学研究科 教授
専門 物理化学，物質科学
理学博士

第1版第1刷 2023年3月15日発行

物理化学入門
――基本の考え方を学ぶ――

© 2023

著　者　阿波賀邦夫
発行者　住田六連
発　行　株式会社東京化学同人
東京都文京区千石3-36-7(〒112-0011)
電話 03-3946-5311・FAX 03-3946-5317
URL : https://www.tkd-pbl.com/

印　刷　中央印刷株式会社
製　本　株式会社松岳社

ISBN978-4-8079-2044-0
Printed in Japan

無断転載および複製物（コピー，電子データなど）の無断配布，配信を禁じます．

アトキンス 物理化学要論 第7版

P. Atkins・J. de Paula 著
千原秀昭・稲葉　章・鈴木　晴 訳

B5判　カラー　640ページ　定価6490円

物理化学をもう少し深く学んでみたい人に勧められる．定評ある「アトキンス物理化学」の要約最新版．基本原理を明確に解説し先端科学技術への応用にもふれる．フルカラーでわかりやすく記述．

アトキンス 物理化学（上·下）第10版

P. Atkins・J. de Paula 著
中野元裕・上田貴洋・奥村光隆・北河康隆 訳

B5判　カラー　上巻：560ページ　定価6270円
下巻：576ページ　定価6380円

物理化学を本格的に学習したい人に最適．明解な記述で世界的に定評のある教科書．フルカラーで，理解しやすい．

アトキンス 生命科学のための 物理化学 第2版

P. Atkins・J. de Paula 著
稲葉　章・中川敦史 訳

B5判　カラー　624ページ　定価6930円

広く生命科学を学ぶ学生が物理化学を習得するための教科書．生物学や生化学に対して物理化学がどのように定量的な見方を与えてくれるかが読み進むうちに自然と理解できるように配慮されている．

2023年3月現在（定価は10％税込）

アトキンス 基礎物理化学(上・下)
— 分子論的アプローチ — 第２版

P. Atkins・J. de Paula・R. Friedman 著
千原秀昭・稲葉 章 訳

B5 判 カラー 上巻：560 ページ 定価 6270 円
下巻：504 ページ 定価 6160 円

量子論から入り，統計熱力学，熱力学へと進む構成で好評を得た教科書の改訂版．全体を20テーマに分け，その下に多くの短いトピックを配置する新構成となっている．講義内容・順番の自由な選択がしやすくなり，効率よい学習が可能となった．

エンゲル・リード 物理化学(上・下)

T. Engel・P. Reid 著／稲葉 章 訳

B5 判 カラー 上巻：584 ページ 定価 6380 円
下巻：608 ページ 定価 6380 円

現代物理化学の正確な全体像を理解させる新しい教科書．一見，非常にオーソドックスな教科書の構成をしているが，読者の疑問を先取りした問いかけが多数あり，読み進むうちに基本原理を理解できるよう工夫されている．例題・演習問題を多数収載．

マッカーリ・サイモン 物理化学(上・下)
— 分子論的アプローチ —

D. A. McQuarrie・J. D. Simon 著
千原秀昭・江口太郎・齋藤一弥 訳

A5 判 上巻：704 ページ 定価 5940 円
下巻：760 ページ 定価 6160 円

量子化学を主体とした教科書．終始一貫して分子を中心に据え，基本をきちんと学ぶという姿勢を貫いている．発刊以来欧米の著名大学で広く教科書に採用されている．

2023 年 3 月現在(定価は 10 % 税込)

物理化学演習
― 大学院入試問題から学ぶ ―

真船文隆・廣川 淳 著

A5判　352ページ　定価4620円

全国の主だった大学の最近10年ほどの大学院入試問題にオリジナル問題を加えて解答・解説した問題集．学部3，4年生が解ける問題を多く取り上げ，各章の冒頭に問題を解くのに必要な基礎知識を簡単にまとめている．解答，解説が充実・丁寧！

物理化学演習 I
― 大学院入試問題を中心に ―

高橋博彰 著

A5判上製　296ページ　定価3190円

中・上級用演習書．日本国内だけでなくカリフォルニア工大やスタンフォード大などアメリカの大学の問題をも使用している．各事項の説明はかなり丁寧になされており，限られた頁数の中に厳密さを失わずに完結にまとめた．

物理化学演習 II
― 大学院入試問題を中心に ―

染田清彦 編著

A5判上製　264ページ　定価3520円

化学系大学院の入試問題のうち物理化学に関するものを集めて解答を付けたもの．各章は，詳しく解答を付した“問題”と章末の“演習問題”からなっている(計約200題)．演習問題には巻末に略解付き．

2023年3月現在(定価は10％税込)

元素の周期表

原子番号
元素記号
元素名
原子量

周期＼族	1	2	3	4	5	6	7	8	9	10	11	12	13	14	15	16	17	18
1	1 **H** 水素 1.008																	2 **He** ヘリウム 4.003
2	3 **Li** リチウム 6.94	4 **Be** ベリリウム 9.012											5 **B** ホウ素 10.81	6 **C** 炭素 12.01	7 **N** 窒素 14.01	8 **O** 酸素 16.00	9 **F** フッ素 19.00	10 **Ne** ネオン 20.18
3	11 **Na** ナトリウム 22.99	12 **Mg** マグネシウム 24.31											13 **Al** アルミニウム 26.98	14 **Si** ケイ素 28.09	15 **P** リン 30.97	16 **S** 硫黄 32.07	17 **Cl** 塩素 35.45	18 **Ar** アルゴン 39.95
4	19 **K** カリウム 39.10	20 **Ca** カルシウム 40.08	21 **Sc** スカンジウム 44.96	22 **Ti** チタン 47.87	23 **V** バナジウム 50.94	24 **Cr** クロム 52.00	25 **Mn** マンガン 54.94	26 **Fe** 鉄 55.85	27 **Co** コバルト 58.93	28 **Ni** ニッケル 58.69	29 **Cu** 銅 63.55	30 **Zn** 亜鉛 65.38	31 **Ga** ガリウム 69.72	32 **Ge** ゲルマニウム 72.63	33 **As** ヒ素 74.92	34 **Se** セレン 78.97	35 **Br** 臭素 79.90	36 **Kr** クリプトン 83.80
5	37 **Rb** ルビジウム 85.47	38 **Sr** ストロンチウム 87.62	39 **Y** イットリウム 88.91	40 **Zr** ジルコニウム 91.22	41 **Nb** ニオブ 92.91	42 **Mo** モリブデン 95.95	43 **Tc** テクネチウム (99)	44 **Ru** ルテニウム 101.1	45 **Rh** ロジウム 102.9	46 **Pd** パラジウム 106.4	47 **Ag** 銀 107.9	48 **Cd** カドミウム 112.4	49 **In** インジウム 114.8	50 **Sn** スズ 118.7	51 **Sb** アンチモン 121.8	52 **Te** テルル 127.6	53 **I** ヨウ素 126.9	54 **Xe** キセノン 131.3
6	55 **Cs** セシウム 132.9	56 **Ba** バリウム 137.3	57〜71 ランタノイド	72 **Hf** ハフニウム 178.5	73 **Ta** タンタル 180.9	74 **W** タングステン 183.8	75 **Re** レニウム 186.2	76 **Os** オスミウム 190.2	77 **Ir** イリジウム 192.2	78 **Pt** 白金 195.1	79 **Au** 金 197.0	80 **Hg** 水銀 200.6	81 **Tl** タリウム 204.4	82 **Pb** 鉛 207.2	83 **Bi** ビスマス 209.0	84 **Po** ポロニウム (210)	85 **At** アスタチン (210)	86 **Rn** ラドン (222)
7	87 **Fr** フランシウム (223)	88 **Ra** ラジウム (226)	89〜103 アクチノイド	104 **Rf** ラザホージウム (267)	105 **Db** ドブニウム (268)	106 **Sg** シーボーギウム (271)	107 **Bh** ボーリウム (272)	108 **Hs** ハッシウム (277)	109 **Mt** マイトネリウム (276)	110 **Ds** ダームスタチウム (281)	111 **Rg** レントゲニウム (280)	112 **Cn** コペルニシウム (285)	113 **Nh** ニホニウム (278)	114 **Fl** フレロビウム (289)	115 **Mc** モスコビウム (289)	116 **Lv** リバモリウム (293)	117 **Ts** テネシン (293)	118 **Og** オガネソン (294)

ランタノイド	57 **La** ランタン 138.9	58 **Ce** セリウム 140.1	59 **Pr** プラセオジム 140.9	60 **Nd** ネオジム 144.2	61 **Pm** プロメチウム (145)	62 **Sm** サマリウム 150.4	63 **Eu** ユウロピウム 152.0	64 **Gd** ガドリニウム 157.3	65 **Tb** テルビウム 158.9	66 **Dy** ジスプロシウム 162.5	67 **Ho** ホルミウム 164.9	68 **Er** エルビウム 167.3	69 **Tm** ツリウム 168.9	70 **Yb** イッテルビウム 173.0	71 **Lu** ルテチウム 175.0
アクチノイド	89 **Ac** アクチニウム (227)	90 **Th** トリウム 232.0	91 **Pa** プロトアクチニウム 231.0	92 **U** ウラン 238.0	93 **Np** ネプツニウム (237)	94 **Pu** プルトニウム (239)	95 **Am** アメリシウム (243)	96 **Cm** キュリウム (247)	97 **Bk** バークリウム (247)	98 **Cf** カリホルニウム (252)	99 **Es** アインスタイニウム (252)	100 **Fm** フェルミウム (257)	101 **Md** メンデレビウム (258)	102 **No** ノーベリウム (259)	103 **Lr** ローレンシウム (262)

国際純正・応用化学連合（IUPAC）で承認された原子量をもとに，日本化学会原子量専門委員会が作成した4桁の原子量表（2022）から作成した．
安定同位体が存在しない元素については，代表的な同位体の質量数を（　）内に示した．